TURING 图灵原创

Python工匠

案例、技巧与工程实践

朱雷（@piglei）著

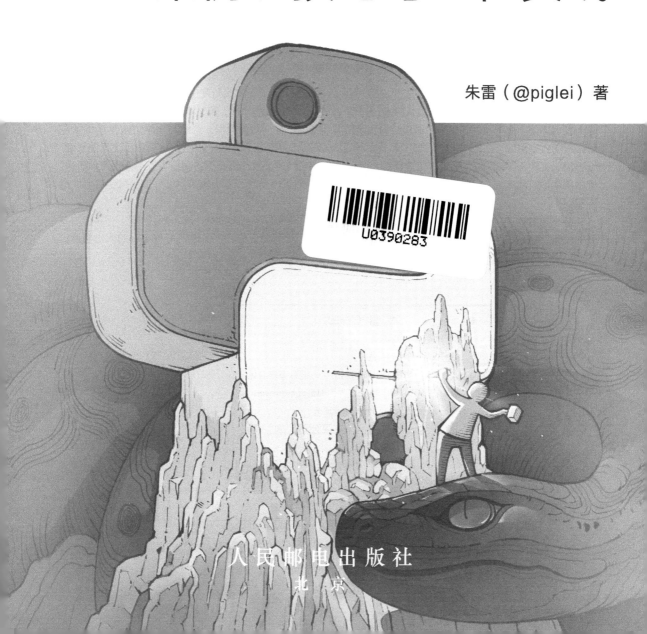

人民邮电出版社
北　京

图书在版编目（CIP）数据

Python工匠：案例、技巧与工程实践 / 朱雷著. --
北京：人民邮电出版社，2022.3
（图灵原创）
ISBN 978-7-115-58404-5

Ⅰ. ①P… Ⅱ. ①朱… Ⅲ. ①软件工具－程序设计
Ⅳ. ①TP311.561

中国版本图书馆CIP数据核字(2021)第280668号

内 容 提 要

本书基于广受好评的"Python工匠"系列开源文章。全书从工程实践角度出发，通过剖析核心知识、展示典型案例与总结实用技巧，帮助大家系统进阶 Python，写好工程代码，做好实践项目。本书共计 13 章，分为五大部分：变量与基础类型、语法结构、函数与装饰器、面向对象编程、总结与延伸，涵盖 Python 进阶编程的方方面面。本书的写作方式别具一格，核心知识点都会通过三大板块来阐述：基础知识、案例故事、编程建议。其中基础知识帮助大家快速回顾 Python 基础；案例故事由作者经历的编程项目与案例改编而来，兼具实战性与趣味性；编程建议以大家喜闻乐见的条目式知识点呈现，短小精悍，可直接应用于自己的编程实践中。

本书适合以 Python 为主要开发语言的工程师，工作中需要写一些 Python 代码的工程师，有其他语言编程经验、想学习如何写出高效 Python 代码的工程师，以及任何爱好编程、喜欢 Python 语言的人士阅读。

◆ 著 朱 雷 (@piglei)

责任编辑 刘美英

责任印制 周昇亮

◆ 人民邮电出版社出版发行 北京市丰台区成寿寺路11号

邮编 100164 电子邮件 315@ptpress.com.cn

网址 https://www.ptpress.com.cn

北京七彩京通数码快印有限公司印刷

◆ 开本：800×1000 1/16

印张：25 2022年3月第1版

字数：558千字 2025年3月北京第12次印刷

定价：99.80元

读者服务热线：(010)84084456-6009 印装质量热线：(010)81055316

反盗版热线：(010)81055315

本书赞誉

朱雷是腾讯蓝鲸工具 PaaS 平台负责人，十余年的 Python 使用经验和专注的工匠精神使其从众多研发工程师中脱颖而出。朱雷在工作中善于总结和分享，尤其关注代码质量。这本《Python 工匠》就是基于他多年来总结分享工作经验的技术文章而成，可谓妥妥的"实战经验"汇集。

近年来 Python 流行，各种基础教程、入门指南泛滥。对于刚入行的 Python 工程师来说，本书是少有的进阶提升类原创读物，致力于帮助大家写出清晰易懂、层次分明的代码，既保障了软件质量，又能为工程师积累良好的个人口碑。如同写得一手好文章，写得一手好代码也会获得同行的尊重。

——党受辉，腾讯 IEG 技术运营部助理总经理

在我 20 年的 Python 学习和使用生涯中，这是我心目中顶好的 Python 参考书——书中清晰、细致地介绍了 Python 代码应该遵循的编程风格，并解释了背后的原理和机制。

当下是 Python 急剧发展的时代，越来越多的人开始学习和使用 Python，而大家也遇到了各种问题。这样一本能有效提升 Python 代码质量的好书可谓应运而生。无论是初学者还是有经验的同行，我都推荐你读读这本书。

——刘鑫，*Python Tutorial* 译者、Python 中文社区早期成员

这是国内真正关于"最佳实践"的 Python 书——什么是 Pythonic？看完此书就知道了。作者从工程实践出发，选取了大量切实的案例，帮你补齐学完入门教程之后的部分。强烈推荐。

——明希（@frostming），PyPA 成员、PDM 作者

在写了越来越多的代码之后，回头看自己刚入行时写的代码，我会觉得很多地方晦涩难懂甚至十分别扭，但又说不出具体哪里有问题。本书就描述了一些 Python 新手（甚至老手）会犯的错误，小到变量取名，大到程序结构，由浅入深、面面俱到。这是一本不可多得的实用好书，书中的很多技巧不仅适用于 Python，使用其他编程语言的读者也能受益良多。

——赖信涛（@laixintao），Shopee SRE

透过对 Python 语言知识的精巧讲述，我看到了作者缜密而不失效率的开发理念。作者曾多次提及"编程在于表达真实世界中的逻辑"，而这也是我推荐本书的原因：你能从这本"授之以渔"的书中，学到超越 Python 编码本身的思维模式，促使自己完成从"工具人"到"工匠"的跃迁。

——@fantix，活跃于 GINO、asyncpg、uvloop、EdgeDB 等开源项目

入门 Python 语言相对简单，但写出优雅的代码并非易事。本书旨在教大家写出优雅且成熟度高的 Python 代码。书中深入讲解了 Python 进阶知识的方方面面，并配以许多有趣的案例故事，使读者能更轻松地理解个中原理，并更好地将其运用于日常工作。如果你是一位想写出"漂亮"代码的 Python 开发者，我向你强烈推荐本书。

——李卫辉（@liwh），自由职业者

如果要用两个字来形容《Python 工匠》，那就是"实用"。不论你是初学 Python，还是已经有了一定经验，都可以从本书中获得一些新知。这不是一本语法书，而是一本关于工程实践的书。它试图告诉读者：如何正确选择和使用 Python 语言的各种特性，写出运行速度更快、bug 更少、易测试并且易维护的程序。而本书也不局限于 Python，其中的很多实践对其他语言同样适用。

顺便给读者提个建议：书中涵盖的内容很多，初学者不必强求自己理解每一句话。可以先通读一遍，大致有个印象，等遇到相应的问题再回头翻阅书中内容，学习效果更佳。

——@laike9m，"捕蛇者说"主播、Cyberbrain 作者、Google 工程师

前　言

结缘 Python

我初次接触 Python 是在 2008 年末。那时临近大学毕业，我凭着在学校里学到的一丁点儿 Java 知识四处求职。我从大学所在的城市南昌出发去了北京，借宿在一位朋友的出租屋里，他当时在巨鲸音乐网上班，用的主要编程语言正是 Python。

得知我正在寻找一份 Java 相关的工作，那位朋友跟我说："写 Java 代码有啥意思啊？Python 比 Java 好玩多了，而且功能还特别强大，连 Google 都在用！"

在他的热情"传道"下，我对 Python 语言产生了好奇心，于是找了一份当时最流行的开源教程 *Dive into Python*，开始学起 Python 来。

实话实说，之前在学校用 Java 和 C 语言编程时，我很少体会到编程的快乐，也从未期待过自己将来要以写代码为生。但神奇的是，在学了一些 Python 的基础知识，并用它写了几个小玩意儿以后，我突然意识到原来自己很喜欢编程，并开始期待找到一份以 Python 为主要编程语言的开发工作——也许这就是我和 Python 之间的缘分吧！

幸运的是，在当时的 CPyUG（中国 Python 用户组）邮件组里，正好有一家南昌的公司在招聘全职 Python 程序员。看到这个消息后，我立马做出了决定：结束短暂的"北漂"生活，回到学校准备该职位的面试。后来，我成功通过了面试，最终在那家公司谋得了一份 Python 开发的实习工作，并从此开启了后来十余年的 Python 编程生涯。

为什么写这本书

回顾自己的从业经历，我从中发现一件有意思的事：编程作为一项技能，或者说一门手艺，给新手带来的"蜜月期"非常短暂。

一开始，我们对一门编程语言只是略懂些皮毛，只要能用它实现想要的功能，就会非常开心。

假如再学会语言的一些高级用法，比如 Python 里的装饰器，把它应用在了项目代码里，我们便整天乐得合不拢嘴。

但欢乐的时光总是特别短暂，一些类似的遭遇似乎总会不可避免地降临到每个人头上。

在接手了几个被众人称为"坑"的老项目，或是亲手写了一些无人敢接手的代码后；在整日忙着修 bug，每写一个新功能就引入三个新 bug 后……夜深人静之时，坐在电脑前埋头苦干的我们总有那么一些瞬间会突然意识到：编程最初带给我们的快乐已悄然远去，写代码这件事现在变得有些痛苦。更有甚者，一想到项目里的烂代码，每天起床后最想干的一件事就是辞职。

造成上面这种困境的原因是多方面的，而其中最主要、最容易被我们直观感受到的问题就是：烂代码实在是太多了。后来，在亲历了许多个令人不悦的项目之后，我才慢慢看清楚：即便两个人实现同一个功能，最终效果看上去也一模一样，但代码质量却可能有着云泥之别。

好代码就像好文章，语言精练、层次分明，让人读了还想读；而烂代码则像糊成一团的意大利面条，处处充斥着相似的逻辑，模块间的关系错综复杂，多看一眼都令人觉得眼睛会受伤。

在知道了"代码也分好坏"以后，我开始整日琢磨怎么才能把代码写得更好。我前前后后读过一些书——《代码大全》《重构》《设计模式》《代码整洁之道》——毫无疑问，它们都是领域内首屈一指的经典好书，我从中学到了许多知识，至今受益匪浅。

这些领域内的经典图书虽好，却有个问题：它们大多是针对 Java 这类静态类型语言所写的，而 Python 这门动态类型的脚本语言又和 Java 大不一样。这些书里的许多理念和例子，假如直接套用在 Python 里，效果不尽如人意。

于是，话又说回来，要写出好的 Python 代码，究竟得掌握哪些知识呢？在我看来，问题的答案可分为两大部分。

- ❑ 第一部分：语言无关的通用知识，比如变量的命名原则、写注释时的注意事项、写条件分支语句的技巧，等等。这部分知识放之四海而皆准，可以运用在各种编程语言上，不光是 Python。
- ❑ 第二部分：与 Python 语言强相关的知识，比如自定义容器类型来改善代码、在恰当的时机抛出异常、活用生成器改善循环、用装饰器设计地道的 API，等等。

当然，上面这种回答显然过于简陋，略去了太多细节。

为了更好地回答"如何写出好的 Python 代码"这个问题，从 2016 年开始，我用业余时间写作了一系列相关的技术文章，起名为"Python 工匠"——正是这十几篇文章构成了本书的骨架。此外，本书注重故事、注重案例的写作风格也与"Python 工匠"系列一脉相承。

如果你也像我一样，曾被烂代码所困，终日寻求写好 Python 程序的方法，那么我郑重地将本书推荐给你。这是我多年的经验汇集，相信会给你一些启发。

目标读者

本书适合以下人群阅读：

- ❑ 以 Python 为主要开发语言的工程师
- ❑ 工作中需要写一些 Python 代码的工程师
- ❑ 有其他语言编程经验、想学习如何写出高效 Python 代码的工程师
- ❑ 任何爱好编程、喜欢 Python 语言的读者

本书内容以进阶知识为主。书里虽有少量基础知识讲解，但并不全面，描述得也并不详尽。正因如此，假如你从未有过任何编程经验，我并不建议你通过本书来入门 Python。

在 Python 入门学习方面，我推荐由人民邮电出版社图灵公司出版的《Python 编程：从入门到实践》。当你对 Python 有了一些了解、打好基础后，再回过头来阅读本书，相信彼时你可以获得更好的阅读体验。

代码运行环境

如果没有特殊说明，书中所有的 Python 代码都是采用 Python 3.8 版本编写的。

结构与特色

五大部分

全书共计 13 章，按内容特色可归入五大部分。

第一部分　变量与基础类型　由第 1 章、第 2 章和第 3 章组成。在学习一门编程语言的过程中，"如何操作变量"和"如何使用基础类型"是两个非常重要的知识点。通过学习这部分内容，你会习得如何善用变量来改善代码质量，掌握数值、字符串及内置容器类型的使用技巧，避开常见误区。

第二部分　语法结构　由第 4 章、第 5 章和第 6 章组成。条件分支、异常处理和循环语句是 Python 最常见的三种语法结构。它们虽然基础，但很容易被误用，从而变成烂代码的帮凶。本部分内容会带你深入这三种语法结构，教你掌握如何用它们简洁而精准地表达逻辑，写出高

质量的代码。

　　第三部分　函数与装饰器　由第 7 章和第 8 章组成。函数是 Python 语言最重要的组成要素之一。正是因为有了函数，我们才获得了高效复用代码的能力。而装饰器则可简单视为基于函数的一种特殊对象——它始于函数，但又不止于函数。这两章介绍了许多与函数和装饰器有关的"干货"，掌握它们，可以让你在写代码时事半功倍。

　　第四部分　面向对象编程　由第 9 章、第 10 章和第 11 章组成。众所周知，Python 是一门面向对象编程语言，因此"面向对象技术"自然是 Python 学习路上的重中之重。第 9 章围绕 Python 语言的面向对象基础概念和高级技巧展开。第 10 章和第 11 章则是为大家量身定制的面向对象设计进阶知识。

　　第五部分　总结与延伸　由第 12 章和第 13 章组成。这部分内容可以看作对全书内容的总结和延伸。第 12 章汇总本书出现过的所有与"Python 对象模型"相关的知识点，并阐述它们与编写优雅代码之间的重要关系。而最后的第 13 章则是一些与大型项目开发相关的经验之谈。

三大板块

　　除了第 11 章和第 13 章等少数几个纯案例章以外，其他章都包含**基础知识**、**案例故事**、**编程建议**三个常驻板块。

　　其中，**基础知识**板块涵盖和该章主题有关的基础知识点。举例来说，在第 6 章的**基础知识**板块，你会学习有关迭代器与可迭代类型的基础知识。不过，需要提醒各位的是，本书中的基础知识讲解并不追求全面，仅包含笔者基于个人经验挑选并认为比较关键的知识点。

　　假如说本书的基础知识板块与其他同类书的内容大同小异，那么**案例故事**与**编程建议**则是将本书与其他 Python 编程类图书区分开来的关键。

　　在每一个**案例故事**板块，你会读到一个或多个与该章主题相关的故事。比如，第 1 章讲述了一位 Python 程序员去某公司参加面试的故事，读完它，你会领会到"变量与注释"究竟是如何影响了故事主人公的面试结果，最终深刻地理解两者是如何塑造我们对代码的第一印象的。

　　编程建议板块主要包含一些与该章主题相关的建议。比如在第 4 章中，我一共介绍了 7 条与条件分支有关的建议。虽然内容包罗万象，但书中的所有编程建议都是围绕"如何写好代码"这件事展开的。比如，我会建议你尽量消除分支里的重复代码、避开 or 运算符的陷阱，等等。

　　除了第 10 章与第 11 章同属一个主题，有先后顺序以外，本书的每一章都是独立的。你可以随意挑选自己感兴趣的章节开始阅读。

13 章内容

以下为各章内容要点。

第 1 章　变量与注释　要写出一份质量上乘的代码，运用好变量与注释不是加分项，而是必选项。在本书的开篇章，你将学习包括动态解包在内的一些 Python 变量的常见用法，了解编写代码注释的几项基本原则。而本章的案例故事"奇怪的冒泡排序算法"，是全书趣味性最强的几个故事之一，请一定不要错过。

第 2 章　数值与字符串　本章内容围绕 Python 中最基础的两个数据类型展开。在基础知识板块，我们会学习一些与数值和字符串有关的基本操作。在案例故事板块，你会见到一个与代码可读性有关的案例。在编程建议板块，你会学到一些与 Python 字节码相关的语言底层知识。

第 3 章　容器类型　由于 Python 语言的容器类型丰富，因此本章是全书篇幅最长的章节之一。在基础知识板块，除了介绍每种容器的基本操作，我还会讲解包括可变性、可哈希性、深拷贝与浅拷贝在内的 Python 语言里的许多重要概念。在案例故事板块，你会读到一个与自定义容器类型相关的重构案例。

第 4 章　条件分支控制流　条件分支是个让人又爱又恨的东西：少了它，许多逻辑根本没法表达；而一旦被滥用，代码就会变得不堪入目。通过本章，你会学到在 Python 中编写条件分支语句的一些常用技巧。在案例故事板块，我会说明有些条件分支语句其实没必要存在，借助一些工具，我们甚至能让它们完全消失。

第 5 章　异常与错误处理　异常就像数值和字符串一样，是组成 Python 语言的重要对象之一。在本章中，你首先需要彻底搞清楚为什么要在 Python 代码里多使用异常。随后，你会邂逅两个与异常有关的案例故事，其中一个是我的亲身工作经历。

第 6 章　循环与可迭代对象　循环也许是所有编程语言里最为重要的控制结构。要写好 Python 里的循环，不光要掌握循环语法本身，还得对循环的最佳拍档——可迭代对象了然于胸。在本章的基础知识板块，我会详细介绍可迭代对象的相关知识。

第 7 章　函数　Python 中的函数与其他编程语言里的函数很相似，但又有着些许独特之处。在本章中，你会学习与函数有关的一些常见技巧，比如：为何不应该用可变类型作为参数默认值、何时该用 None 作为返回值，等等。案例故事板块会展示一个有趣的编程挑战题，通过故事主人公的解题经历，你会掌握给函数增加状态的三种方式。在编程建议板块，你会读到一份脚本案例代码，它完整诠释了抽象级别对于函数的重要性。

第 8 章　装饰器　装饰器是一个独特的 Python 语言特性。利用装饰器，你可以实现许多既优雅又实用的工具。本章的基础知识板块非常详细，教你掌握如何创建几类常用的装饰器，比如用类实现的装饰器、使用可选参数的装饰器等。在编程建议板块，我会展示装饰器的一些常见使用场景，分析装饰器的独特性所在。相信学完本章内容之后，你一定可以变身为装饰器方面的高手。

第 9 章　面向对象编程　Python 是一门面向对象编程语言，因此，好的 Python 代码离不开设计优良的类和对象。在这一章中，你会读到一些与 Python 类有关的常用知识，比如什么是类方法、什么是静态方法，以及何时该使用它们等。此外，在本章的基础知识板块，你还会详细了解鸭子类型的由来，以及抽象类如何影响了 Python 的类型系统。本章的案例故事是一个与类继承有关的长故事。它会告诉你为什么继承是一把双刃剑，以及如何才能避开由继承带来的问题。

第 10 章和第 11 章　面向对象设计原则　要写出好的面向对象代码，经典的 SOLID 设计原则是我们学习路上的必经之地。在这两章里，我会通过一个大的编程实战项目诠释 SOLID 原则的含义。通过学习这部分内容，你会掌握如何将 SOLID 原则运用到 Python 代码中。

第 12 章　数据模型与描述符　数据模型是最重要的 Python 进阶知识，或许没有之一。恰当地运用数据模型是写出高效 Python 代码的关键所在。本章一开始会简单回顾书中出现过的所有数据模型知识。在基础知识板块，我会对运算符重载做一些简单介绍。在案例故事板块，你会读到一个与数据模型和集合类型有关的有趣故事。

第 13 章　开发大型项目　如何开发好一个大型项目，是个非常庞大的话题。在本章中，我精选了一些与之相关的重要主题，比如，在大型项目中使用哪些工具，能让项目成员间的协作事半功倍，提升每个人的开发效率。在此之后，我会介绍两个常用的 Python 单元测试工具。本章最后介绍了为大型项目编写单元测试的 5 条建议。希望这些内容对你有所启发。

排版约定

本书使用以下排版约定。

这个图标表示提示或建议。

这个图标表示额外的参考信息。

这个图标表示警告或提醒。

获取本书示例代码

作为一本编程图书，本书包含许多代码示例。如果你想在自己的电脑上运行这些代码，做一些简单的修改和测试，可以访问本书的图灵社区主页 ① 下载书中所有代码示例源文件。

致谢

感谢 Guido van Rossum 先生发明了 Python 语言，正是 Python 语言的优雅、简洁以及卓越的编码体验，点燃了我对编程的热情。

感谢我的好朋友侯成，如果没有他，我对计算机的兴趣可能会止步于电脑游戏。他带着我学习了 Q-Basic 和 Dreamweaver 等"史前"工具，让我第一次领略到了用计算机创造事物的美妙之处。

感谢我的朋友谢易，是他把 Python 编程语言介绍给了我。

感谢我大学毕业后的第一位领导——国内第一代 Python 程序员 echo，他教给我许多 Python 编程技巧。也是从他身上，我慢慢习得了分辨好代码与坏代码的能力。

在我写作"Python 工匠"系列的过程中，许多媒体转发了我的文章，帮助提高了整个系列的影响力。它们是"腾讯技术工程"知乎专栏、董伟明（@dongweiming）的 Python 年度榜单，以及以下微信公众号："蓝鲸""Python 猫""Python 编程时光""Python 开发者""腾讯 NEXT 学院"等。由于名单过长，如果你的媒体也曾转发过"Python 工匠"系列，但没有出现在上面的列表中，还请见谅。

感谢我的前同事与朋友们。当我在朋友圈转发"Python 工匠"系列文章时，他们总是毫不吝惜地给予我赞美与鼓励。虽然受之有愧，但我的确深受鼓舞。

特别感谢我在腾讯蓝鲸团队的所有同事与领导，他们在我写作"Python 工匠"系列的过程中，提供了许多积极反馈，并且不遗余力地转发文章。这些善意的举动，为本书漫长而充满磨炼的写作过程，注入了强大的驱动力。

---

① 本书图灵社区主页为：ituring.cn/book/3007，也可在此查看或提交勘误。

感谢我多年的朋友郝莹女士。正是时任图灵编辑的她，跟我分享了图书出版行业的许多知识，并鼓励我向出版社提交选题报告。是她的一片好意，直接促成了本书的诞生。

感谢我的编辑英子女士，她在本书的写作过程中，提供了许多专业建议。本书能有现在的结构和流畅性，离不开她的细心审阅与编辑工作。

感谢参与审阅本书初稿的所有人。他们中有些是我相识多年的同事与朋友，更多则是我从未谋面的"网友"。因慕名各位在开源世界的贡献，我邀请他们审阅本书内容，无一例外，所有人都爽快地答应了我的请求，并围绕本书的内容和结构提出了许多精准的修改意见和建议。他们是赖信涛（@laixintao）、李者璈（@Zheaoli）、林志衡（@onlyice）、王川（@fantix）、laike9m、冯世鹏（@fengsp）、伊洪（@yihong0618）、明希（@frostming）和李卫辉（@liwh）。

感谢我的兄长朱斌（dribbble ID：MVBen），作为一名专业的体验设计师，他为本书所有插图提供了好看的 Sketch 模板，对大部分插图做了润色，并亲手绘制了书里的所有图标。

感谢我的父母、岳父母，还有我马上读小学的女儿，他们是我写作本书的坚强后盾。

最后，特别感谢我的妻子章璐女士。她十几年如一日，坚定地支持我从事编程工作，并为此做出了许多牺牲。此外，作为本书的第一位读者，她在我写作期间提出了大量优秀建议。如果少了她的理解与支持，这本书根本不可能完成。

朱雷（@piglei），深圳

2021 年 7 月

目　　录

第 1 章
变量与注释

编程是一个通过代码来表达思想的过程。听上去挺神秘，但其实我们早就做过类似的事情——当年在小学课堂上写出第一篇 500 字的作文，同样也是在表达思想，只是二者方式不同，作文用的是词语和句子，而编程用的是代码。

但代码与作文之间也有相通之处，代码里也有许多"词语"和"句子"。大部分的变量名是词语，而大多数注释本身就是句子。当我们看到一段代码时，最先注意到的，不是代码有几层循环，用了什么模式，而是**变量与注释**，因为它们是代码里最接近自然语言的东西，最容易被大脑消化、理解。

正因如此，如果作者在编写变量和注释时含糊不清、语焉不详，其他人将很难搞清楚代码的真实意图。就拿下面这行代码来说：

```
# 去掉 s 两边的空格，再处理
value = process(s.strip())
```

你能告诉我这段代码在做什么吗？当我看到它时，是这么想的：

- 在 s 上调用 strip()，所以 s 可能是一个字符串？不过为什么要去掉两边的空格呢？
- process(...)，顾名思义，"处理"了一下 s，但具体是什么处理呢？
- 处理结果赋值给了 value，value 代表"值"，但"值"又是什么？
- 开头的注释就更别提了，它说的就是代码本身，对理解代码没有丝毫帮助。

最后的结论是："将一个可能是字符串的东西两端的空格去掉，然后处理一下，最后赋值给某个不明物体。"我只能理解到这种程度了。

但同样是这段代码，如果我稍微调整一下变量的名字，加上一点点注释，就会变得截然不同：

```
# 用户输入可能会有空格，使用 strip() 去掉空格
username = extract_username(input_string.strip())
```

新代码读上去是什么感觉？是不是代码意图变得容易理解多了？这就是变量与注释的魔力。

从计算机的角度来看，**变量**（variable）是用来从内存找到某个东西的标记。它叫"阿猫""阿狗"还是"张三""李四"，都无所谓。注释同样如此，计算机一点儿都不关心你的注释写得是否通顺，用词是否准确，因为它在执行代码时会忽略所有的注释。

但正是这些对计算机来说无关痛痒的东西，直接决定了人们对代码的"第一印象"。好的变量和注释并非为计算机而写，而是为每个阅读代码的人而写（当然也包括你自己）。变量与注释是作者表达思想的基础，是读者理解代码的第一道门，它们对代码质量的贡献毋庸置疑。

本章将对 Python 里的变量和注释做简单介绍，我会分享一些常用的变量命名原则，介绍编写代码注释的几种方式。在编程建议部分，我会列举一些与变量和注释有关的好习惯。

我们从变量和注释开始，学习如何写出给人留下美好"第一印象"的好代码吧！

1.1 基础知识

本节将介绍一些与变量和注释相关的基础知识。

1.1.1 变量常见用法

在 Python 里，定义一个变量特别简单：

```
>>> author = 'piglei'
>>> print('Hello, {}!'.format(author))
Hello, piglei!
```

因为 Python 是一门动态类型的语言，所以我们无须预先声明变量类型，直接对变量赋值即可。

你也可以在一行语句里同时操作多个变量，比如调换两个变量所指向的值：

```
>>> author, reader = 'piglei', 'raymond'
>>> author, reader = reader, author ❶
>>> author
'raymond'
```

❶ 交换两个变量

1. 变量解包

变量**解包**（unpacking）是 Python 里的一种特殊赋值操作，允许我们把一个可迭代对象（比如列表）的所有成员，一次性赋值给多个变量：

```
>>> usernames = ['piglei', 'raymond']
# 注意：左侧变量的个数必须和待展开的列表长度相等，否则会报错
>>> author, reader = usernames
>>> author
'piglei'
```

假如在赋值语句左侧添加小括号 (...)，甚至可以一次展开多层嵌套数据：

```
>>> attrs = [1, ['piglei', 100]]
>>> user_id, (username, score) = attrs
>>> user_id
1
>>> username
'piglei'
```

除了上面的普通解包外，Python 还支持更灵活的动态解包语法。只要用星号表达式（*variables）作为变量名，它便会贪婪[1]地捕获多个值对象，并将捕获到的内容作为列表赋值给 variables。

比如，下面 data 列表里的数据就分为三段：头为用户，尾为分数，中间的都是水果名称。通过把 *fruits 设置为中间的解包变量，我们就能一次性解包所有变量——fruits 会捕获 data 去头去尾后的所有成员：

```
>>> data = ['piglei', 'apple', 'orange', 'banana', 100]
>>> username, *fruits, score = data
>>> username
'piglei'
>>> fruits
['apple', 'orange', 'banana']
>>> score
100
```

和常规的切片赋值语句比起来，动态解包语法要直观许多：

```
# 1. 动态解包
>>> username, *fruits, score = data
# 2. 切片赋值
>>> username, fruits, score = data[0], data[1:-1], data[-1]
# 两种变量赋值方式完全等价
```

---

[1] "贪婪"一词在计算机领域具有特殊含义。比方说，某个行为要捕获一批对象，它既可以选择捕获 1 个，也可以选择捕获 10 个，两种做法都合法，但它总是选择结果更多的那种：捕获 10 个，这种行为就称得上是"贪婪"。

上面的变量解包操作也可以在任何循环语句里使用：

```
>>> for username, score in [('piglei', 100), ('raymond', 60)]:
...     print(username)
...
piglei
raymond
```

2. 单下划线变量名 _

在常用的诸多变量名中，单下划线 _ 是比较特殊的一个。它常作为一个无意义的占位符出现在赋值语句中。_ 这个名字本身没什么特别之处，这算是大家约定俗成的一种用法。

举个例子，假如你想在解包赋值时忽略某些变量，就可以使用 _ 作为变量名：

```
# 忽略展开时的第二个变量
>>> author, _ = usernames

# 忽略第一个和最后一个变量之间的所有变量
>>> username, *_, score = data
```

而在 Python 交互式命令行（直接执行 python 命令进入的交互环境）里，_ 变量还有一层特殊含义——默认保存我们输入的上个表达式的返回值：

```
>>> 'foo'.upper()
'FOO'
>>> print(_)  ❶
FOO
```

❶ 此时的 _ 变量保存着上一个 .upper() 表达式的结果

1.1.2　给变量注明类型

前面说过，Python 是动态类型语言，使用变量时不需要做任何类型声明。在我看来，这是 Python 相比其他语言的一个重要优势：它减少了我们的心智负担，让写代码变得更容易。尤其对于许多编程新手来说，"不用声明类型"无疑会让学 Python 这件事变得简单很多。

但任何事物都有其两面性。动态类型所带来的缺点是代码的可读性会因此大打折扣。

试着读读下面这段代码：

```
def remove_invalid(items):
    """剔除 items 里面无效的元素"""
    ... ...
```

你能告诉我，函数接收的 `items` 参数是什么类型吗？是一个装满数字的列表，还是一个装满字符串的集合？只看上面这点儿代码，我们根本无从得知。

为了解决动态类型带来的可读性问题，最常见的办法就是在函数文档（docstring）里做文章。我们可以把每个函数参数的类型与说明全都写在函数文档里。

下面是增加了 Python 官方推荐的 Sphinx 格式文档后的效果：

```python
def remove_invalid(items):
    """剔除 items 里面无效的元素

    :param items: 待剔除对象
    :type items: 包含整数的列表, [int, ...]
    """
```

在上面的函数文档里，我用 `:type items:` 注明了 `items` 是个整型列表。任何人只要读到这份文档，马上就能知道参数类型，不用再猜来猜去了。

当然，标注类型的办法肯定不止上面这一种。在 Python 3.5 版本[①] 以后，你可以用类型注解功能来直接注明变量类型。相比编写 Sphinx 格式文档，我其实更推荐使用类型注解，因为它是 Python 的内置功能，而且正在变得越来越流行。

要使用类型注解，只需在变量后添加类型，并用冒号隔开即可，比如 `func(value: str)` 表示函数的 `value` 参数为字符串类型。

下面是给 `remove_invalid()` 函数添加类型注解后的样子：

```python
from typing import List

def remove_invalid(items: List[int]):  ❶
    """剔除 items 里面无效的元素"""
    ... ...
```

❶ `List` 表示参数为列表类型，`[int]` 表示里面的成员是整型

 "类型注解"只是一种有关类型的注释，不提供任何校验功能。要校验类型正确性，需要使用其他静态类型检查工具（如 mypy 等）。

平心而论，不管是编写 Sphinx 格式文档，还是添加类型注解，都会增加编写代码的工作量。同样一段代码，标注变量类型比不标注一定要花费更多时间。

---

① 具体来说，针对变量的类型注解语法是在 Python 3.6 版本引入的，而 3.5 版本只支持注解函数参数。

但从我的经验来看，这些额外的时间投入，会带来非常丰厚的回报：

❑ 代码更易读，读代码时可以直接看到变量类型；

❑ 大部分的现代化 IDE[①] 会读取类型注解信息，提供更智能的输入提示；

❑ 类型注解配合 mypy 等静态类型检查工具，能提升代码正确性（13.1.5 节）。

因此，我强烈建议在**多人参与的中大型 Python** 项目里，至少使用一种类型注解方案——Sphinx 格式文档或官方类型注解都行。能直接看到变量类型的代码，总是会让人更安心。

 在 10.1 节中，你会看到更详细的"类型注解"功能说明，以及更多启用了类型注解的代码。

1.1.3　变量命名原则

如果要从变量着手来破坏代码质量，办法多到数也数不清，比如定义了变量但是不用，或者定义 100 个全局变量，等等。但如果要在这些办法中选出破坏力最强的那个，非"给变量起个坏名字"莫属。

下面这段代码就是一个充斥着坏名字的"集大成"者。试着读读，看看你会有什么感受：

```
data1 = process(data)
if data1 > data2:
    data2 = process_new(data1)
    data3 = data2
return process_v2(data3)
```

怎么样，是不是挠破头都看不懂它在做什么？坏名字对代码质量的破坏力可见一斑。

那么问题来了，既然大家都知道上面这样的代码不好，为何在程序世界里，每天都有类似的代码被写出来呢？我猜这是因为给变量起个好名字真的很难。在计算机科学领域，有一句广为流传的格言（俏皮话）：

　　　　计算机科学领域只有两件难事：缓存失效和命名。

——Phil Karlton

这句话里虽然一半严肃一半玩笑，但"命名"有时真的会难到让人抓狂。我常常呆坐在显示器前，抓耳挠腮好几分钟，就是没法给变量想出一个合适的名字。

---

① IDE 是 integrated development environment（集成开发环境）的缩写，在满足代码编辑的基本需求外，IDE 通常还集成了许多方便开发者的功能。常见的 Python IDE 有 PyCharm、VS Code 等。

要给变量起个好名字，主要靠的是经验，有时还需加上一丁点儿灵感，但更重要的是遵守一些基本原则。下面就是我总结的几条变量命名的基本原则。

1. 遵循 PEP 8 原则

给变量起名主要有两种流派：一是通过大小写界定单词的驼峰命名派 CamelCase，二是通过下划线连接的蛇形命名派 snake_case。这两种流派没有明显的优劣之分，似乎与个人喜好有关。

为了让不同开发者写出的代码风格尽量保持统一，Python 制定了官方的编码风格指南：PEP 8。这份风格指南里有许多详细的风格建议，比如应该用 4 个空格缩进，每行不超过 79 个字符，等等。其中，当然也包含变量的命名规范：

□ 对于普通变量，使用蛇形命名法，比如 max_value；
□ 对于常量，采用全大写字母，使用下划线连接，比如 MAX_VALUE；
□ 如果变量标记为"仅内部使用"，为其增加下划线前缀，比如 _local_var；
□ 当名字与 Python 关键字冲突时，在变量末尾追加下划线，比如 class_。

除变量名以外，PEP 8 中还有许多其他命名规范，比如类名应该使用驼峰命名法（FooClass）、函数应该使用蛇形命名法（bar_function），等等。给变量起名的第一条原则，就是一定要在格式上遵循以上规范。

> PEP 8 是 Python 编码风格的事实标准。"代码符合 PEP 8 规范"应该作为对 Python 程序员的基本要求之一。假如一份代码的风格与 PEP 8 大相径庭，就基本不必继续讨论它优雅与否了。

2. 描述性要强

写作过程中的一项重要工作，就是为句子斟酌恰当的词语。不同词语的描述性强弱不同，比如"冬天的梅花"就比"花"的描述性更强。而变量名和普通词语一样，同样有描述性强弱之分，假如代码大量使用描述性弱的变量名，读者就很难理解代码的含义。

本章开头的那两段代码可以很好地解释这个问题：

```python
# 描述性弱的名字：看不懂在做什么
value = process(s.strip())

# 描述性强的名字：尝试从用户输入里解析出一个用户名
username = extract_username(input_string.strip())
```

所以，在可接受的长度范围内，变量名所指向的内容描述得越精确越好。表 1-1 是一些具体的例子。

表 1-1 描述性弱和描述性强的变量名示例

描述性弱的名字	描述性强的名字	说　明
data	file_chunks	data 泛指所有的 "数据"，但如果数据是来自文件的碎块，我们可以直接叫它 file_chunks
temp	pending_id	temp 泛指所有 "临时" 的东西，但其实它存放的是一个等待处理的数据 ID，因此直接叫它 pending_id 更好
result(s)	active_member(s)	result(s) 经常用来表示函数执行的 "结果"，但如果结果就是指 "活跃会员"，那还是直接叫它 active_member(s) 吧

看到表 1-1 中的示例，你可能会想："也就是说左边的名字都不好，永远别用它们？"

当然不是这样。判断一个名字是否合适，一定要结合它所在的场景，脱离场景谈名字是片面的，是没有意义的。因此，在 "说明" 这一列中，我们强调了这个判断所适用的场景。

而在其他一些场景下，这里 "描述性弱" 的名字也可能是好名字，比如把一个数学公式的计算结果叫作 value，就非常恰当。

3. 要尽量短

刚刚说到，变量名的描述性要尽量强，但描述性越强，通常名字也就越长（不信再看看表 1-1，第二列的名字就比第一列长）。假如不加思考地实践 "描述性原则"，那你的代码里可能会充斥着 how_many_points_needed_for_user_level3 这种名字，简直像条蛇一样长：

```python
def upgrade_to_level3(user):
    """ 如果积分满足要求，将用户升级到级别 3"""
    how_many_points_needed_for_user_level3 = get_level_points(3)
    if user.points >= how_many_points_needed_for_user_level3:
        upgrade(user)
    else:
        raise Error(' 积分不够，必须要 {} 分 '.format(how_many_points_needed_for_user_level3))
```

假如一个特别长的名字重复出现，读者不会认为它足够精确，反而会觉得啰唆难读。既然如此，怎么才能在保证描述性的前提下，让名字尽量简短易读呢？

我认为个中诀窍在于：为变量命名要结合代码情境和上下文。比如在上面的代码里，upgrade_to_level3(user) 函数已经通过自己的名称、文档表明了其目的，那在函数内部，我们完全可以把 how_many_points_needed_for_user_level3 直接删减成 level3_points。

即使没用特别长的名字，相信读代码的人也肯定能明白，这里的 level3_points 指的就是

"升到级别 3 所需要的积分",而不是其他含义。

 到底多长的名字算是太长呢?我的经验是尽量不要超过 4 个单词。

4. 要匹配类型

虽然变量无须声明类型,但为了提升可读性,我们可以用类型注解语法给其加上类型。不过现实很残酷,到目前为止,大部分 Python 项目没有类型注解[①],因此当你看到一个变量时,除了通过上下文猜测,没法轻易知道它是什么类型。

但是,对于变量名和类型的关系,通常会有一些"直觉上"的约定。如果在起名时遵守这些约定,就可以建立变量名和类型间的匹配关系,让代码更容易理解。

- 匹配布尔值类型的变量名

布尔值(bool)是一种很简单的类型,它只有两个可能的值:"是"(True)或"不是"(False)。因此,给布尔值变量起名有一个原则:一定要让读到变量的人觉得它只有"肯定"和"否定"两种可能。举例来说,is、has 这些非黑即白的词就很适合用来修饰这类名字。

表 1-2 中给出了一些更详细的例子。

表 1-2　布尔值变量名示例

变 量 名	含　义	说　明
is_superuser	是否是超级用户	是 / 不是
has_errors	有没有错误	有 / 没有
allow_empty	是否允许空值	允许 / 不允许

- 匹配 int/float 类型的变量名

当人们看到和数字有关的名字时,自然就会认定它们是 int 或 float 类型。这些名字可简单分为以下几种常见类型:

❑ 释义为数字的所有单词,比如 port(端口号)、age(年龄)、radius(半径)等;
❑ 使用以 _id 结尾的单词,比如 user_id、host_id;
❑ 使用以 length/count 开头或者结尾的单词,比如 length_of_username、max_length、users_count。

---

① 相比之下,类型注解在开源领域的接受度更高一些,许多流行的 Python 开源项目(比如 Web 开发框架 Flask 和 Tornado 等),早早地给代码加上了类型注解。

最好别拿一个名词的复数形式来作为 int 类型的变量名，比如 apples、trips 等，因为这类名字容易与那些装着 Apple 和 Trip 的普通容器对象（List[Apple]、List[Trip]）混淆，建议用 number_of_apples 或 trips_count 这类复合词来作为 int 类型的名字。

● **匹配其他类型的变量名**

至于剩下的**字符串**（str）、**列表**（list）、**字典**（dict）等其他值类型，我们很难归纳出一个"由名字猜测类型"的统一公式。拿 headers 这个名字来说，它既可能是一个装满头信息的列表（List[Header]），也可能是一个包含头信息的字典（Dict[str, Header]）。

对于这些值类型，强烈建议使用我们在 1.1.2 节中提到的方案，在代码中明确标注它们的类型详情。

5. 超短命名

在众多变量名里，有一类非常特别，那就是只有一两个字母的短名字。这些短名字一般可分为两类，一类是那些大家约定俗成的短名字，比如：

❑ 数组索引三剑客 i、j、k
❑ 某个整数 n
❑ 某个字符串 s
❑ 某个异常 e
❑ 文件对象 fp

我并不反对使用这类短名字，我自己也经常用，因为它们写起来的确很方便。但如果条件允许，建议尽量用更精确的名字替代。比如，在表示用户输入的字符串时，用 input_str 替代 s 会更明确一些。

另一类短名字，则是对一些其他常用名的缩写。比如，在使用 Django 框架做国际化内容翻译时，常常会用到 gettext 方法。为了方便，我们常把 gettext 缩写成 _ :

```
from django.utils.translation import gettext as _

print(_('待翻译文字'))
```

如果你的项目中有一些长名字反复出现，可以效仿上面的方式，为它们设置一些短名字作为别名。这样可以让代码变得更紧凑、更易读。但同一个项目内的超短缩写不宜太多，否则会适得其反。

其他技巧

除了上面这些规则外，下面再分享几个给变量命名的小技巧：

☐ 在同一段代码内，不要出现多个相似的变量名，比如同时使用 users、users1、users3 这种序列；

☐ 可以尝试换词来简化复合变量名，比如用 is_special 来代替 is_not_normal；

☐ 如果你苦思冥想都想不出一个合适的名字，请打开 GitHub[①]，到其他人的开源项目里找找灵感吧！

1.1.4 注释基础知识

注释（comment）是代码非常重要的组成部分。通常来说，注释泛指那些不影响代码实际行为的文字，它们主要起额外说明作用。

Python 里的注释主要分为两种，一种是最常见的代码内注释，通过在行首输入 # 号来表示：

```
# 用户输入可能会有空格，使用 strip 去掉空格
username = extract_username(input_string.strip())
```

当注释包含多行内容时，同样使用 # 号：

```
# 使用 strip() 去掉空格的好处：
# 1. 数据库保存时占用空间更小
# 2. 不必因为用户多打了一个空格而要求用户重新输入
username = extract_username(input_string.strip())
```

除使用 # 的注释外，另一种注释则是我们前面看到过的函数（类）文档（docstring），这些文档也称**接口注释**（interface comment）：

```
class Person:
    """人

    :param name: 姓名
    :param age: 年龄
    :param favorite_color: 最喜欢的颜色
    """
```

---

① 世界上规模最大的开源项目源码托管网站。

```
def __init__(self, name, age, favorite_color):
    self.name = name
    self.age = age
    self.favorite_color = favorite_color
```

接口注释有好几种流行的风格，比如 Sphinx 文档风格、Google 风格等，其中 Sphinx 文档风格目前应用得最为广泛。上面的 Person 类的接口注释就属于 Sphinx 文档风格。

虽然注释一般不影响代码的执行效果，却会极大地影响代码的可读性。在编写注释时，编程新手们常常会犯同类型的错误，以下是我整理的最常见的 3 种。

1. 用注释屏蔽代码

有时，人们会把注释当作临时屏蔽代码的工具。当某些代码暂时不需要执行时，就把它们都注释了，未来需要时再解除注释。

```
# 源码里有大段大段暂时不需要执行的代码
# trip = get_trip(request)
# trip.refresh()
# ... ...
```

其实根本没必要这么做。这些被临时注释掉的大段内容，对于阅读代码的人来说是一种干扰，没有任何意义。对于不再需要的代码，我们应该直接把它们删掉，而不是注释掉。如果未来有人真的需要用到这些旧代码，他直接去 Git 仓库历史里就能找到，毕竟版本控制系统就是专门干这个的。

2. 用注释复述代码

在编写注释时，新手常犯的另一类错误是用注释复述代码。就像这样：

```
# 调用 strip() 去掉空格
input_string = input_string.strip()
```

上面代码里的注释完全是冗余的，因为读者从代码本身就能读到注释里的信息。好的注释应该像下面这样：

```
# 如果直接把带空格的输入传递到后端处理，可能会造成后端服务崩溃
# 因此使用 strip() 去掉首尾空格
input_string = input_string.strip()
```

注释作为代码之外的说明性文字，应该尽量提供那些读者无法从代码里读出来的信息。描述代码**为什么**要这么做，而不是简单复述代码本身。

除了描述"为什么"的解释性注释外，还有一种注释也很常见：**指引性注释**。这种注释并不直接复述代码，而是简明扼要地概括代码功能，起到"代码导读"的作用。

比如，以下代码里的注释就属于指引性注释：

```python
# 初始化访问服务的 client 对象
token = token_service.get_token()
service_client = ServiceClient(token=token)
service_client.ready()

# 调用服务获取数据，然后进行过滤
data = service_client.fetch_full_data()
for item in data:
    if item.value > SOME_VALUE:
        ...
```

指引性注释并不提供代码里读不到的东西——假如没有注释，耐心读完所有代码，你也能知道代码做了什么事儿。指引性注释的主要作用是降低代码的认知成本，让我们能更容易理解代码的意图。

在编写指引性注释时，有一点需要注意，那就是你得判断何时该写注释，何时该将代码提炼为独立的函数（或方法）。比如上面的代码，其实可以通过抽象两个新函数改成下面这样：

```python
service_client = make_client()
data = fetch_and_filter(service_client)
```

这么改以后，代码里的指引性注释就可以删掉了，因为有意义的函数名已经达到了概括和指引的作用。

正是因为如此，一部分人认为：只要代码里有指引性注释，就说明代码的可读性不高，无法"自说明"[①]，一定得抽象新函数把其优化成第二种样子。

但我倒认为事情没那么绝对。无论代码写得多好，多么"自说明"，同读代码相比，读注释通常让人觉得更轻松。注释会让人们觉得亲切（尤其当注释是中文时），高质量的指引性注释确实会让代码更易读。有时抽象一个新函数，不见得就一定比一行注释加上几行代码更好。

3. 弄错接口注释的受众

在编写接口注释时，人们有时会写出下面这样的内容：

---

① "自说明"是指代码在命名、结构等方面都非常规范，可读性强。读者无须借助任何其他资料，只通过阅读代码本身就能理解代码意图。

```
def resize_image(image, size):
    """ 将图片缩放到指定尺寸,并返回新的图片。

    该函数将使用 Pilot 模块读取文件对象,然后调用 .resize() 方法将其缩放到指定尺寸。

    但由于 Pilot 模块自身限制,这个函数不能很好地处理过大的文件,当文件大小超过 5MB 时,
    resize() 方法的性能就会因为内存分配问题急剧下降,详见 Pilot 模块的 Issue #007。因此,
    对于超过 5MB 的图片文件,请使用 resize_big_image() 替代,后者基于 Pillow 模块开发,
    很好地解决了内存分配问题,确保性能更好了。

    :param image: 图片文件对象
    :param size: 包含宽高的元组:(width, height)
    :return: 新图片对象
    """
```

上面这段注释虽然有些夸张,但像它一样的注释在项目中其实并不少见。这段接口注释最主要的问题在于过多阐述了函数的实现细节,提供了太多其他人并不关心的内容。

接口文档主要是给函数(或类)的使用者看的,它最主要的存在价值,是让人们不用逐行阅读函数代码,也能很快通过文档知道该如何使用这个函数,以及在使用时有什么注意事项。

在编写接口文档时,我们应该站在函数设计者的角度,着重描述函数的功能、参数说明等。而函数自身的实现细节,比如调用了哪个第三方模块、为何有性能问题等,无须放在接口文档里。

对于上面的 resize_image() 函数来说,文档里提供以下内容就足够了:

```
def resize_image(image, size):
    """ 将图片缩放到指定尺寸,并返回新的图片。

    注意:当文件超过 5MB 时,请使用 resize_big_image()

    :param image: 图片文件对象
    :param size: 包含宽高的元组:(width, height)
    :return: 新图片对象
    """
```

至于那些使用了 Pilot 模块、为何有内存问题的细节说明,全都可以丢进函数内部的代码注释里。

1.2 案例故事

下面是 Python 程序员小 R 去其他公司面试的故事。

在本书剩下的案例故事里,你还会多次看到"小 R"的身影。

小 R 这个名字来自作者的英文名(Raymond)的首字母缩写。随着故事的不同,小 R 有时

是一位 Python 初学者，有时又是一名有多年经验的 Python 老手。但无论扮演什么角色，他总会在每个故事里获得新的成长。

下面，我们看一看本书的第一个案例故事。

奇怪的冒泡排序算法

上午 10 点，在 T 公司的会议室里，小 R 正在参加一场他准备了好几天的技术面试。

整体来说，他在这场面试中的表现还不错。无论坐在小 R 对面的面试官提出什么问题，他都能侃侃而谈、对答如流。从单体应用聊到微服务，从虚拟机聊到云计算，每一块小 R 都说得滴水不漏。就在他认为自己胜券在握，可以通过这家自己憧憬已久的公司面试时，对面的面试官突然说道："技术问题我问得差不多了。最后有一道编程题，希望你可以做一下。"

说完，面试官低头从包里拿出了一台笔记本电脑，递给了小 R。小 R 有些紧张地接过电脑，发现屏幕上是一道算法题。

题目　冒泡排序算法

请用 Python 语言实现冒泡排序算法，把较大的数字放在后面。注意：默认所有的偶数都比奇数大。

```
>>> numbers = [23, 32, 1, 3, 4, 19, 20, 2, 4]
>>> magic_bubble_sort(numbers)
[1, 3, 19, 23, 2, 4, 4, 20, 32]
```

"冒泡排序，这不是所有排序算法里最简单的一种吗？虽然加了一点儿变化，但看起来没有什么难度啊。"小 R 一边在心里这么想着，一边打开编辑器开始写代码。

五分钟后，他把笔记本电脑递给面试官并说道："写完了！"

代码清单 1-1 就是他写的代码。

代码清单 1-1　小 R 写的冒泡排序函数

```python
def magic_bubble_sort(numbers):
    j = len(numbers) - 1
    while j > 0:
        for i in range(j):
            if numbers[i] % 2 == 0 and numbers[i + 1] % 2 == 1:
                numbers[i], numbers[i + 1] = numbers[i + 1], numbers[i]
                continue
```

```
        elif (numbers[i + 1] % 2 == numbers[i] % 2) and numbers[i] > numbers[i + 1]:
            numbers[i], numbers[i + 1] = numbers[i + 1], numbers[i]
            continue
    j -= 1
return numbers
```

这段代码没有任何多余的逻辑，可以通过所有的测试用例。面试官看着小 R 演示完函数功能后，盯着代码似乎想说点儿什么，但最后只是微微点了点头，说："好，今天的面试就到这儿吧，有后续面试我再通知你。"

小 R 高高兴兴地回到家，一心觉得这次面试稳了，可没想到，他后来却再也没接到任何后续面试的通知。

1. 问题出在哪里

究竟是哪里出了问题呢？小 R 思来想去，觉得自己回答问题时表现挺好，最有可能出问题的是最后一道编程题，肯定是漏掉了什么边界情况没处理。

于是他找到一位有着十年编程经验的前辈小 Q，凭着记忆把题目和自己的答案还原给对方看。

"题目大概就是这样，这是我当时写的代码。Q 哥，你帮忙看看，我是不是有什么情况没考虑到？"小 R 问道。

小 Q 盯着他写的代码，足足两分钟没说一句话，然后突然开口道："小 R 啊，你这个函数功能实现得没毛病，就是实在太难看懂了。"

"总共就 10 行代码。难看懂？怎么会呢？"小 R 在心里泛起了嘀咕。这时，前辈小 Q 说道："这样，你把笔记本电脑给我，我来给你稍微改改这段代码，然后你再看看。"

三分钟后，小 Q 把修改过的代码递了过来，如代码清单 1-2 所示。

代码清单 1-2　小 Q 修改后的冒泡排序函数

```
def magic_bubble_sort(numbers: List[int]):
    """ 有魔力的冒泡排序算法，默认所有的偶数都比奇数大

    :param numbers: 需要排序的列表，函数会直接修改原始列表
    """
    stop_position = len(numbers) - 1
    while stop_position > 0:
        for i in range(stop_position):
            current, next_ = numbers[i], numbers[i + 1]   ❶
            current_is_even, next_is_even = current % 2 == 0, next_ % 2 == 0
            should_swap = False

            # 交换位置的两个条件：
            # - 前面是偶数，后面是奇数
```

```
        # - 前面和后面同为奇数或者偶数，但是前面比后面大
        if current_is_even and not next_is_even:
            should_swap = True
        elif current_is_even == next_is_even and current > next_:
            should_swap = True

        if should_swap:
            numbers[i], numbers[i + 1] = numbers[i + 1], numbers[i]
    stop_position -= 1
return numbers
```

❶ 注意：此处变量名是 next_ 而非 next，这是因为已经有一个内置函数使用了 next 这个
　　名字。PEP 8 规定在这种情况下，应该给变量名增加 _ 后缀来避免冲突

小 R 盯着这段代码，发现它的核心逻辑和之前没有任何不同。但不知为何，这段代码看上
去就是比自己写的代码更舒服。小 R 若有所思，好像一下明白了自己没通过面试的原因。

故事讲完了。看上去，前辈小 Q 只是在小 R 的代码之上做了些"无关痛痒"的改动，但正
是这些"无关痛痒"的改动，改善了代码的观感，提升了整个函数的可读性。

2."无关痛痒"的改动

和小 R 写的代码相比，前辈小 Q 的新代码主要进行了以下改进。

(1) 变量名变成了可读的、有意义的名字，比如在旧代码里，"停止位"是无意义的 j，新
　　代码里变成了 stop_position。
(2) 增加了有意义的临时变量，比如 current/next_ 代表前一个 / 后一个元素、{}_is_
　　even 代表元素是否为偶数、should_swap 代表是否应该交换元素。
(3) 多了一点儿恰到好处的指引性注释，比如说明交换元素顺序的详细条件。

这些变化让整段代码变得更易读，也让整个算法变得更好理解。所以，哪怕是一段不到 10
行代码的简单函数，对变量和注释的不同处理方式，也会让代码发生质的变化。

1.3　编程建议

"编程建议"是本书大部分章节存在的板块，我将在其中分享与每章主题有关的一些编程建
议、技巧，这里并没有什么高谈阔论的大道理，多是些专注细节、务实好用的小点子。比如定
义临时变量有什么好处，为什么应该先写注释再写代码，等等。希望这些"小点子"能帮助你
写出更棒的代码。

下面，我们一起来看看那些跟变量与注释有关的"小点子"吧。

1.3.1　保持变量的一致性

在使用变量时，你需要保证它在两个方面的一致性：名字一致性与类型一致性。

名字一致性是指在同一个项目（或者模块、函数）中，对一类事物的称呼不要变来变去。如果你把项目里的"用户头像"叫作 user_avatar_url，那么在其他地方就别把它改成 user_profile_url。否则会让读代码的人犯迷糊："user_avatar_url 和 user_profile_url 到底是不是一个东西？"

类型一致性则是指不要把同一个变量重复指向不同类型的值，举个例子：

```python
def foo():
    # users 本身是一个 Dict
    users = {'data': ['piglei', 'raymond']}
    ...
    # users 这个名字真不错! 尝试复用它, 把它变成 List 类型
    users = []
    ...
```

在 foo() 函数的作用域内，users 变量被使用了两次：第一次指向字典，第二次则变成了列表。虽然 Python 的类型系统允许我们这么做，但这样做其实有很多坏处，比如变量的辨识度会因此降低，还很容易引入 bug。

所以，我建议在这种情况下启用一个新变量：

```python
def foo():
    users = {'data': ['piglei', 'raymond']}
    ...
    # 使用一个新名字
    user_list = []
    ...
```

如果使用 mypy 工具（13.1.5 节会详细讲解），它在静态检查时就会报出这种"变量类型不一致"的错误。对于上面的代码，mypy 就会输出 error: Incompatible types in assignment（变量赋值时类型不兼容）错误。

1.3.2　变量定义尽量靠近使用

包括我自己在内的很多人在初学编程时有一种很不好的习惯——喜欢把所有变量初始化定义写在一起，放在函数最前面，就像下面这样：

1.3.4 同一作用域内不要有太多变量

通常来说，函数越长，用到的变量也会越多。但是人脑的记忆力是很有限的。研究表明，人类的短期记忆只能同时记住不超过 10 个名字。变量过多，代码肯定就会变得难读，以代码清单 1-3 为例。

代码清单 1-3　局部变量过多的函数

```python
def import_users_from_file(fp):
    """尝试从文件对象读取用户，然后导入数据库

    :param fp: 可读文件对象
    :return: 成功与失败的数量
    """
    # 初始化变量：重复用户、黑名单用户、正常用户
    duplicated_users, banned_users, normal_users = [], [], []
    for line in fp:
        parsed_user = parse_user(line)
        # …… 进行判断处理，修改前面定义的 {X}_users 变量

    succeeded_count, failed_count = 0, 0
    # …… 读取 {X}_users 变量，写入数据库并修改成功与失败的数量
    return succeeded_count, failed_count
```

`import_users_from_file()` 函数里的变量数量就有点儿多，比如用来暂存用户的 {duplicated|banned|normal}_users，用来保存结果的 succeeded_count、failed_count 等。

要减少函数里的变量数量，最直接的方式是给这些变量分组，建立新的模型。比如，我们可以将代码里的 succeeded_count、failed_count 建模为 ImportedSummary 类，用 ImportedSummary.succeeded_count 来替代现有变量；对 {duplicated|banned|normal}_users 也可以执行同样的操作。相关操作如代码清单 1-4 所示。

代码清单 1-4　对局部变量分组并建模

```python
class ImportedSummary:
    """保存导入结果摘要的数据类"""

    def __init__(self):
        self.succeeded_count = 0
        self.failed_count = 0


class ImportingUserGroup:
    """用于暂存用户导入处理的数据类"""

    def __init__(self):
        self.duplicated = []
        self.banned = []
        self.normal = []
```

```python
def import_users_from_file(fp):
    """尝试从文件对象读取用户，然后导入数据库

    :param fp: 可读文件对象
    :return: 成功与失败的数量
    """
    importing_user_group = ImportingUserGroup()
    for line in fp:
        parsed_user = parse_user(line)
        # …… 进行判断处理，修改上面定义的 importing_user_group 变量

    summary = ImportedSummary()
    # …… 读取 importing_user_group，写入数据库并修改成功与失败的数量

    return summary.succeeded_count, summary.failed_count
```

通过增加两个数据类，函数内的变量被更有逻辑地组织了起来，数量变少了许多。

需要说明的一点是，大多数情况下，只是执行上面这样的操作是远远不够的。函数内变量的数量太多，通常意味着函数过于复杂，承担了太多职责。只有把复杂函数拆分为多个小函数，代码的整体复杂度才可能实现根本性的降低。

在 7.3.1 节中，你可以找到更多与函数复杂度有关的内容，看到更多与拆分函数相关的建议。

1.3.5 能不定义变量就别定义

前面提到过，定义临时变量可以提高代码的可读性。但有时，把不必要的东西赋值为临时变量，反而会让代码显得啰唆：

```python
def get_best_trip_by_user_id(user_id):
    # 心理活动：嗯，这个值未来说不定会修改 / 二次使用，我们先把它定义成变量吧！
    user = get_user(user_id)
    trip = get_best_trip(user_id)
    result = {
        'user': user,
        'trip': trip
    }
    return result
```

在编写代码时，我们会下意识地定义很多变量，好为未来调整代码做准备。但其实，你所想的未来也许永远不会来。上面这段代码里的三个临时变量完全可以去掉，变成下面这样：

```python
def get_best_trip_by_user_id(user_id):
    return {
```

```
            'user': get_user(user_id),
            'trip': get_best_trip(user_id)
    }
```

这样的代码就像删掉赘语的句子，变得更精练、更易读。所以，不必为了那些未来可能出现的变动，牺牲代码此时此刻的可读性。如果以后需要定义变量，那就以后再做吧！

1.3.6　不要使用 `locals()`

`locals()` 是 Python 的一个内置函数，调用它会返回当前作用域中的所有局部变量：

```python
def foo():
    name = 'piglei'
    bar = 1
    print(locals())

# 调用 foo() 将输出：
{'name': 'piglei', 'bar': 1}
```

在有些场景下，我们需要一次性拿到当前作用域下的所有（或绝大部分）变量，比如在渲染 Django 模板时：

```python
def render_trip_page(request, user_id, trip_id):
    """渲染旅程页面"""
    user = User.objects.get(id=user_id)
    trip = get_object_or_404(Trip, pk=trip_id)
    is_suggested = check_if_suggested(user, trip)
    return render(request, 'trip.html', {
        'user': user,
        'trip': trip,
        'is_suggested': is_suggested
    })
```

看上去使用 `locals()` 函数正合适，假如调用 `locals()`，上面的代码会简化许多：

```python
def render_trip_page(request, user_id, trip_id):
    ...

    # 利用 locals() 把当前所有变量作为模板渲染参数返回
    # 节约了三行代码，我简直是个天才！
    return render(request, 'trip.html', locals())
```

第一眼看上去非常“简洁”，但是，这样的代码真的更好吗？

答案并非如此。`locals()` 看似简洁，但其他人在阅读代码时，为了搞明白模板渲染到底用了哪些变量，必须记住当前作用域里的所有变量。假如函数非常复杂，“记住所有局部变量”简直是个不可能完成的任务。

使用 `locals()` 还有一个缺点，那就是它会把一些并没有真正使用的变量也一并暴露。

因此，比起使用 `locals()`，建议老老实实把代码写成这样：

```python
return render(request, 'trip.html', {
    'user': user,
    'trip': trip,
    'is_suggested': is_suggested
})
```

> **Python 之禅：显式优于隐式**
>
> 在 Python 命令行中输入 `import this`，你可以看到 Tim Peters 写的一段编程原则：The Zen of Python（"Python 之禅"）。这些原则字字珠玑，里面蕴藏着许多 Python 编程智慧。
>
> "Python 之禅" 中有一句 "Explicit is better than implicit"（显式优于隐式），这条原则完全可以套用到 `locals()` 的例子上——`locals()` 实在是太隐晦了，直接写出变量名显然更好。

1.3.7　空行也是一种"注释"

代码里的注释不只是那些常规的描述性语句，有时候，没有一个字符的空行，也算得上一种特殊的"注释"。

在写代码时，我们可以适当地在代码中插入空行，把代码按不同的逻辑块分隔开，这样能有效提升代码的可读性。

举个例子，拿本章案例故事里的代码来说，假如删掉所有空行，代码会变成代码清单 1-5 这样，请你试着读读看。

代码清单 1-5　没有任何空行的冒泡排序（所有文字类注释已删除）

```python
def magic_bubble_sort(numbers: List[int]):
    stop_position = len(numbers) - 1
    while stop_position > 0:
        for i in range(stop_position):
            current, next_ = numbers[i], numbers[i + 1]
            current_is_even, next_is_even = current % 2 == 0, next_ % 2 == 0
            should_swap = False
            if current_is_even and not next_is_even:
```

```
                should_swap = True
        elif current_is_even == next_is_even and current > next_:
                should_swap = True
        if should_swap:
                numbers[i], numbers[i + 1] = numbers[i + 1], numbers[i]
        stop_position -= 1
    return numbers
```

怎么样？是不是感觉代码特别局促，连喘口气的机会都找不到？这就是缺少空行导致的。只要在代码里加上一丁点儿空行（不多，就两行），函数的可读性马上会得到可观的提升，如代码清单 1-6 所示。

代码清单 1-6 增加了空行的冒泡排序

```
def magic_bubble_sort(numbers: List[int]):
    stop_position = len(numbers) - 1
    while stop_position > 0:
        for i in range(stop_position):
            previous, latter = numbers[i], numbers[i + 1]
            previous_is_even, latter_is_even = previous % 2 == 0, latter % 2 == 0
            should_swap = False

            if previous_is_even and not latter_is_even:
                should_swap = True
            elif previous_is_even == latter_is_even and previous > latter:
                should_swap = True

            if should_swap:
                numbers[i], numbers[i + 1] = numbers[i + 1], numbers[i]
        stop_position -= 1
    return numbers
```

1.3.8 先写注释，后写代码

在编写了许多函数以后，我总结出了一个值得推广的好习惯：先写注释，后写代码。

每个函数的名称与接口注释（也就是 docstring），其实是一种比函数内部代码更为抽象的东西。你需要在函数名和短短几行注释里，把函数内代码所做的事情，高度浓缩地表达清楚。

正因如此，接口注释其实完全可以当成一种协助你设计函数的前置工具。这个工具的用法很简单：假如你没法通过几行注释把函数职责描述清楚，那么整个函数的合理性就应该打一个问号。

举个例子，你在编辑器里写下了 def process_user(...):，准备实现一个名为 process_user 的新函数。在编写函数注释时，你发现在写了好几行文字后，仍然没法把 process_user() 的职责描述清楚，因为它可以同时完成好多件不同的事情。

这时你就应该意识到，process_user() 函数承担了太多职责，解决办法就是直接删掉它，设计更多单一职责的子函数来替代之。

先写注释的另一个好处是：不会漏掉任何应该写的注释。

我常常在审查代码时发现，一些关键函数的 docstring 位置一片空白，而那里本该备注详尽的接口注释。每当遇到这种情况，我都会不厌其烦地请代码提交者补充和完善接口注释。

为什么大家总会漏掉注释？我的一个猜测是：程序员在编写函数时，总是跳过接口注释直接开始写代码。而当写完代码，实现函数的所有功能后，他就对这个函数失去了兴趣。这时，他最不愿意做的事，就是回过头去补写函数的接口注释，即便写了，也只是草草对付了事。

如果遵守"先写注释，后写代码"的习惯，我们就能完全避免上面的问题。要养成这个习惯其实很简单：**在写出一句有说服力的接口注释前，别写任何函数代码。**

1.4 总结

在一段代码里，变量和注释是最接近自然语言的东西。因此，好的变量名、简明扼要的注释，都可以显著提升代码的质量。在给变量起名时，请尽量使用描述性强的名字，但也得注意别过了头。

从小 R 的面试故事来看，即使是两段功能完全一样的代码，也会因为变量和注释的区别，给其他人截然不同的感觉。因此，要想让你的代码给人留下"漂亮"的第一印象，请记得在变量和注释上多下功夫。

以下是本章要点知识总结。

(1) 变量和注释决定"第一印象"

- 变量和注释是代码里最接近自然语言的东西，它们的可读性非常重要
- 即使是实现同一个算法，变量和注释不一样，给人的感觉也会截然不同

(2) 基础知识

- Python 的变量赋值语法非常灵活，可以使用 *variables 星号表达式灵活赋值
- 编写注释的两个要点：不要用来屏蔽代码，而是用来解释"为什么"
- 接口注释是为使用者而写，因此应该简明扼要地描述函数职责，而不必包含太多内部细节
- 可以用 Sphinx 格式文档或类型注解给变量标明类型

(3) 变量名字很重要

❑ 给变量起名要遵循 PEP 8 原则，代码的其他部分也同样如此

❑ 尽量给变量起描述性强的名字，但评价描述性也需要结合场景

❑ 在保证描述性的前提下，变量名要尽量短

❑ 变量名要匹配它所表达的类型

❑ 可以使用一两个字母的超短名字，但注意不要过度使用

(4) 代码组织技巧

❑ 按照代码的职责来组织代码：让变量定义靠近使用

❑ 适当定义临时变量可以提升代码的可读性

❑ 不必要的变量会让代码显得冗长、啰唆

❑ 同一个作用域内不要有太多变量，解决办法：提炼数据类、拆分函数

❑ 空行也是一种特殊的"注释"，适当的空行可以让代码更易读

(5) 代码可维护性技巧

❑ 保持变量在两个方面的一致性：名字一致性与类型一致性

❑ 显式优于隐式：不要使用 locals() 批量获取变量

❑ 把接口注释当成一种函数设计工具：先写注释，后写代码

第 2 章
数值与字符串

现代人的生活离不开各种数字。人的身高是数字，年龄是数字，银行卡里的余额也是数字。大家同样离不开的还有文字。网络上的文章、路边的指示牌，以及你正在阅读的这本书，都是由文字构成的。

我们离不开数字和文字，正如同编程语言离不开"数值"与"字符串"。两者几乎是所有编程语言里最基本的数据类型，也是我们通过代码连接现实世界的基础。

对于这两种基础类型，Python 展现了它一贯的简单易用的特点。拿**整型**（integer）来说，在 Python 里使用整型，你不需要了解"有符号""无符号""32 位""64 位"这些令人头疼的概念。不论多大的数字都能直接用，不必担心任何溢出问题：

```
# 无符号 64 位整型的最大值（unsigned int64）
>>> 2 ** 64 - 1
18446744073709551615

# 直接乘上 10000 也没问题，永不溢出！
>>> 18446744073709551615 * 10000
184467440737095516150000
```

和数字一样，Python 里的**字符串**（string）也很容易上手[①]。它直接兼容所有的 Unicode 字符，处理起中文来非常方便：

```
>>> s = 'Hello, 中文'
>>> type(s)
<class 'str'>

# 打印中文
>>> print(s)
Hello, 中文
```

[①] 准确来说，是 Python 3 版本后的字符串容易上手。要处理好 Python 2 及之前版本中的字符串还是有些难度的。

除了上面的字符串类型（str），有时我们还需要同字节串类型（bytes）打交道。在本章的基础知识板块，我会简单介绍二者的区别，以及如何在它们之间做转换。

接下来，我们就从这两种最基础的数据类型开始，踏上探索 Python 对象世界的旅程吧！

2.1 基础知识

本节将介绍与数值和字符串有关的基础知识，内容涵盖浮点数的精度问题、字符串与字节串的区别，等等。

2.1.1 数值基础

在 Python 中，一共存在三种内置数值类型：整型（int）、浮点型（float）和复数类型（complex）。创建这三类数值很简单，代码如下所示：

```
# 定义一个整型
>>> score = 100
# 定义一个浮点型
>>> temp = 37.2
# 定义一个复数
>>> com = 1+2j
```

在大多数情况下，我们只需要用到前两种类型：int 与 float。二者之间可以通过各自的内置方法进行转换：

```
# 将浮点型转换为整型
>>> int(temp)
37

# 将整型转换为浮点型
>>> float(score)
100.0
```

在定义数值字面量时，如果数字特别长，可以通过插入 _ 分隔符来让它变得更易读：

```
# 以 " 千 " 为单位分隔数字
>>> i = 1_000_000
>>> i + 10
1000010
```

正如本章开篇所说，Python 里的数值类型十分让人省心，你大可随心所欲地使用，一般不会碰到什么奇怪的问题。不过，浮点数精度问题是个例外。

浮点数精度问题

如果你在 Python 命令行里输入 0.1 + 0.2，你会看到这样的"奇景"：

```
>>> 0.1 + 0.2
0.30000000000000004
```

一个简单的小数计算，为何会产生这么奇怪的结果？这其实是一个由浮点数精度导致的经典问题。

计算机是一个二进制的世界，它能表示的所有数字，都是通过 0 和 1 两个数模拟而来的（比如二进制的 110 代表十进制的 6）。这套模拟机制在表示整数时，尚能勉强应对，一旦我们需要小于 1 的浮点数时，计算机就做不到绝对的精准了。

但是，不提供浮点数肯定是不行的。为此，计算机只好"尽力而为"：取一个固定精度来近似表示小数——Python 使用的是"双精度"（double precision）[1]。这个精度限制就是 0.1 + 0.2 的最终结果多出来 0.000…4 的原因。

为了解决这个问题，Python 提供了一个内置模块：decimal。假如你的程序需要精确的浮点数计算，请考虑使用 decimal.Decimal 对象来替代普通浮点数，它在做四则运算时不会损失任何精度：

```
>>> from decimal import Decimal
# 注意：这里的 '0.1' 和 '0.2' 必须是字符串
>>> Decimal('0.1') + Decimal('0.2')
Decimal('0.3')
```

在使用 Decimal 的过程中，大家需要注意：必须使用字符串来表示数字。如果你提供的是普通浮点数而非字符串，在转换为 Decimal 对象前就会损失精度，掉进所谓的"浮点数陷阱"：

```
>>> Decimal(0.1)
Decimal('0.1000000000000000055511151231257827021181583404541015625')
```

如果你想了解更多浮点数相关的内容，可查看 Python 官方文档中的"15. Floating Point Arithmetic: Issues and Limitations"，其中的介绍非常详细。

---

[1] 具体来说，是符合 IEEE-754 规范的双精度，它使用 53 个比特的精度来表达十进制浮点数。

2.1.2 布尔值其实也是数字

布尔 (bool) 类型是 Python 里用来表示"真假"的数据类型。你肯定知道它只有两个可选值：True 和 False。不过，你可能不知道的是：布尔类型其实是整型的子类型，在绝大多数情况下，True 和 False 这两个布尔值可以直接当作 1 和 0 来使用。

就像这样：

```
>>> int(True), int(False)
(1, 0)
>>> True + 1
2

# 把 False 当除数的效果和 0 一样
>>> 1 / False
Traceback (most recent call last):
  File "<stdin>", line 1, in <module>
ZeroDivisionError: division by zero
```

布尔值的这个特点，最常用来简化统计总数操作。

假设有一个包含整数的列表，我需要计算列表里一共有多少个偶数。正常来说，我得写一个循环加分支结构才能完成统计：

```
numbers = [1, 2, 4, 5, 7]

count = 0
for i in numbers:
    if i % 2 == 0:
        count += 1

print(count)
# 输出: 2
```

但假如利用"布尔值可作为整型使用"的特性，一个简单的表达式就能完成同样的事情：

```
count = sum(i % 2 == 0 for i in numbers) ❶
```

❶ 此处的表达式 i % 2 == 0 会返回一个布尔值结果，该结果随后会被当成数字 0 或 1 由 sum( ) 函数累加求和

2.1.3 字符串常用操作

本节介绍一些与字符串有关的常用操作。

1. 把字符串当序列来操作

字符串是一种序列类型，这意味着你可以对它进行遍历、切片等操作，就像访问一个列表对象一样：

```
>>> s = 'Hello, world!'
>>> for c in s: ❶
...     print(c)
...
H
...
d
!
>>> s[1:3] ❷
'el'
```

❶ 遍历一个字符串，将会逐个返回每个字符

❷ 对字符串进行切片

假如你想反转一个字符串，可以使用切片操作或者 reversed 内置方法：

```
>>> s[::-1] ❶
'!dlrow ,olleH'
>>> ''.join(reversed(s)) ❷
'!dlrow ,olleH'
```

❶ 切片最后一个字段使用 -1，表示从后往前反序

❷ reversed 会返回一个可迭代对象，通过字符串的 .join 方法可以将它转换为字符串

2. 字符串格式化

Python 语言有一个设计理念："任何问题应有一种且最好只有一种显而易见的解决方法。"[①] 如果把这句话放到字符串格式化领域，似乎就有点儿难以自圆其说了。

在当前的主流 Python 版本中，至少有三种主要的字符串格式化方式。

(1) C 语言风格的基于百分号 % 的格式化语句：'Hello, %s' % 'World'。

(2) 新式字符串格式化（str.format）方式（Python 2.6 新增）："Hello, {}".format('World')。

(3) f-string 字符串字面量格式化表达式（Python 3.6 新增）：name = 'World'; f'Hello, {name}'。

---

① 原文来自"Python 之禅"：There should be one-- and preferably only one --obvious way to do it。翻译来自维基百科。

第一种字符串格式化方式历史最为悠久，但现在已经很少使用。相比之下，后两种方式正变得越来越流行。从个人体验来说，f-string 格式化方式用起来最方便，是我的首选。和其他两种方式比起来，使用 f-string 的代码多数情况下更简洁、更直观。

举个例子：

```
username, score = 'piglei', 100
# 1. C 语言风格格式化
print('Welcome %s, your score is %d' % (username, score))
# 2. str.format
print('Welcome {}, your score is {:d}'.format(username, score))

# 3. f-string, 最短最直观
print(f'Welcome {username}, your score is {score:d}')
# 输出:
# Welcome piglei, your score is 100
```

str.format 与 f-string 共享了同一种复杂的"字符串格式化微语言"。通过这种微语言，我们可以方便地对字符串进行二次加工，然后输出。比如：

```
# 将 username 靠右对齐, 左侧补空格到一共 20 个字符
# 以下两种方式将输出同样的内容
print('{:>20}'.format(username))
print(f'{username:>20}')
# 输出:
#               piglei
```

对于用户自定义类型来说，可以通过定义魔法方法，来修改对象被渲染成字符串的值。我会在 12.2 节中介绍这部分内容。

虽然年轻的 f-string 抢走了 str.format 的大部分风头，但后者仍有着自己的独到之处。比如 str.format 支持用位置参数来格式化字符串，实现对参数的重复使用：

```
print('{0}: name={0} score={1}'.format(username, score))
# 输出:
# piglei: name=piglei score=100
```

综上所述，日常编码中推荐优先使用 f-string，搭配 str.format 作为补充，想必能满足大家绝大多数的字符串格式化需求。

查看 Python 官方文档中的"Format Specification Mini-Language"一节，了解字符串格式化微语言更多的相关信息。

3. 拼接多个字符串

假如要拼接多个字符串，比较常见的 Python 式做法是：首先创建一个空列表，然后把需要拼接的字符串都放进列表，最后调用 str.join 来获得大字符串。示例如下：

```
>>> words = ['Numbers(1-10):']
>>> for i in range(10):
...     words.append(f'Value: {i + 1}')
...
>>> print('\n'.join(words))
Numbers(1-10):
Value: 1
...
Value: 10
```

除了使用 join，也可以直接用 words_str += f'Value: {i + 1}' 这种方式来拼接字符串。但也许有人告诫过你："千万别这么干！这样操作字符串很慢很不专业！"这个说法也许曾经正确，但现在看其实有些危言耸听。我在 2.3.5 节会向你证明：在拼接字符串时，+= 和 join 同样好用。

2.1.4　不常用但特别好用的字符串方法

为了方便，Python 为字符串类型实现了非常多内置方法。在对字符串执行某种操作前，请一定先查查某个内置方法是不是已经实现了该操作，否则一不留神就会重复发明轮子。

比如我以前就写过一个函数，它专门用正则表达式来判断某个字符串是否只包含数字。写完后我才发现，这个功能其实根本不用自己实现，直接调用字符串的 s.isdigit() 方法就能完成任务：

```
>>> '123'.isdigit(), 'foo'.isdigit()
(True, False)
```

日常编程中，我们最常用到的字符串方法有 .join()、.split()、.startswith()，等等。虽然这些常用方法能满足大部分的字符串处理需求，但要成为真正的字符串高手，除了掌握常用方法，了解一些不那么常用的方法也很重要。在这方面，.partition() 和 .translate() 方法就是两个很好的例子。

str.partition(sep) 的功能是按照分隔符 sep 切分字符串，返回一个包含三个成员的元组：(part_before, sep, part_after)，它们分别代表分隔符前的内容、分隔符以及分隔符后的内容。

第一眼看上去，partition 的功能和 split 的功能似乎是重复的——两个方法都是分割字符串，只是结果稍有不同。但在某些场景下，使用 partition 可以写出比用 split 更优雅的代码。

举个例子，我有一个字符串 s，它的值可能会是以下两种格式。

(1) '{key}:{value}'，键值对标准格式，此时我需要拿到 value 部分。

(2) '{key}'，只有 key，没有冒号：分隔符，此时我需要拿到空字符串 ''。

如果用 split 方法来实现需求，我需要写出下面这样的代码：

```python
def extract_value(s):
    items = s.split(':')
    # 因为 s 不一定会包含 ':'，所以需要对结果长度进行判断
    if len(items) == 2:
        return items[1]
    else:
        return ''
```

执行效果如下：

```python
>>> extract_value('name:piglei')
'piglei'
>>> extract_value('name')
''
```

这个函数的逻辑虽算不上复杂，但由于 split 的特点，函数内的分支判断基本无法避免。这时，如果使用 partition 函数来替代 split，原本的分支判断逻辑就可以消失——一行代码就能完成任务：

```python
def extract_value_v2(s):
    # 当 s 包含分隔符 : 时，元组最后一个成员刚好是 value
    # 若是没有分隔符，最后一个成员默认是空字符串 ''
    return s.partition(':')[-1]
```

除了 partition 方法，str.translate(table) 方法有时也非常有用。它可以按规则一次性替换多个字符，使用它比调用多次 replace 方法更快也更简单：

```python
>>> s = '明明是中文，却使用了英文标点.'

# 创建替换规则表：',' -> '，'，'.' -> '。'
>>> table = s.maketrans(',.', '，。')
>>> s.translate(table)
'明明是中文，却使用了英文标点。'
```

除了上面这两个方法，在 2.3.4 节中，我们还会分享一个用较少露面的内置方法解决真实问题的例子。

2.1.5 字符串与字节串

按照受众的不同，广义上的"字符串"概念可分为两类。

(1) **字符串**：我们最常挂在嘴边的"普通字符串"，有时也被称为**文本**（text），是给人看的，对应 Python 中的字符串（str）类型。str 使用 Unicode 标准，可通过 .encode() 方法编码为字节串。

(2) **字节串**：有时也称"二进制字符串"（binary string），是给计算机看的，对应 Python 中的字节串（bytes）类型。bytes 一定包含某种真正的字符串编码格式（默认为 UTF-8），可通过 .decode() 解码为字符串。

下面是简单的字符串操作示例：

```
>>> str_obj = 'Hello, 世界'
>>> type(str_obj)
<class 'str'>

>>> bin_str = str_obj.encode('UTF-8')  ❶
>>> type(bin_str)
<class 'bytes'>
>>> bin_str
b'Hello, \xe4\xb8\x96\xe7\x95\x8c'

>>> str_obj.encode('UTF-8') == str_obj.encode()  ❷
True

>>> str_obj.encode('gbk')  ❸
b'Hello, \xca\xc0\xbd\xe7'
```

❶ 通过 .encode() 方法将字符串编码为字节串，此时使用的编码格式为 UTF-8

❷ 假如不指定任何编码格式，Python 也会使用默认值：UTF-8

❸ 也可以使用其他编码格式，比如另一种中文编码格式：gbk

要创建一个字节串字面量，可以在字符串前加一个字母 b 作为前缀：

```
>>> bin_obj = b'Hello'
>>> type(bin_obj)
<class 'bytes'>
>>> bin_obj.decode()  ❶
'Hello'
```

❶ 字节串可通过调用 .decode() 解码为字符串

bytes 和 str 是两种数据类型，即便有时看上去"一样"，但做比较时永不相等：

```
>>> 'Hello' == b'Hello'
False
```

它们也不能混用：

```
>>> 'Hello'.split('e')
['H', 'llo']
```

```
# str 不能使用 bytes 来调用任何内置方法，反之亦然
>>> 'Hello'.split(b'e')
Traceback (most recent call last):
  File "<stdin>", line 1, in <module>
TypeError: must be str or None, not bytes
```

最佳实践

正因为字符串面向的是人，而二进制的字节串面向的是计算机，因此，在使用体验方面，前者要好得多。在我们的程序中，应该尽量保证总是操作**普通字符串**，而非字节串。必须操作处理字节串的场景，一般来说只有两种：

(1) 程序从文件或其他外部存储读取字节串内容，将其解码为字符串，然后再在内部使用；

(2) 程序完成处理，要把字符串写入文件或其他外部存储，将其编码为字节串，然后继续执行其他操作。

举个例子，假如你写了一个简单的字符串函数：

```
def upper_s(s):
    """ 把输入字符串里的所有 "s" 都转为大写 """
    return s.replace('s', 'S')
```

当接收的输入是字节串时，你需要先将其转换为普通字符串，再调用函数：

```
# 从外部系统拿到的字节串对象
>>> bin_obj
b'super sunflowers\xef\xbc\x88\xe5\x90\x91\xe6\x97\xa5\xe8\x91\xb5\xef\xbc\x89'

# 将其转换为字符串后，再继续执行后面的操作
>>> str_obj = bin_obj.decode('UTF-8') ❶
>>> str_obj
'super sunflowers（向日葵）'
>>> upper_s(str_obj)
'Super SunflowerS.（向日葵）'
```

❶ 此处的 UTF-8 也可能是 gbk 或其他任何一种编码格式，一切取决于输入字节串的实际编码格式

反之，当你要把字符串写入文件（进入计算机的领域）时，请谨记：普通字符串采用的是文本格式，没法直接存放于外部存储，一定要将其编码为字节串——也就是"二进制字符串"——才行。

这个编码工作有时需要显式去做，有时则隐式发生在程序内部。比如在写入文件时，只要通过 encoding 参数指定字符串编码格式，Python 就会自动将写入的字符串编码为字节串：

```
# 通过 encoding 指定字符串编码格式为 UTF-8
with open('output.txt', 'w', encoding='UTF-8') as fp:
    str_obj = upper_s('super sunflowers（向日葵）')
    fp.write(str_obj)
    # 最后 output.txt 中存储的将是 UTF-8 编码的文本
```

> **删掉 open(...) 里的 encoding 参数**
>
> 假如删掉上面 open(...) 调用里的 encoding 参数，将其改成 open('output.txt', 'w')，也就是不指定任何编码格式，你会发现代码也能正常运行。
>
> 这并不代表字符串编码过程消失了，只是变得更加隐蔽而已。如果不指定 encoding 参数，Python 会尝试自动获取当前环境下偏好的编码格式。
>
> 比如在 Linux 操作系统下，这个编码格式通常是 UTF-8：
>
> ```
> # 如果不指定 encoding, Python 将通过 locale 模块获取系统偏好的编码格式
> >>> import locale
> >>> locale.getpreferredencoding()
> 'UTF-8'
> ```

一旦弄清楚"字符串"和"字节串"的区别，你会发现 Python 里的字符串处理其实很简单。关键在于：用一个"边缘转换层"把人类和计算机的世界隔开，如图 2-1 所示。

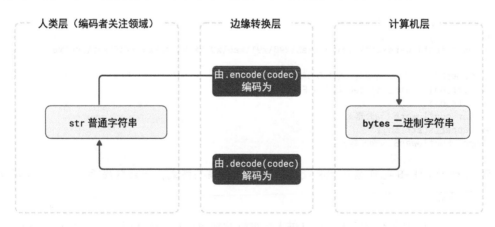

图 2-1 字符串类型转换图

有关数字与字符串的基础知识就先讲到这里。下面我们进入故事时间。

2.2 案例故事

在本章中，我准备了两个案例故事。

2.2.1 代码里的"密码"

又是一年求职季，小 R 成功入职了一家心仪已久的大公司，负责公司的核心系统开发。入职的第一天，小 R 从茶水间接了一杯咖啡，坐在电脑前打开 IDE，准备好好地熟悉一下项目代码。

但刚点开第一个文件，小 R 就愣住了，他端着咖啡的手悬在空中许久，似乎没想到自己的读代码计划这么快就卡壳了。此时，屏幕上展示的是这么一段代码：

```
def add_daily_points(user):
    """ 用户每天完成第一次登录后，为其增加积分 """
    if user.type == 13:
        return
    if user.type == 3:
        user.points += 120
        return
    user.points += 100
    return
```

"这个函数是啥意思？"小 R 在心里问自己。"首先，从函数名和文档来看，它在给用户发送每日积分，但它的内部逻辑呢？第一行的 user.type == 13 是什么，之后的 user.type == 3 又是什么？其次，为啥有时增加 100 积分，有时增加 120 积分？"

这几行代码看似简单，没有用到任何魔法特性，但代码里的那些数字字面量（13、3、120、100）就像几个无法破解的密码一样，让读代码的小 R 脑子里一团糨糊。

1. "密码"的含义

幸运的是，就在小 R 一筹莫展之际，公司的资深程序员小 Q 从他身边走过。小 R 赶紧叫住了小 Q，向他咨询这段积分代码。在后者的一番解释后，小 R 终于搞明白了那些"密码"的含义。

❑ 13：用户 type 是 13，代表用户处于被封禁状态，不能增加积分。

❑ 3：用户 type 为 3，代表用户充值了 VIP。

❑ 100：普通用户每天登录增加 100 积分。

❑ 120：VIP 用户在普通用户基础上，每天登录多得 20 积分。

弄明白这些数字的含义后，小 R 觉得自己必须把这段代码改写一遍。我们来帮他看看有哪些办法。

2. 改善代码的可读性

要改善这段代码的可读性，最直接的做法就是给每一行有数字的代码加上注释。但在这种情况下，加注释显然不是首选。我们在第 1 章中讲过，注释应该用来描述那些**代码所不能表达的信息**；而在这里，小 R 的首要问题是让代码变得可以"自说明"。

他需要用有意义的名称来代替这些数字字面量。

说到有意义的数字，大家最先想到的一般是"常量"（constant）。但 Python 里没有真正的常量类型，人们一般会把大写字母全局变量当"常量"来用。

比如把积分数量定义为常量：

```
# 用户每日奖励积分数量
DAILY_POINTS_REWARDS = 100
# VIP 用户每日额外奖励积分数量
VIP_EXTRA_POINTS = 20
```

除了常量以外，我们还可以使用枚举类型（enum.Enum）。

enum 是 Python 3.4 引入的专门用于表示枚举类型的内置模块。使用它，小 R 可以定义出这样的枚举类型：

```
from enum import Enum

# 在定义枚举类型时，如果同时继承一些基础类型，比如 int、str，
# 枚举类型就能同时充当该基础类型使用。比如在这里，UserType 就可以当作 int 使用
class UserType(int, Enum):
    # VIP 用户
    VIP = 3
    # 小黑屋用户
    BANNED = 13
```

有了这些常量和枚举类型后，一开始那段满是"密码"的代码就可以重写成这样：

```
def add_daily_points(user):
    """ 用户每天完成第一次登录后，为其增加积分 """
    if user.type == UserType.BANNED:
        return
    if user.type == UserType.VIP:
        user.points += DAILY_POINTS_REWARDS + VIP_EXTRA_POINTS
        return
    user.points += DAILY_POINTS_REWARDS
    return
```

把那些神奇的数字定义成常量和枚举类型后，代码的可读性得到了可观的提升。不仅如此，代码出现 bug 的概率其实也降低了。

试想一下，如果某位同事在编写分支判断时，把 13 错打成了 3 会怎么样？那样 VIP 用户和小黑屋用户的权益就会对调，势必会引发一大批用户投诉。这种因为输入错误导致的 bug 并不少见，而且隐蔽性特别强。

把数字字面量改成常量和枚举类型后，我们就能很好地规避输入错误问题。同样，把字符串字面量改写成枚举类型，也可以获得这种好处：

```python
# 如果 'vip' 字符串打错了，不会有任何提示
# 正确写法：
# if user.type == 'vip':
# 错误写法：
if user.type == 'vlp':

# 正确写法：
# if user.type == UserType.VIP:
# 错误写法：
if user.type == UserType.VLP:
# 更健壮：如果 VIP 打错了，会报错 AttributeError: VLP
```

最后，总结一下用常量和枚举类型来代替字面量的好处。

☐ 更易读：所有人都不需要记忆某个数字代表什么。
☐ 更健壮：降低输错数字或字母产生 bug 的可能性。

2.2.2 别轻易成为 SQL 语句"大师"

一个月后，小 R 慢慢习惯了新工作。他学会了用常量和枚举类型替换那些难懂的字面量，逐步改善项目的代码质量。不过，在他所负责的项目里，还有一样东西一直让他觉得很难受——数据库操作模块。

在这个大公司的核心项目里，所有的数据库操作代码，都是用下面这样的"裸字符串处理"逻辑拼接 SQL 语句而成的，比如一个根据条件查询用户列表的函数如下所示：

```python
def fetch_users(
    conn,
    min_level=None,
    gender=None,
    has_membership=False,
    sort_field="created",
):
    """ 获取用户列表

    :param min_level: 要求的最低用户级别，默认为所有级别
    :type min_level: int, optional
    :param gender: 筛选用户性别，默认为所有性别
```

```
    :type gender: int, optional
    :param has_membership: 筛选会员或非会员用户，默认为 False，代表非会员
    :type has_membership: bool, optional
    :param sort_field: 排序字段，默认为 "created"，代表按用户创建日期排序
    :type sort_field: str, optional
    :return: 一个包含用户信息的列表：[(User ID, User Name), ...]
    """
    # 一种古老的 SQL 拼接技巧，使用"WHERE 1=1"来简化字符串拼接操作
    statement = "SELECT id, name FROM users WHERE 1=1"
    params = []
    if min_level is not None:
        statement += " AND level >= ?"
        params.append(min_level)
    if gender is not None:
        statement += " AND gender >= ?"
        params.append(gender)
    if has_membership:
        statement += " AND has_membership = true"
    else:
        statement += " AND has_membership = false"

    statement += " ORDER BY ?"
    params.append(sort_field)
    # 将查询参数 params 作为位置参数传递，避免 SQL 注入问题
    return list(conn.execute(statement, params))
```

这类代码历史悠久，最初写下它的人甚至早已不知所踪。不过，小 R 大约能猜到，代码的作者当年这么写的原因肯定是："这种拼接字符串的方式简单直接、符合直觉。"

但令人遗憾的是，这样的代码只是看上去简单，实际上有一个非常大的问题：无法有效表达更复杂的业务逻辑。假如未来查询逻辑要增加一些复合条件、连表查询，人们很难在现有代码的基础上扩展，修改也容易出错。

我们来看看有什么办法能帮助小 R 优化这段代码。

1. 使用 SQLAlchemy 模块改写代码

上述函数所做的事情，我习惯称之为"裸字符串处理"。这种处理一般只使用基本的加减乘除和循环，配合 .split() 等内置方法来不断操作字符串，获得想要的结果。

它的优点显而易见：一开始业务逻辑比较简单，操作字符串代码符合思维习惯，写起来容易。但随着业务逻辑逐渐变得复杂，这类裸处理就会显得越来越力不从心。

其实，对于 SQL 语句这种结构化、有规则的特殊字符串，用对象化的方式构建和编辑才是更好的做法。

下面这段代码引入了 SQLAlchemy 模块，用更少的代码量完成了同样的功能：

```python
def fetch_users_v2(
    conn,
    min_level=None,
    gender=None,
    has_membership=False,
    sort_field="created",
):
    """ 获取用户列表 """
    query = select([users.c.id, users.c.name])
    if min_level != None:
        query = query.where(users.c.level >= min_level)
    if gender != None:
        query = query.where(users.c.gender == gender)
    query = query.where(users.c.has_membership == has_membership).order_by(
        users.c[sort_field]
    )
    return list(conn.execute(query))
```

新的 `fetch_users_v2()` 函数不光更短、更好维护，而且根本不需要担心 SQL 注入问题。它最大的缺点在于引入了一个额外依赖：`sqlalchemy`，但同 `sqlalchemy` 带来的种种好处相比，这点复杂度成本微不足道。

2. 使用 Jinja2 模板处理字符串

除了 SQL 语句，我们日常接触最多的还是一些普通字符串拼接任务。比如，有一份电影评分数据列表，我需要把它渲染成一段文字并输出。

代码如下：

```python
def render_movies(username, movies):
    """
    以文本方式展示电影列表信息
    """
    welcome_text = 'Welcome, {}.\n'.format(username)
    text_parts = [welcome_text]
    for name, rating in movies:
        # 没有提供评分的电影，以 [NOT RATED] 代替
        rating_text = rating if rating else '[NOT RATED]'
        movie_item = '* {}, Rating: {}'.format(name, rating_text)
        text_parts.append(movie_item)
    return '\n'.join(text_parts)


movies = [
    ('The Shawshank Redemption', '9.3'),
    ('The Prestige', '8.5'),
    ('Mulan', None),
]

print(render_movies('piglei', movies))
```

运行上面的代码会输出：

```
Welcome, piglei.

* The Shawshank Redemption, Rating: 9.3
* The Prestige, Rating: 8.5
* Mulan, Rating: [NOT RATED]
```

或许你觉得，这样的字符串拼接代码没什么问题。但如果使用 Jinja2 模板引擎处理，代码可以变得更简单：

```
from jinja2 import Template

_MOVIES_TMPL = '''\
Welcome, {{username}}.
{%for name, rating in movies %}
* {{ name }}, Rating: {{ rating|default("[NOT RATED]", True) }}
{%- endfor %}
'''


def render_movies_j2(username, movies):
    tmpl = Template(_MOVIES_TMPL)
    return tmpl.render(username=username, movies=movies)
```

和之前的代码相比，新代码少了列表拼接、默认值处理，所有的逻辑都通过模板语言来表达。假如我们的渲染逻辑以后变得更复杂，第二份代码也能更好地随之进化。

总结一下，当你的代码里出现复杂的裸字符串处理逻辑时，请试着问自己一个问题："目标 / 源字符串是结构化的且遵循某种格式吗？" 如果答案是肯定的，那么请先寻找是否有对应的开源专有模块，比如处理 SQL 语句的 SQLAlchemy、处理 XML 的 lxml 模块等。

如果你要拼接非结构化字符串，也请先考虑使用 Jinja2 等模板引擎，而不是手动拼接，因为用模板引擎处理字符串之后，代码写起来更高效，也更容易维护。

2.3　编程建议

2.3.1　不必预计算字面量表达式

在写代码的过程中，我们偶尔会用到一些比较复杂的数字，举个例子：

```
def do_something(delta_seconds):
    # 如果时间已经过去 11 天（或者更久），不做任何事
    if delta_seconds > 950400:
```

```
        return
    ...
```

我们在写这个函数时的"心路历程"大概是下面这样的。

首先,拿起办公桌上的小本子,在上面写上问题:11 天一共包含多少秒?经过一番计算后,得到结果:950 400。然后,我们把这个数字填进代码里,心满意足地在上面补上一行注释——告诉所有人这个数字是怎么来的。

这样的代码看似没有任何毛病,但我想问一个问题:为什么不直接把代码写成 if delta_seconds > 11 * 24 * 3600: 呢?

我猜你给的答案一定是"性能"。

我们都知道,和 C、Go 这种编译型语言相比,Python 是一门执行效率欠佳的解释型语言。出于性能考虑,我们预先算出算式的结果 950400 并写入代码,这样每次调用函数就不会有额外的计算开销了,积水成渊嘛。

但事实是,即便我们把代码改写成 if delta_seconds > 11 * 24 * 3600:,函数也不会多出任何额外开销。为了展示这一点,我们需要用到两个知识点:**字节码**与 **dis 模块**。

使用 dis 模块反编译字节码

虽然 Python 是一门解释型语言,但在解释器真正运行 Python 代码前,其实仍然有一个类似"编译"的加速过程:将代码编译为二进制的字节码。我们没法直接读取字节码,但利用内置的 dis 模块[1],可以将它们反汇编成人类可读的内容——类似一行行的汇编代码。

先举一个简单的例子。比如,一个简单的加法函数的反汇编结果是这样的:

```
>>> def add(x, y):
...     return x + y
...

# 导入 dis 模块,使用它打印 add() 函数的字节码,也就是解释器如何理解 add() 函数
>>> import dis
>>> dis.dis(add)
  2           0 LOAD_FAST                0 (x)
              2 LOAD_FAST                1 (y)
              4 BINARY_ADD
              6 RETURN_VALUE
```

在上面的输出中,add() 函数的反汇编结果主要展示了下面几种操作。

---

[1] dis 的全称是 disassembler for Python bytecode,翻译过来就是 Python 字节码的反汇编器。

(1) 两次 LOAD_FAST：分别把局部变量 x 和 y 的值放入栈顶。

(2) BINARY_ADD：从栈顶取出两个值（也就是 x 和 y 的值），执行加法操作，将结果放回栈顶。

(3) RETURN_VALUE：返回栈顶的结果。

 如果想了解字节码相关的更多知识，建议阅读 dis 模块的官方文档："dis — Disassembler for Python bytecode"。

现在，我们再回头用 dis 模块看看 do_something 函数的字节码：

```
def do_something(delta_seconds):
    if delta_seconds < 11 * 24 * 3600:
        return

import dis
dis.dis(do_something)

# dis 执行结果
  5           0 LOAD_FAST                0 (delta_seconds)
              2 LOAD_CONST               1 (950400)
              4 COMPARE_OP               0 (<)
              6 POP_JUMP_IF_FALSE       12

  6           8 LOAD_CONST               0 (None)
             10 RETURN_VALUE
        >>   12 LOAD_CONST               0 (None)
             14 RETURN_VALUE
```

注意到 2 LOAD_CONST 1 (950400) 那一行了吗？这表示 Python 解释器在将源码编译成字节码时，会主动计算 11 * 24 * 3600 表达式的结果，并用 950400 替换它。也就是说，无论你调用 do_something 多少次，其中的算式 11 * 24 * 3600 都只会在编译期被执行 1 次。

因此，当我们需要用到复杂计算的数字字面量时，请保留整个算式吧。这样做对性能没有任何影响，而且会让代码更容易阅读。

 解释器除了会预计算数值表达式以外，还会对字符串、列表执行类似的操作——一切为了性能。

2.3.2 使用特殊数字："无穷大"

如果有人问你：Python 里哪个数字最大 / 最小？你该怎么回答？存在这样的数字吗？

答案是"有的",它们就是 float("inf") 和 float("-inf")。这两个值分别对应数学世界里的正负无穷大。当它们和任意数值做比较时,满足这样的规律:float("-inf") < 任意数值 < float("inf")。

正因为有着这样的特点,它们很适合"扮演"一些特殊的边界值,从而简化代码逻辑。

比如有一个包含用户名和年龄的字典,我需要把里面的用户名按照年龄升序排序,没有提供年龄的放在最后。使用 float('inf'),代码可以这么写:

```python
def sort_users_inf(users):

    def key_func(username):
        age = users[username]
        # 当年龄为空时,返回正无穷大作为 key,因此就会被排到最后
        return age if age is not None else float('inf')

    return sorted(users.keys(), key=key_func)

users = {"tom": 19, "jenny": 13, "jack": None, "andrew": 43}
print(sort_users_inf(users))
# 输出:
# ['jenny', 'tom', 'andrew', 'jack']
```

2.3.3　改善超长字符串的可读性

为了保证可读性,单行代码的长度不宜太长。比如 PEP 8 规范就建议每行字符数不超过 79。在现实世界里,大部分人遵循的单行最大字符数通常会比 79 稍大一点儿,但一般不会超过 119 个字符。

假如只考虑普通代码,满足这个长度要求并不算太难。但是,当代码里需要用到一段超长的、没有换行的字符串时,怎么办?

这时,除了用斜杠 \ 和加号 + 将长字符串拆分为几段,还有一种更简单的办法,那就是拿括号将长字符串包起来,之后就可以随意折行了:

```python
s = ("This is the first line of a long string, "
     "this is the second line")

# 如果字符串出现在函数参数等位置,可以省略一层括号
def main():
    logger.info("There is something really bad happened during the process. "
                "Please contact your administrator.")
```

多级缩进里出现多行字符串

在往代码里插入字符串时，还有一种比较棘手的情况：在已经有缩进层级的代码里，插入多行字符串字面量。为了让字符串不要包含当前缩进里的空格，我们必须把代码写成这样：

```
def main():
    if user.is_active:
        message = """Welcome, today's movie list:
- Jaw (1975)
- The Shining (1980)
- Saw (2004)"""
```

但是，这种写法会破坏整段代码的缩进视觉效果，显得非常突兀。有好几种办法可以改善这种情况，比如可以把这段多行字符串提取为外层全局变量。

但假如你不想那么做，也可以用标准库 textwrap 来解决这个问题：

```
from textwrap import dedent

def main():
    if user.is_active:
        message = dedent("""\
            Welcome, today's movie list:
            - Jaw (1975)
            - The Shining (1980)
            - Saw (2004)""")
```

dedent 方法会删除整段字符串左侧的空白缩进。使用它来处理多行字符串以后，整段代码的缩进视觉效果就能保持正常了。

2.3.4 别忘了以 r 开头的字符串内置方法

当人们阅读文字时，通常是从左往右，这或许影响了我们处理字符串的顺序——也是从左往右。Python 的绝大多数字符串方法遵循从左往右的执行顺序，比如最常用的 .split() 就是：

```
>>> s = 'hello, string world!'

# 从左边开始切割字符串，限制 maxsplit=1 只切割一次
>>> s.split(' ', maxsplit=1)
['hello,', 'string world!']
```

但除了这些"正序"方法，字符串其实还有一些执行从右往左处理的"逆序"方法。这些方法都以字符 r 开头，比如 rsplit() 就是 split() 的镜像"逆序"方法。在处理某些特定任务时，使用"逆序"方法也许能事半功倍。

举个例子，假设我需要解析一些访问日志，日志格式为 `'"{user_agent}" {content_length}'`：

```
>>> log_line = '"AppleWebKit/537.36 (KHTML, like Gecko) Chrome/70.0.3538.77 Safari/
537.36" 47632'
```

如果使用 `.split()` 将日志拆分为 (user_agent, content_length)，我们需要这么写：

```
>>> l = log_line.split()

# 因为 UserAgent 里面有空格，所以切完后得把它们再连接起来
>>> " ".join(l[:-1]), l[-1]
('"AppleWebKit/537.36 (KHTML, like Gecko) Chrome/70.0.3538.77 Safari/537.36"', '47632')
```

但假如利用 `.rsplit()`，处理逻辑就可以变得更直接：

```
# 从右往左切割，None 表示以所有的空白字符串切割
>>> log_line.rsplit(None, maxsplit=1)
['"AppleWebKit/537.36 (KHTML, like Gecko) Chrome/70.0.3538.77 Safari/537.36"', '47632']
```

2.3.5 不要害怕字符串拼接

很多年以前刚接触 Python 时，我在某个网站上看到这样一个说法：

> Python 里的字符串是不可变对象，因此每拼接一次字符串都会生成一个新对象，触发新的内存分配，效率非常低。

有段时间我对此深信不疑。

因此，一直以来，我在任何场合都避免使用 `+=` 拼接字符串，总是用 `"".join(str_list)` 之类的方式来替代。

但有一次，在开发一个文本处理工具时，我偶然对字符串拼接操作做了一次性能测试，然后发现——"Python 的字符串拼接根本就不慢！"下面我简单重现一下当时的性能测试。

Python 有一个内置模块 `timeit`，利用它，我们可以非常方便地测试代码的执行效率。首先，定义需要测试的两个函数：

```
# 定义一个长度为 100 的词汇列表
WORDS = ['Hello', 'string', 'performance', 'test'] * 25

def str_cat():
    """使用字符串拼接"""
    s = ''
    for word in WORDS:
```

```
        s += word
    return s


def str_join():
    """ 使用列表配合 join 产生字符串 """
    l = []
    for word in WORDS:
        l.append(word)
    return ''.join(l)
```

然后，导入 timeit 模块，定义性能测试：

```
import timeit

# 默认执行 100 万次
cat_spent = timeit.timeit(setup='from __main__ import str_cat', stmt='str_cat()')
print("cat_spent:", cat_spent)

join_spent = timeit.timeit(setup='from __main__ import str_join', stmt='str_join()')
print("join_spent", join_spent)
```

在我的笔记本电脑上，上面的测试会输出以下结果：

```
cat_spent: 7.844882188
join_spent 7.310863505
```

发现了吗？基于字符串拼接的 str_cat() 函数只比 str_join() 慢 0.5 秒，按比例来说不到 7%。所以，这两种字符串拼接方式在效率上根本没什么区别。

当时的我在做完性能测试后，又查阅了一些资料，最终才弄明白这是怎么一回事。

在 Python 2.2 及之前的版本里，字符串拼接操作确实很慢，这正是由"不可变对象"和"内存分配"导致的，跟我最早看到的说法一致。但重点是，由于字符串拼接操作实在太常用，2.2 版本之后的 Python 专门针对它做了性能优化，大大提升了其执行效率。

如今，使用 += 拼接字符串基本已经和 "".join(str_list) 一样快了。所以，该拼接时就拼接吧，少量的字符串拼接根本不会带来任何性能问题，反而会让代码更直观。

2.4 总结

本章我们学习了在 Python 中使用数值与字符串的经验和技巧。

Python 中的数值非常让人省心，使用它的过程中只要注意不要掉入浮点数精度陷阱就行。

而 Python 中的字符串也特别好用，它具有大量内置方法，甚至一些不那么常用的字符串方法有时也能发挥奇效。

正因为字符串简单易用，有时也会被过度使用。比如在代码中直接拼接字符串生成 SQL 语句、组装复杂文本，等等。在这些场景下，使用专业模块和模板引擎才是更好的选择。

在看到一些写代码的"经验之谈"时，你最好抱着怀疑精神，因为 Python 语言进化得特别快，稍不留神，以往的经验就会过时。如果需要验证某个"经验之谈"，`dis` 和 `timeit` 两个优秀的工具可以帮到你：前者能让你直接查看编译后的字节码，后者则能让你方便地做性能测试。保持怀疑、多多实验，有助于你成长为更优秀的程序员。

以下是本章要点知识总结。

(1) 数值基础知识

    ❑ Python 的浮点数有精度问题，请使用 `Decimal` 对象做精确的小数运算

    ❑ 布尔类型是整型的子类型，布尔值可以当作 0 和 1 来使用

    ❑ 使用 `float('inf')` 无穷大可以简化边界处理逻辑

(2) 字符串基础知识

    ❑ 字符串分为两类：`str`（给人阅读的文本类型）和 `bytes`（给计算机阅读的二进制类型）

    ❑ 通过 `.encode()` 与 `.decode()` 可以在两种字符串之间做转换

    ❑ 优先推荐的字符串格式化方式（从前往后）：f-string、`str.format()`、C 语言风格格式化

    ❑ 使用以 r 开头的字符串内置方法可以从右往左处理字符串，特定场景下可以派上用场

    ❑ 字符串拼接并不慢，不要因为性能原因害怕使用它

(3) 代码可读性技巧

    ❑ 在定义数值字面量时，可以通过插入 _ 字符来提升可读性

    ❑ 不要出现"神奇"的字面量，使用常量或者枚举类型替换它们

    ❑ 保留数学算式表达式不会影响性能，并且可以提升可读性

    ❑ 使用 `textwrap.dedent()` 可以让多行字符串更好地融入代码

(4) 代码可维护性技巧

    ❑ 当操作 SQL 语句等结构化字符串时，使用专有模块比裸处理的代码更易于维护

    ❑ 使用 Jinja2 模板来替代字符串拼接操作

(5) 语言内部知识

❏ 使用 dis 模块可以查看 Python 字节码, 帮助我们理解内部原理

❏ 使用 timeit 模块可以对 Python 代码方便地进行性能测试

❏ Python 语言进化得很快, 不要轻易被旧版本的"经验"所左右

第 3 章

容器类型

在我们的日常生活中,有一类物品比较特别,它们自身并不提供"具体"的功能,最大的用处就是存放其他东西——小学生用的文具盒、图书馆的书架,都可归入此类物品,我们可以统称它们为"容器"。

而在代码世界里,同样也有"容器"这个概念。代码里的**容器**泛指那些专门用来装其他对象的特殊数据类型。在 Python 中,最常见的内置容器类型有四种:列表、元组、字典、集合。

列表(list)是一种非常经典的容器类型,通常用来存放多个同类对象,比如从 1 到 10 的所有整数:

```
>>> numbers = [1, 2, 3, 4, 5, 6, 7, 8, 9, 10]
```

元组(tuple)和列表非常类似,但跟列表不同,它不能被修改。这意味着元组完成初始化后就没法再改动了:

```
>>> names = ('foo', 'bar')
>>> names[1] = 'x'
...
TypeError: 'tuple' object does not support item assignment
```

字典(dict)类型存放的是一个个键值对(key: value)。它功能强大,应用广泛,就连 Python 内部也大量使用,比如每个类实例的所有属性,就都存放在一个名为 `__dict__` 的字典里:

```
class Foo:
    def __init__(self, value):
        self.value = value

foo = Foo('bar')
print(foo.__dict__, type(foo.__dict__))
```

执行后输出:

```
{'value': 'bar'} <class 'dict'>
```

集合(set)也是一种常用的容器类型。它最大的特点是成员不能重复,所以经常用来去重(剔除重复元素):

```
>>> numbers = [1, 2, 2, 1]
>>> set(numbers)
{1, 2}
```

这四种容器类型各有优缺点,适用场景也各不相同。本章将简单介绍每种容器类型的特点,深入分析它们的应用场景,帮你厘清一些常见的概念。更好地掌握容器能帮助你写出更高效的 Python 代码。

3.1 基础知识

在基础知识部分,我将按照列表、元组、字典、集合的顺序介绍每种容器的基本操作,并在其中穿插一些重要的概念解释。

3.1.1 列表常用操作

列表是一种有序的可变容器类型,是日常编程中最常用的类型之一。常用的列表创建方式有两种:字面量语法与 list() 内置函数。

使用 [ ] 符号来创建一个列表字面量:

```
>>> numbers = [1, 2, 3, 4]
```

内置函数 list(iterable) 则可以把任何一个可迭代对象转换为列表,比如字符串:

```
>>> list('foo')
['f', 'o', 'o']
```

对于已有列表,我们可以通过索引访问它的成员。要删除列表中的某些内容,可以直接使用 del 语句:

```
# 通过索引获取内容,如果索引越界,会抛出 IndexError 异常
>>> numbers[2]
3
```

```
# 使用切片获取一段内容
>>> numbers[1:]
[2, 3, 4]

#  删除列表中的一段内容
>>> del numbers[1:]
>>> numbers
[1]
```

1. 在遍历列表时获取下标

当你使用 for 循环遍历列表时，默认会逐个拿到列表的所有成员。假如你想在遍历的同时，获取当前循环下标，可以选择用内置函数 enumerate() 包裹列表对象[①]：

```
>>> names = ['foo', 'bar']
>>> for index, s in enumerate(names):
...     print(index, s)
...
0 foo
1 bar
```

enumerate() 接收一个可选的 start 参数，用于指定循环下标的初始值（默认为 0）：

```
>>> for index, s in enumerate(names, start=10):
...     print(index, s)
...
10 foo
11 bar
```

enumerate() 适用于任何"可迭代对象"，因此它不光可以用于列表，还可以用于元组、字典、字符串等其他对象。

你可以在 6.1.1 节找到关于"可迭代对象"的更多介绍。

2. 列表推导式

当我们需要处理某个列表时，一般有两个目的：修改已有成员的值；根据规则剔除某些成员。

举个例子，有个列表里存放了许多正整数，我想要剔除里面的奇数，并将所有数字乘以 100。假如用传统写法，代码如下所示：

---

① 我把 enumerate 称作"函数"（function）其实并不准确。因为 enumerate 实际上是一个"类"（class），而不是普通函数，但为了简化理解，我们暂且叫它"函数"吧。

```python
def remove_odd_mul_100(numbers):
    """剔除奇数并乘以 100"""
    results = []
    for number in numbers:
        if number % 2 == 1:
            continue
        results.append(number * 100)
    return results
```

一共 6 行代码，看上去并不算太多。但其实针对这类需求，Python 为我们提供了更精简的写法：**列表推导式**（list comprehension）。使用列表推导式，上面函数里的 6 行代码可以压缩成一行：

```python
# 用一个表达式完成 4 件事情
#
# 1. 遍历旧列表：for n in numbers
# 2. 对成员进行条件过滤：if n % 2 == 0
# 3. 修改成员：n * 100
# 4. 组装新的结果列表
#
results = [n * 100 for n in numbers if n % 2 == 0]
```

相比传统风格的旧代码，列表推导式把几类操作压缩在了一起，结果就是：代码量更少，并且维持了很高的可读性。因此，列表推导式可以算得上处理列表数据的一把"利器"。

但在使用列表推导式时，也需要注意不要陷入一些常见误区。在 3.3.6 节中，我会谈谈使用列表推导式的两个"不要"。

3.1.2　理解列表的可变性

Python 里的内置数据类型，大致上可分为可变与不可变两种。

❑ **可变**（mutable）：列表、字典、集合。

❑ **不可变**（immutable）：整数、浮点数、字符串、字节串、元组。

前面提到，列表是可变的。当我们初始化一个列表后，仍然可以调用 .append()、.extend() 等方法来修改它的内容。而字符串和整数等都是不可变的——我们没法修改一个已经存在的字符串对象。

在学习 Python 时，理解类型的可变性是非常重要的一课。如果不能掌握它，你在写代码时就会遇到很多与之相关的"惊喜"。

拿一个最常见的场景"函数调用"来说，许多新手在刚接触 Python 时，很难理解下面这两个例子。

示例一：为字符串追加内容

在这个示例里，我们定义一个往字符串追加内容的函数 add_str()，并在外层用一个字符串参数调用该函数：

```
def add_str(in_func_obj):
    print(f'In add [before]: in_func_obj="{in_func_obj}"')
    in_func_obj += ' suffix'
    print(f'In add [after]: in_func_obj="{in_func_obj}"')


orig_obj = 'foo'
print(f'Outside [before]: orig_obj="{orig_obj}"')
add_str(orig_obj)
print(f'Outside [after]: orig_obj="{orig_obj}"')
```

运行上面的代码会输出这样的结果：

```
Outside [before]: orig_obj="foo"
In add [before]: in_func_obj="foo"
In add [after]: in_func_obj="foo suffix"

# 重要：这里的 orig_obj 变量还是原来的值
Outside [after]: orig_obj="foo"
```

在这段代码里，原始字符串对象 orig_obj 被作为参数传给了 add_str() 函数的 in_func_obj 变量。随后函数内部通过 += 操作修改了 in_func_obj 的值，为其增加了后缀字符串。但重点是：函数外的 orig_obj 变量所指向的值没有受到任何影响。

示例二：为列表追加内容

在这个例子中，我们保留一模一样的代码逻辑，但是把 orig_obj 换成了列表对象：

```
def add_list(in_func_obj):
    print(f'In add [before]: in_func_obj="{in_func_obj}"')
    in_func_obj += ['baz']
    print(f'In add [after]: in_func_obj="{in_func_obj}"')


orig_obj = ['foo', 'bar']
print(f'Outside [before]: orig_obj="{orig_obj}"')
add_list(orig_obj)
print(f'Outside [after]: orig_obj="{orig_obj}"')
```

执行后会发现结果大不一样：

```
Outside [before]: orig_obj="['foo', 'bar']"
In add [before]: in_func_obj="['foo', 'bar']"
```

```
In add [after]: in_func_obj="['foo', 'bar', 'baz']"

# 注意：函数外的 orig_obj 变量的值已经被修改了！
Outside [after]: orig_obj="['foo', 'bar', 'baz']"
```

当操作对象变成列表后，函数内的 += 操作居然可以修改原始变量的值！

示例解释

如果要用其他编程语言的术语来解释这两个例子，上面的函数调用**似乎**分别可以对应两种函数参数传递机制。

(1) **值传递**（pass-by-value）：调用函数时，传过去的是变量所指向对象（值）的拷贝，因此对函数内变量的任何修改，都不会影响原始变量——对应 orig_obj 是字符串时的行为。

(2) **引用传递**（pass-by-reference）：调用函数时，传过去的是变量自身的引用（内存地址），因此，修改函数内的变量会直接影响原始变量——对应 orig_obj 是列表时的行为。

看了上面的解释，你也许会发出灵魂拷问：为什么 Python 的函数调用要同时使用两套不同的机制，把事情搞得这么复杂呢？

答案其实没有你想得那么"复杂"——Python 在进行函数调用传参时，采用的既不是值传递，也不是引用传递，而是传递了"变量所指对象的引用"（pass-by-object-reference）。

换个角度说，当你调用 func(orig_obj) 后，Python 只是新建了一个函数内部变量 in_func_obj，然后让它和外部变量 orig_obj 指向同一个对象，相当于做了一次变量赋值：

```
def func(in_func_obj): ...

orig_obj = ...
func(orig_obj)
```

这个过程如图 3-1 所示。

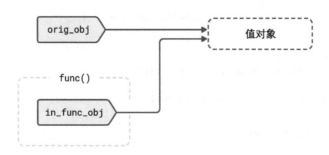

图 3-1　进行函数调用后，变量与值对象间的关系示意图

一次函数调用基本等于执行了 in_func_obj = orig_obj。

所以，当我们在函数内部执行 in_func_obj += ... 等修改操作时，是否会影响外部变量，只取决于 in_func_obj 所指向的对象本身是否可变。

如图 3-2 所示，浅色标签代表变量，白色方块代表值。在左侧的图里，in_func_obj 和 orig_obj 都指向同一个字符串值 'foo'。

在对字符串进行 += 操作时，因为字符串是不可变类型，所以程序会生成一个新对象（值）：'foo suffix'，并让 in_func_obj 变量指向这个新对象；旧值(原始变量 orig_obj 指向的对象)则不受任何影响，如图 3-2 右侧所示。

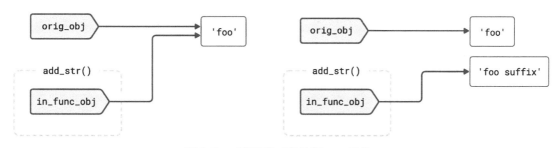

图 3-2　对字符串对象执行 += 操作

但如果对象是可变的（比如列表），+= 操作就会直接原地修改 in_func_obj 变量所指向的值，而它同时也是原始变量 orig_obj 所指向的内容；待修改完成后，两个变量所指向的值（同一个）肯定就都受到了影响。如图 3-3 所示，右边的列表在操作后直接多了一个成员：'baz'。

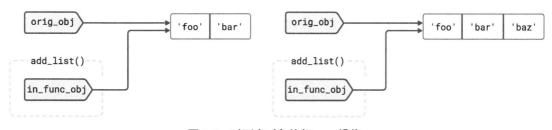

图 3-3　对列表对象执行 += 操作

由此可见，Python 的函数调用不能简单归类为"值传递"或者"引用传递"，一切行为取决于对象的可变性。

3.1.3 常用元组操作

元组是一种有序的不可变容器类型。它看起来和列表非常像，只是标识符从中括号 []
变成了圆括号 ()。由于元组不可变，所以它也没有列表那一堆内置方法，比如 .append()、
.extend() 等。

和列表一样，元组也有两种常用的定义方式——字面量表达式和 tuple() 内置函数：

```
# 使用字面量语法定义元组
>>> t = (0, 1, 2)

# 真相："括号"其实不是定义元组的关键标志——直接删掉两侧括号
# 同样也能完成定义，"逗号"才是让解释器判定为元组的关键
>>> t = 0, 1, 2
>>> t
(0, 1, 2)

# 使用 tuple(iterable) 内置函数
>>> t = tuple('foo')
>>> t
('f', 'o', 'o')
```

因为元组是一种不可变类型，所以下面这些操作都不会成功：

```
>>> del user_info[1]
# 报错：元组成员不允许被删除
#   TypeError: 'tuple' object doesn't support item deletion
>>> user_info.append(0)
# 报错：元组压根儿就没有 append 方法
#   AttributeError: 'tuple' object has no attribute 'append'
```

1. 返回多个结果，其实就是返回元组

在 Python 中，函数可以一次返回多个结果，这其实是通过返回一个元组来实现的：

```
def get_rectangle():
    """ 返回长方形的宽和高 """
    width = 100
    height = 20
    return width, height


# 获取函数的多个返回值
result = get_rectangle()
print(result, type(result))
# 输出:
# (100, 20) <class 'tuple'>
```

将函数返回值一次赋值给多个变量时，其实就是对元组做了一次解包操作：

```
width, height = get_rectangle()
# 可以理解为：width, height = (width, height)
```

2. 没有"元组推导式"

前面提到，列表有自己的列表推导式。而元组和列表那么像，是不是也有自己的推导式呢？瞎猜不如尝试，我们把 [ ] 改成 ( ) 符号来试试看：

```
>>> results = (n * 100 for n in range(10) if n % 2 == 0)
>>> results
<generator object <genexpr> at 0x10e94e2e0>
```

很遗憾，上面的表达式并没有生成元组，而是返回了一个**生成器**（generator）对象。因此它是生成器推导式，而非元组推导式。

不过幸运的是，虽然无法通过推导式直接拿到元组，但生成器仍然是一种可迭代类型，所以我们还是可以对它调用 tuple() 函数，获得元组：

```
>>> results = tuple((n * 100 for n in range(10) if n % 2 == 0))
>>> results
(0, 200, 400, 600, 800)
```

 有关生成器和迭代器的更多内容，可查看 6.1.1 节。

3. 存放结构化数据

和列表不同，在同一个元组里出现不同类型的值是很常见的事情，因此元组经常用来存放结构化数据。比如，下面的 user_info 就是一份包含名称、年龄等信息的用户数据：

```
>>> user_info = ('piglei', 'MALE', 30, True)
>>> user_info[2]
30
```

正因为元组有这个特点，所以 Python 为我们提供了一个特殊的元组类型：具名元组。

3.1.4 具名元组

和列表一样，当我们想访问元组成员时，需要用数字索引来定位：

```
>>> rectangle = (100, 20)
>>> rectangle[0] ❶
100
>>> rectangle[-1] ❷
20
```

❶ 访问第一个成员

❷ 访问最后一个成员

前面提到，元组经常用来存放结构化数据，但只能通过数字来访问元组成员其实特别不方便——比如我就完全记不住上面的 rectangle[0] 到底代表长方形的宽度还是高度。

为了解决这个问题，我们可以使用一种特殊的元组：**具名元组**（namedtuple）。具名元组在保留普通元组功能的基础上，允许为元组的每个成员命名，这样你便能通过名称而不止是数字索引访问成员。

创建具名元组需要用到 namedtuple() 函数，它位于标准库的 collections 模块里，使用前需要先导入：

```
from collections import namedtuple

Rectangle = namedtuple('Rectangle', 'width,height') ❶
```

❶ 除了用逗号来分隔具名元组的字段名称以外，还可以用空格分隔：'width height'，或是直接使用一个字符串列表：['width', 'height']

使用效果如下：

```
>>> rect = Rectangle(100, 20) ❶
>>> rect = Rectangle(width=100, height=20) ❷
>>> print(rect[0]) ❸
100
>>> print(rect.width) ❹
100
>>> rect.width += 1 ❺
...
AttributeError: can't set attribute
```

❶ 初始化具名元组

❷ 也可以指定字段名称来初始化

❸ 可以像普通元组一样，通过数字索引访问成员

❹ 具名元组也支持通过名称来访问成员

❺ 和普通元组一样，具名元组是不可变的

在 Python 3.6 版本以后，除了使用 namedtuple() 函数以外，你还可以用 typing.NamedTuple 和类型注解语法来定义具名元组类型。这种方式在可读性上更胜一筹：

```
class Rectangle(NamedTuple):
    width: int
    height: int

rect = Rectangle(100, 20)
```

但需要注意的是，上面的写法虽然给 width 和 height 加了类型注解，但 Python 在执行时并不会做真正的类型校验。也就是说，下面这段代码也能正常执行：

```
# 提供错误的类型来初始化
rect_wrong_type = Rectangle('string', 'not_a_number')
```

想要严格校验字段类型，可以使用 mypy 等工具对代码进行静态检查（我们会在 13.1.5 节详细讲解）。

和普通元组比起来，使用具名元组的好处很多。其中最直观的一点就是：用名字访问成员（rect.width）比用普通数字（rect[0]）更易读、更好记。除此之外，具名元组还有其他妙用，在 3.3.7 节中，我会展示把它用作函数返回值的好处。

3.1.5　字典常用操作

跟列表和元组比起来，字典是一种更为复杂的容器结构。它所存储的内容不再是单一维度的线性序列，而是多维度的 key: value 键值对。以下是字典的一些基本操作：

```
>>> movie = {'name': 'Burning', 'type': 'movie', 'year': 2018}

# 通过 key 来获取某个 value
>>> movie['year']
2018

# 字典是一种可变类型，所以可以给它增加新的 key
>>> movie['rating'] = 10

# 字典的 key 不可重复，对同一个 key 赋值会覆盖旧值
>>> movie['rating'] = 9
>>> movie
{'name': 'Burning', 'type': 'movie', 'year': 2018, 'rating': 9}
```

1. 遍历字典

当我们直接遍历一个字典对象时，会逐个拿到字典所有的 key。如果你想在遍历字典时同

时获取 key 和 value，需要使用字典的 .items() 方法：

```
# 遍历获取字典所有的 key
>>> for key in movie:
...     print(key, movie[key])

# 一次获取字典的所有 key: value 键值对
>>> for key, value in movie.items():
...     print(key, value)
```

2. 访问不存在的字典键

当用不存在的键访问字典内容时，程序会抛出 KeyError 异常，我们通常称之为程序里的**边界情况**（edge case）。针对这种边界情况，比较常见的处理方式有两种：

(1) 读取内容前先做一次条件判断，只有判断通过的情况下才继续执行其他操作；

(2) 直接操作，但是捕获 KeyError 异常。

第一种写法：

```
>>> if 'rating' in movie:
...     rating = movie['rating']
... else:
...     rating = 0
...
```

第二种写法：

```
>>> try:
...     rating = movie['rating']
... except KeyError:
...     rating = 0
...
```

在 Python 中，人们比较推崇第二种写法，因为它看起来更简洁，执行效率也更高。不过，如果只是"提供默认值的读取操作"，其实可以直接使用字典的 .get() 方法。

 在 5.1.1 节中，我们会详细探讨为何应该使用捕获异常来处理边界情况。

dict.get(key, default) 方法接收一个 default 参数，当访问的键不存在时，方法会返回 default 作为默认值：

```
>>> movie.get('rating', 0) ❶

0
```

❶ 此时 movie 里没有 rating 字段

3. 使用 setdefault 取值并修改

有时，我们需要修改字典中某个可能不存在的键，比如在下面的代码里，我需要往字典 d 的 items 键里追加新值，但 d['items'] 可能根本就不存在。因此我写了一段异常捕获逻辑——假如 d['items'] 不存在，就以列表来初始化它：

```
try:
    d['items'].append(value)
except KeyError:
    d['items'] = [value]
```

针对上面这种情况，其实有一个更适合的工具：d.setdefault(key, default=None) 方法。使用它，可以直接删掉上面的异常捕获，代码逻辑会变得更简单。

视条件的不同，调用 dict.setdefault(key, default) 会产生两种结果：当 key 不存在时，该方法会把 default 值写入字典的 key 位置，并返回该值；假如 key 已经存在，该方法就会直接返回它在字典中的对应值。代码如下：

```
>>> d = {'title': 'foobar'}
>>> d.setdefault('items', []).append('foo') ❶
>>> d
{'title': 'foobar', 'items': ['foo']}
>>> d.setdefault('items', []).append('bar') ❷
>>> d
{'title': 'foobar', 'items': ['foo', 'bar']}
```

❶ 若 key 不存在，以空列表 [] 初始化并返回
❷ 若 key 存在，直接返回旧值

4. 使用 pop 方法删除不存在的键

如果我们想删除字典里的某个键，一般会使用 del d[key] 语句；但如果要删除的键不存在，该操作就会抛出 KeyError 异常。

因此，要想安全地删除某个键，需要加上一段异常捕获逻辑：

```
try:
    del d[key]
```

```
except KeyError:
    # 忽略 key 不存在的情况
    pass
```

但假设你只是单纯地想去掉某个键，并不关心它存在与否、删除有没有成功，那么使用 dict.pop(key, default) 方法就够了。

只要在调用 pop 方法时传入默认值 None，在键不存在的情况下也不会产生任何异常：

```
d.pop(key, None)
```

 严格说来，pop 方法的主要用途并不是删除某个键，而是取出这个键对应的值。但我个人觉得，偶尔用它来执行删除操作也无伤大雅。

5. 字典推导式

和列表类似，字典同样有自己的字典推导式。（比元组待遇好多啦！）你可以用它来方便地过滤和处理字典成员：

```
>>> d1 = {'foo': 3, 'bar': 4}
>>> {key: value * 10 for key, value in d1.items() if key == 'foo'}
{'foo': 30}
```

3.1.6 认识字典的有序性与无序性

在 Python 3.6 版本以前，几乎所有开发者都遵从一条常识："Python 的字典是无序的。"这里的无序指的是：当你按照某种顺序把内容存进字典后，就永远没法按照原顺序把它取出来了。

以下面这段代码为例：

```
>>> d = {}
>>> d['FIRST_KEY'] = 1
>>> d['SECOND_KEY'] = 2

>>> for key in d:
...     print(key)
```

如果用 Python 2.7 版本运行这段代码，你会发现输出顺序和插入顺序反过来了。第二个插入的 SECOND_KEY 反而第一个被打印了出来：

```
SECOND_KEY
FIRST_KEY
```

上面这种无序现象，是由字典的底层实现所决定的。

Python 里的字典在底层使用了**哈希表**（hash table）数据结构。当你往字典里存放一对 key：value 时，Python 会先通过哈希算法计算出 key 的哈希值—— 一个整型数字；然后根据这个哈希值，决定数据在表里的具体位置。

因此，最初的内容插入顺序，在这个哈希过程中被自然丢掉了，字典里的内容顺序变得仅与哈希值相关，与写入顺序无关。在很长一段时间里，字典的这种无序性一直被当成一个常识为大家所接受。

但 Python 语言在不断进化。Python 3.6 为字典类型引入了一个改进：优化了底层实现，同样的字典相比 3.5 版本可节约多达 25% 的内存。而这个改进同时带来了一个有趣的副作用：字典变得有序了。因此，只要用 Python 3.6 之后的版本执行前面的代码，结果永远都会是 FIRST_KEY 在前，SECOND_KEY 在后。

一开始，字典变为有序只是作为 3.6 版本的"隐藏特性"存在。但到了 3.7 版本，它已经彻底成了语言规范的一部分。[①]

如今当你使用字典时，假如程序的目标运行环境是 Python 3.7 或更高版本，那你完全可以依赖字典类型的这种有序特性。

但如果你使用的 Python 版本没有那么新，也可以从 collections 模块里方便地拿到另一个有序字典对象 OrderedDict，它可以在 Python 3.7 以前的版本里保证字典有序：

```
>>> from collections import OrderedDict
>>> d = OrderedDict()
>>> d['FIRST_KEY'] = 1
>>> d['SECOND_KEY'] = 2

>>> for key in d:
...     print(key)
FIRST_KEY
SECOND_KEY
```

OrderedDict 最初出现于 2009 年发布的 Python 3.1 版本，距今已有十多年历史。因为新版本的 Python 的字典已然变得有序，所以人们常常讨论 collections.OrderedDict 是否有必要继续存在。

但在我看来，OrderedDict 比起普通字典仍然有一些优势。最直接的一点是，OrderedDict

[①] 在 Python 3.7 版本的更新公告中有一行说明：the insertion-order preservation nature of dict objects has been declared to be an official part of the Python language spec。

把"有序"放在了自己的名字里,因此当你在代码中使用它时,其实比普通字典更清晰地表达了"此处会依赖字典的有序特性"这一点。

另外从功能上来说,OrderedDict 与新版本的字典其实也有着一些细微区别。比如,在对比两个内容相同而顺序不同的字典对象时,解释器会返回 True 结果;但如果是 OrderedDict 对象,则会返回 False:

```
>>> d1 = {'name': 'piglei', 'fruit': 'apple'}
>>> d2 = {'fruit': 'apple', 'name': 'piglei'}
>>> d1 == d2 ❶
True

>>> d1 = OrderedDict(name='piglei', fruit='apple')
>>> d2 = OrderedDict(fruit='apple', name='piglei')
>>> d1 == d2 ❷
False
```

❶ 内容一致而顺序不同的字典被视作相等,因为解释器只对比字典的键和值是否一致

❷ 同样的 OrderedDict 则被视作不相等,因为"键的顺序"也会作为对比条件

除此之外,OrderedDict 还有 .move_to_end() 等普通字典没有的一些方法。所以,即便 Python 3.7 及之后的版本已经提供了内置的"有序字典",但 OrderedDict 仍然有着自己的一席之地。

3.1.7 集合常用操作

集合是一种无序的可变容器类型,它最大的特点就是成员不能重复。集合字面量的语法和字典很像,都是使用大括号包裹,但集合里装的是一维的值 {value, ...},而不是键值对 {key: value, ...}。

初始化一个集合:

```
>>> fruits = {'apple', 'orange', 'apple', 'pineapple'}
```

重新查看上面 fruits 变量的值,你会马上体会到集合最重要的两个特征——去重与无序——重复的 'apple' 消失了,成员顺序也被打乱了:

```
>>> fruits
{'pineapple', 'orange', 'apple'}
```

要初始化一个空集合,只能调用 set() 方法,因为 {} 表示的是一个空字典,而不是一个空集合。

```
# 正确初始化一个空集合
>>> empty_set = set()
```

集合也有自己的推导式语法：

```
>>> nums = [1, 2, 2, 4, 1]
>>> {n for n in nums if n < 3}
{1, 2}
```

1. 不可变的集合 frozenset

集合是一种可变类型，使用 .add() 方法可以向集合追加新成员：

```
>>> new_set = set(['foo', 'foo', 'bar'])
>>> new_set.add('apple')
>>> new_set
{'apple', 'bar', 'foo'}
```

假如你想要一个不可变的集合，可使用内置类型 frozenset，它和普通 set 非常像，只是少了所有的修改类方法：

```
>>> f_set = frozenset(['foo', 'bar'])
>>> f_set.add('apple')
# 报错：没有 add/remove 那些修改集合的方法
AttributeError: 'frozenset' object has no attribute 'add'
```

2. 集合运算

除了天生不重复以外，集合的最大独特之处在于：你可以对其进行真正的集合运算，比如求交集、并集、差集，等等。所有操作都可以用两种方式来进行：方法和运算符。

假如我有两个保存了水果名称的集合：

```
>>> fruits_1 = {'apple', 'orange', 'pineapple'}
>>> fruits_2 = {'tomato', 'orange', 'grapes', 'mango'}
```

对两个集合求交集，也就是获取两个集合中同时存在的东西：

```
# 使用 & 运算符
>>> fruits_1 & fruits_2
{'orange'}
# 使用 intersection 方法完成同样的功能
>>> fruits_1.intersection(fruits_2)
...
```

对集合求并集，把两个集合里的东西合起来：

```
# 使用 | 运算符
>>> fruits_1 | fruits_2
{'mango', 'orange', 'grapes', 'pineapple', 'apple', 'tomato'}
# 使用 union 方法完成同样的功能
>>> fruits_1.union(fruits_2)
...
```

对集合求差集，获得前一个集合有、后一个集合没有的东西：

```
# 使用 - 运算符
>>> fruits_1 - fruits_2
{'apple', 'pineapple'}
# 使用 difference 方法完成同样的功能
>>> fruits_1.difference(fruits_2)
...
```

除了上面这三种运算，集合还有 symmetric_difference、issubset 等其他许多有用的操作，你可以在官方文档里找到详细的说明。

> 这些集合运算在特定场景下非常有用，能帮你高效完成任务，达到事半功倍的效果。
> 第 12 章的案例故事板块就有一个使用集合解决真实问题的有趣案例。

3. 集合只能存放可哈希对象

在使用集合时，除了上面这些常见操作，你还需要了解另一件重要的事情，那就是集合到底可以存放哪些类型的数据。

比如下面的集合可以被成功初始化：

```
>>> valid_set = {'apple', 30, 1.3, ('foo',)}
```

但这个集合就不行：

```
>>> invalid_set = {'foo', [1, 2, 3]}
...
TypeError: unhashable type: 'list'
```

正如上面的报错信息所示，集合里只能存放"可哈希"（hashable）的对象。假如把不可哈希的对象（比如上面的列表）放入集合，程序就会抛出 TypeError 异常。

在使用集合时，可哈希性是个非常重要的概念，下面我们来看看什么决定了对象的可哈希性。

3.1.8 了解对象的可哈希性

在介绍字典类型时，我们说过字典底层使用了哈希表数据结构，其实集合也一样。当我们把某个对象放进集合或者作为字典的键使用时，解释器都需要对该对象进行一次哈希运算，得到哈希值，然后再进行后面的操作。

这个计算哈希值的过程，是通过调用内置函数 hash(obj) 完成的。如果对象是可哈希的，hash 函数会返回一个整型结果，否则将会报 TypeError 错误。

因此，要把某个对象放进集合，那它就必须是"可哈希"的。话说到这里，到底哪些类型是可哈希的？哪些又是不可哈希的呢？我们来试试看。

首先，那些不可变的内置类型都是可哈希的：

```
>>> hash('string')
-3407286361374970639
>>> hash(100)
# 有趣的事情，整型的 hash 值就是它自身的值
100
>>> hash((1, 2, 3))
529344067295497451
```

而可变的内置类型都无法正常计算哈希值：

```
>>> hash({'key': 'value'})
TypeError: unhashable type: 'dict'
>>> hash([1, 2, 3])
TypeError: unhashable type: 'list'
```

可变类型的不可哈希特点有一定的"传染性"。比如在一个原本可哈希的元组里放入可变的列表对象后，它也会马上变得不可哈希：

```
>>> hash((1, 2, 3, ['foo', 'bar']))
TypeError: unhashable type: 'list'
```

由用户定义的所有对象默认都是可哈希的：

```
>>> class Foo:
...     pass
...
>>> foo = Foo()
>>> hash(foo)
273594269
```

总结一下，某种类型是否可哈希遵循下面的规则：

(1) 所有的不可变内置类型，都是可哈希的，比如 str、int、tuple、frozenset 等；

(2) 所有的可变内置类型，都是不可哈希的，比如 dict、list 等；

(3) 对于不可变容器类型 (tuple, frozenset)，仅当它的所有成员都不可变时，它自身才是可哈希的；

(4) 用户定义的类型默认都是可哈希的。

谨记，只有可哈希的对象，才能放进集合或作为字典的键使用。

 在 12.2 节中，你可以读到一个深度使用可哈希概念的案例故事。

3.1.9 深拷贝与浅拷贝

在 3.1.2 节中，我们学习了对象的可变性概念，并看到了可变性如何影响代码的行为。在操作这些可变对象时，如果不拷贝原始对象就修改，可能会产生我们并不期待的结果。

比如在下面的代码里，nums 和 nums_copy 两个变量就指向了同一个列表，修改 nums 的同时会影响 nums_copy：

```
>>> nums = [1, 2, 3, 4]
>>> nums_copy = nums
>>> nums[2] = 30
>>> nums_copy ❶
[1, 2, 30, 4]
```

❶ nums_copy 的内容也发生了变化

假如我们想让两个变量的修改操作互不影响，就需要拷贝变量所指向的可变对象，做到让不同变量指向不同对象。按拷贝的深度，常用的拷贝操作可分为两种：浅拷贝与深拷贝。

1. 浅拷贝

要进行浅拷贝，最通用的办法是使用 copy 模块下的 copy() 方法：

```
>>> import copy
>>> nums_copy = copy.copy(nums)
>>> nums[2] = 30

# 修改不再相互影响
>>> nums, nums_copy
([1, 2, 30, 4], [1, 2, 3, 4])
```

除了使用 copy() 函数外，对于那些支持推导式的类型，用推导式也可以产生一个浅拷贝对象：

```
>>> d = {'foo': 1}
>>> d2 = {key: value for key, value in d.items()}
>>> d['foo'] = 2
>>> d, d2
({'foo': 2}, {'foo': 1})
```

使用各容器类型的内置构造函数，同样能实现浅拷贝效果：

```
>>> d2 = dict(d.items()) ❶
>>> nums_copy = list(nums) ❷
```

❶ 以字典 d 的内容构建一个新字典
❷ 以列表 nums 的成员构建一个新列表

对于支持切片操作的容器类型——比如列表、元组，对其进行全切片也可以实现浅拷贝效果：

```
# nums_copy 会变成 nums 的浅拷贝
>>> nums_copy = nums[:]
```

除了上面这些办法，有些类型自身就提供了浅拷贝方法，可以直接使用：

```
# 列表有 copy 方法
>>> nums = [1, 2, 3, 4]
>>> nums.copy()
[1, 2, 3, 4]

# 字典也有 copy 方法
>>> d = {'foo': 'bar'}
>>> d.copy()
{'foo': 'bar'}
```

2. 深拷贝

大部分情况下，上面的浅拷贝操作足以满足我们对可变类型的复制需求。但对于一些层层嵌套的复杂数据来说，浅拷贝仍然无法解决嵌套对象被修改的问题。

比如，下面的 items 是一个嵌套了子列表的多级列表：

```
>>> items = [1, ['foo', 'bar'], 2, 3]
```

如果只是使用 copy.copy() 对 items 进行浅拷贝，你会发现它并不能做到完全隔离两个变量：

```
>>> import copy
>>> items_copy = copy.copy(items)
>>> items[0] = 100   ❶
>>> items[1].append('xxx')   ❷
>>> items
[100, ['foo', 'bar', 'xxx'], 2, 3]
>>> items_copy   ❸
[1, ['foo', 'bar', 'xxx'], 2, 3]
```

❶ 修改 items 的第一层成员

❷ 修改 items 的第二层成员，往子列表内追加元素

❸ 对 items[1] 的第一层修改没有影响浅拷贝对象，items_copy[0] 仍然是 1，但对嵌套
　子列表 items[1] 的修改已经影响了 items_copy[1] 的值，列表内多出了 'xxx'

之所以会出现这样的结果，是因为即便对 items 做了浅拷贝，items[1] 和 items_
copy[1] 指向的仍旧是同一个列表。如果使用 id() 函数查看它们的对象 ID，会发现它们其实
是同一个对象：

```
>>> id(items[1]), id(items_copy[1])
(4467751104, 4467751104)
```

要解决这个问题，可以用 copy.deepcopy() 函数来进行深拷贝操作：

```
>>> items_deep = copy.deepcopy(items)
```

深拷贝会遍历并拷贝 items 里的所有内容——包括它所嵌套的子列表。做完深拷贝后，
items 和 items_deep 的子列表不再是同一个对象，它们的修改操作自然也不会再相互影响：

```
>>> id(items[1]), id(items_deep[1])   ❶
(4467751104, 4467286400)
```

❶ 子列表的对象 ID 不再一致

3.2　案例故事

虽然 Python 已经内置了不少强大的容器类型，但在这些内置容器的基础上，我们还能方便
地创造新的容器类型，设计更好用的自定义数据结构。

在下面这个案例故事里，"我"就来设计一个自定义字典类型，利用它重构一段数据分析
脚本。

分析网站访问日志

几个月前，我开始利用业余时间开发一个 Python 资讯类网站 PyNews，上面汇集了许多 Python 相关的精品技术文章，用户可以免费浏览这些文章，学习最新的 Python 技术。

上周六，我把 PyNews 部署到了线上。令我没想到的是，这个小网站居然特别受欢迎，在没怎么宣传的情况下，日访问量节节攀升，一周以后，每日浏览人数居然已经突破了 1000。

但随着用户访问量的增加，越来越多的用户开始向我抱怨："网站访问速度太慢了！"我心想："这不行啊，访问速度这么慢，用户不就全跑了嘛！"于是，我决定马上开始优化 PyNews 的访问速度。

要优化性能，第一步永远是找到性能瓶颈。刚好，我把网站所有页面的访问耗时都记录在了一个访问日志里。因此，我准备先分析访问日志，看看究竟是哪些页面在"拖后腿"。

访问日志文件格式如下：

```
# 格式: 请求路径 请求耗时（毫秒）
/articles/three-tips-on-writing-file-related-codes/ 120
/articles/15-thinking-in-edge-cases/ 400
/admin/ 3275
...
```

日志里记录了每次请求的路径与耗时。基于这些日志，我决定先写一个访问分析脚本，把请求数据按路径分组，然后再依据耗时将其划为不同的性能等级，从而找到迫切需要优化的页面。

基于我的设计，响应时间被分为四个性能等级。

(1) 非常快：小于 100 毫秒。

(2) 较快：100 到 300 毫秒之间。

(3) 较慢：300 毫秒到 1 秒之间。

(4) 慢：大于 1 秒。

理想的解析结果如下所示：

```
---
== Path: /articles/three-tips-on-writing-file-related-codes/
  Total requests: 828
  Performance:
    - Less than 100 ms: 16
    - Between 100 and 300 ms: 35
    - Between 300 ms and 1 s: 119
    - Greater than 1 s: 696
```

```
== Path: /
...
---
```

脚本会按分组输出请求路径、总请求数以及各性能等级请求数。

因为原始日志格式很简单，非常容易解析，所以我很快就写完了整个脚本，如代码清单 3-1 所示。

代码清单 3-1　日志分析脚本 analyzer_v1.py

```python
from enum import Enum


class PagePerfLevel(str, Enum):
    LT_100 = 'Less than 100 ms'
    LT_300 = 'Between 100 and 300 ms'
    LT_1000 = 'Between 300 ms and 1 s'
    GT_1000 = 'Greater than 1 s'


def analyze_v1():
    path_groups = {}
    with open("logs.txt", "r") as fp:
        for line in fp:
            path, time_cost_str = line.strip().split()

            # 根据页面耗时计算性能等级
            time_cost = int(time_cost_str)
            if time_cost < 100:
                level = PagePerfLevel.LT_100
            elif time_cost < 300:
                level = PagePerfLevel.LT_300
            elif time_cost < 1000:
                level = PagePerfLevel.LT_1000
            else:
                level = PagePerfLevel.GT_1000

            # 如果路径第一次出现, 存入初始值
            if path not in path_groups:
                path_groups[path] = {}

            # 如果性能 level 第一次出现, 存入初始值 1
            try:
                path_groups[path][level] += 1
            except KeyError:
                path_groups[path][level] = 1

    for path, result in path_groups.items():
        print(f'== Path: {path}')
        total = sum(result.values())
        print(f'    Total requests: {total}')
        print(f'    Performance:')
```

```
# 在输出结果前，按照"性能等级"在 PagePerfLevel 里面的顺序排列，小于 100 毫秒
# 的在最前面
sorted_items = sorted(
    result.items(), key=lambda pair: list(PagePerfLevel).index(pair[0])
)
for level_name, count in sorted_items:
    print(f'    - {level_name}: {count}')


if __name__ == "__main__":
    analyze_v1()
```

在上面的代码里，我首先在最外层定义了枚举类型 PagePerfLevel，用于表示不同的请求性能等级，随后在 analyze_v1() 内实现了所有的主逻辑。其中的关键步骤有：

(1) 遍历整个日志文件，逐行解析请求路径（path）与耗时（time_cost）；

(2) 根据耗时计算请求属于哪个性能等级；

(3) 判断请求路径是否初次出现，如果是，以**子字典**初始化 path_groups 里的对应值；

(4) 对**子字典**的对应性能等级 key，执行请求数加 1 操作。

经以上步骤完成数据统计后，在输出每组路径的结果时，函数不能直接遍历 result.items()，而是要先参照 PagePerfLevel 枚举类按性能等级排好序，然后再输出。

在线上测试试用这个脚本后，我发现它可以正常分析请求、输出性能分组信息，达到了我的预期。

不过，虽然脚本功能正常，但我总觉得它的代码写得不太好。一个最直观的感受是：analyze_v1() 函数里的逻辑特别复杂，耗时转级别、请求数累加的逻辑，全都被糅在了一块，整个函数读起来很困难。

另一个问题是，代码里分布着太多零碎的字典操作，比如 if path not in path_groups、try: ... except KeyError:，等等，看上去非常不利落。

于是我决定花点儿时间重构一下这份脚本，解决上述两个问题。

1. 使用 defaultdict 类型

在上面的代码里，有两种字典操作看上去有点儿像：

```
# 1
# 如果路径第一次出现，存入初始值
if path not in path_groups:
    path_groups[path] = {}
```

```
# 2
# 如果性能 level 第一次出现，存入初始值 1
try:
    path_groups[path][level] += 1
except KeyError:
    path_groups[path][level] = 1
```

当 path 和 level 变量作为字典的 key 第一次出现时，为了正常处理它们，代码同时用了两种操作：先判断后初始化；直接操作并捕获 KeyError 异常。我们在 3.1.5 节学过，除了这么操作，其实还可以使用字典的 .get() 和 .setdefault() 方法来简化代码。

但在这个场景下，内置模块 collections 里的 defaultdict 类型才是最好的选择。

defaultdict(default_factory, ...) 是一种特殊的字典类型。它在被初始化时，接收一个可调用对象 default_factory 作为参数。之后每次进行 d[key] 操作时，如果访问的 key 不存在,defaultdict 对象会自动调用 default_factory() 并将结果作为值保存在对应的 key 里。

为了更好地理解 defaultdict 的特点，我们来做个小实验。首先初始化一个空 defaultdict 对象：

```
>>> from collections import defaultdict
>>> int_dict = defaultdict(int)
```

然后直接对一个不存在的 key 执行累加操作。普通字典在执行这个操作时，会抛出 KeyError 异常，但 defaultdict 不会：

```
>>> int_dict['foo'] += 1
```

当 int_dict 发现键 'foo' 不存在时，它会调用 default_factory——也就是 int()——拿到结果 0，将其保存到字典后再执行累加操作：

```
>>> int_dict
defaultdict(<class 'int'>, {'foo': 1})
>>> dict(int_dict)
{'foo': 1}
```

通过引入 defaultdict 类型，代码的两处初始化逻辑都变得更简单了。

接下来，我们需要解决 analyze_v1() 函数内部逻辑过于杂乱的问题。

2. 使用 MutableMapping 创建自定义字典类型

在前面的函数里，有一段核心的字典操作代码：先通过 time_cost 计算出 level，然后以

level 为键将请求数保存到字典中。这段代码的逻辑比较独立，假如把它从函数中抽离出来，代码会变得更好理解。

此时就该自定义字典类型闪亮登场了。自定义字典和普通字典很像，但它可以给字典的默认行为加上一些变化。比如在这个场景下，我们会让字典在操作"响应耗时"键时，直接将其翻译成对应的性能等级。

在 Python 中定义一个字典类型，可通过继承 MutableMapping 抽象类来实现，如代码清单 3-2 所示。

代码清单 3-2　用于存储响应时间的自定义字典

```python
from collections.abc import MutableMapping


class PerfLevelDict(MutableMapping):
    """存储响应时间性能等级的字典"""

    def __init__(self):
        self.data = defaultdict(int)

    def __getitem__(self, key):
        """当某个级别不存在时，默认返回 0"""
        return self.data[self.compute_level(key)]

    def __setitem__(self, key, value):
        """将 key 转换为对应的性能等级，然后设置值"""
        self.data[self.compute_level(key)] = value

    def __delitem__(self, key):
        del self.data[key]

    def __iter__(self):
        return iter(self.data)

    def __len__(self):
        return len(self.data)

    @staticmethod
    def compute_level(time_cost_str):
        """根据响应时间计算性能等级"""
        # 假如已经是性能等级，不做转换直接返回
        if time_cost_str in list(PagePerfLevel):
            return time_cost_str

        time_cost = int(time_cost_str)
        if time_cost < 100:
            return PagePerfLevel.LT_100
        elif time_cost < 300:
            return PagePerfLevel.LT_300
        elif time_cost < 1000:
            return PagePerfLevel.LT_1000
        return PagePerfLevel.GT_1000
```

在上面的代码中，我编写了一个继承了 `MutableMapping` 的字典类 `PerfLevelDict`。但光继承还不够，要让这个类变得像字典一样，还需要重写包括 `__getitem__`、`__setitem__` 在内的 6 个魔法方法。

其中最重要的几点简单说明如下：

(1) 在 `__init__` 初始化方法里，使用 `defaultdict(int)` 对象来简化字典的空值初始化操作；

(2) `__getitem__` 方法定义了 d[key] 取值操作时的行为；

(3) `__setitem__` 方法定义了 d[key] = value 赋值操作时的行为；

(4) `PerfLevelDict` 的 `__getitem__`/`__setitem__` 方法和普通字典的最大不同，在于操作前调用了 `compute_level()`，将字典键转成了性能等级。

我们来试用一下 `PerfLevelDict` 类：

```
>>> d = PerfLevelDict()
>>> d[50] += 1
>>> d[403] += 12
>>> d[30] += 2
>>> dict(d)
{<PagePerfLevel.LT_100: 'Less than 100 ms'>: 3, <PagePerfLevel.LT_1000: 'Between 300 ms
and 1 s'>: 12}
```

有了 `PerfLevelDict` 类以后，我们不需要再去手动做“耗时→级别”转换了，一切都可以由自定义字典的内部逻辑处理好。

创建自定义字典类还带来了一个额外的好处。在之前的代码里，有许多有关字典的零碎操作，比如求和、对 `.items()` 排序等，现在它们全都可以封装到 `PerfLevelDict` 类里，代码逻辑不再是东一块、西一块，而是全部由一个数据类搞定。

3. 代码重构

使用 `defaultdict` 和自定义字典类以后，代码最终优化成了代码清单 3-3 所示的样子。

代码清单 3-3 重构后的日志分析脚本 analyzer_v2.py

```
from enum import Enum
from collections import defaultdict
from collections.abc import MutableMapping


class PagePerfLevel(str, Enum):
    LT_100 = 'Less than 100 ms'
    LT_300 = 'Between 100 and 300 ms'
```

```
    LT_1000 = 'Between 300 ms and 1 s'
    GT_1000 = 'Greater than 1 s'


class PerfLevelDict(MutableMapping):
    """存储响应时间性能等级的字典"""

    def __init__(self):
        self.data = defaultdict(int)

    def __getitem__(self, key):
        """当某个性能等级不存在时，默认返回 0"""
        return self.data[self.compute_level(key)]

    def __setitem__(self, key, value):
        """将 key 转换为对应的性能等级，然后设置值"""
        self.data[self.compute_level(key)] = value

    def __delitem__(self, key):
        del self.data[key]

    def __iter__(self):
        return iter(self.data)

    def __len__(self):
        return len(self.data)

    def items(self):
        """按照顺序返回性能等级数据"""
        return sorted(
            self.data.items(),
            key=lambda pair: list(PagePerfLevel).index(pair[0]),
        )

    def total_requests(self):
        """返回总请求数"""
        return sum(self.values())

    @staticmethod
    def compute_level(time_cost_str):
        """根据响应时间计算性能等级"""
        if time_cost_str in list(PagePerfLevel):
            return time_cost_str

        time_cost = int(time_cost_str)
        if time_cost < 100:
            return PagePerfLevel.LT_100
        elif time_cost < 300:
            return PagePerfLevel.LT_300
        elif time_cost < 1000:
            return PagePerfLevel.LT_1000
        return PagePerfLevel.GT_1000
```

```
def analyze_v2():
    path_groups = defaultdict(PerfLevelDict)
    with open("logs.txt", "r") as fp:
        for line in fp:
            path, time_cost = line.strip().split()
            path_groups[path][time_cost] += 1

    for path, result in path_groups.items():
        print(f'== Path: {path}')
        print(f'   Total requests: {result.total_requests()}')
        print(f'   Performance:')
        for level_name, count in result.items():
            print(f'     - {level_name}: {count}')


if __name__ == '__main__':
    analyze_v2()
```

阅读这段新代码,你可以明显感受到 analyze_v2() 函数相比之前的变化非常大。有了自定义字典 PerfLevelDict 的帮助,analyze_v2() 函数的整个逻辑变得非常清晰、非常容易理解——它只负责解析日志与打印结果,其他统计逻辑都交由 PerfLevelDict 负责。

为何不直接继承 dict?

在实现自定义字典时,我让 PerfLevelDict 继承了 collections.abc 下的 MutableMapping 抽象类,而不是内置字典 dict。这看起来有点儿奇怪,因为从直觉上说,假如你想实现某个自定义类型,最方便的选择就是继承原类型。

但是,如果真的继承 dict 来创建自定义字典类型,你会碰到很多问题。

拿一个最常见的场景来说,假如你继承了 dict,通过 __setitem__ 方法重写了它的键赋值操作。此时,虽然常规的 d[key] = value 行为会被重写;但假如调用方使用 d.update(...) 来更新字典内容,就根本不会触发重写后的键赋值逻辑。这最终会导致自定义类型的行为不一致。

举个简单的例子,下面的 UpperDict 是继承了 dict 的自定义字典类型:

```
class UpperDict(dict):
    """总是把 key 转为大写"""

    def __setitem__(self, key, value):
        super().__setitem__(key.upper(), value)
```

试着使用 UpperDict:

```
>>> d = UpperDict()
>>> d['foo'] = 1 ❶
>>> d
{'FOO': 1}
>>> d.update({'bar': 2}) ❷
>>> d
{'FOO': 1, 'bar': 2}
```

❶ 直接对字典键赋值，触发了大写转换逻辑

❷ 调用 .update(...) 方法并不会触发任何自定义逻辑

正因如此，如果你想创建一个自定义字典，继承 collections.abc 下的 MutableMapping 抽象类是个更好的选择，因为它没有上面的问题。而对于列表等其他容器类型来说，这条规则也同样适用。

有关这个话题，你可以阅读 Trey Hunner 的文章 "The problem with inheriting from dict and list in Python" 了解详情。

3.3 编程建议

3.3.1 用按需返回替代容器

在 Python 中，用 range() 内置函数可以获得一个数字序列：

```
# 打印 0 到 100 之间的所有数字（不含 100）
>>> for i in range(100):
...     print(i)
...
0
1
...
99
```

在 Python 2 时代，如果你想用 range() 生成一个非常大的数字序列——比如 0 到 1 亿间的所有数字，速度会非常慢。这是因为 range() 需要组装并返回一个巨大的列表，整个计算与内存分配过程会耗费大量时间。

```
>>> range(10)
[0, 1, 2, 3, 4, 5, 6, 7, 8, 9] ❶
```

❶ Python 2 中的 range() 会一次性返回所有数字

但到了 Python 3，调用 range(100000000) 瞬间就会返回结果。因为它不再返回列表，而是返回一个类型为 range 的惰性计算对象。

```
>>> r = range(100000000)
>>> r
range(0, 100000000)   ❶
>>> type(r)
<class 'range'>
>>> for i in r:   ❷
...     print(i)
...
0
1
...
```

❶ r 是 range 对象，而非装满数字的列表

❷ 只有在迭代 range 对象时，它才会不断生成新的数字

当序列过大时，新的 range() 函数不再会一次性耗费大量内存和时间，生成一个巨大的列表，而是仅在被迭代时按需返回数字。range() 的进化过程虽然简单，但它其实代表了一种重要的编程思维——**按需生成**，而不是一次性返回。

在日常编码中，实践这种思维可以有效提升代码的执行效率。Python 里的生成器对象非常适合用来实现"按需生成"。

1. 生成器简介

生成器(generator)是 Python 里的一种特殊的数据类型。顾名思义，它是一个不断给调用方"生成"内容的类型。定义一个生成器，需要用到生成器函数与 yield 关键字。

一个最简单的生成器如下：

```
def generate_even(max_number):
    """一个简单生成器，返回 0 到 max_number 之间的所有偶数"""
    for i in range(0, max_number):
        if i % 2 == 0:
            yield i


for i in generate_even(10):
    print(i)
```

执行后输出：

```
0
2
4
```

```
6
8
```

虽然都是返回结果，但 yield 和 return 的最大不同之处在于，return 的返回是一次性的，使用它会直接中断整个函数执行，而 yield 可以逐步给调用方生成结果：

```
>>> i = generate_even(10)
>>> next(i)
0
>>> next(i) ❶
2
```

❶ 调用 next() 可以逐步从生成器对象里拿到结果

因为生成器是可迭代对象，所以你可以使用 list() 等函数方便地把它转换为各种其他容器类型：

```
>>> list(generate_even(10))
[0, 2, 4, 6, 8]
```

2. 用生成器替代列表

在日常工作中，我们经常需要编写下面这样的代码：

```
def batch_process(items):
    """
    批量处理多个 items 对象
    """
    # 初始化空结果列表
    results = []
    for item in items:
        # 处理 item, 可能需要耗费大量时间……
        # processed_item = ...
        results.append(processed_item)
    # 将拼装后的结果列表返回
    return results
```

这样的函数遵循同一种模式："初始化结果容器 → 处理 → 将结果存入容器 → 返回容器"。这个模式虽然简单，但它有两个问题。

一个问题是，如果需要处理的对象 items 过大，batch_process() 函数就会像 Python 2 里的 range() 函数一样，每次执行都特别慢，存放结果的对象 results 也会占用大量内存。

另一个问题是，如果**函数调用方**想在某个 processed_item 对象满足特定条件时中断，不再继续处理后面的对象，现在的 batch_process() 函数也做不到——它每次都得一次性处理完所有 items 才会返回。

为了解决这两个问题，我们可以用生成器函数来改写它。简单来说，就是用 yield item 替代 append 语句：

```python
def batch_process(items):
    for item in items:
        # 处理 item，可能需要耗费大量时间……
        # processed_item = ...
        yield processed_item
```

生成器函数不仅看上去更短，而且很好地解决了前面的两个问题。当输入参数 items 很大时，batch_process() 不再需要一次性拼装返回一个巨大的结果列表，内存占用更小，执行起来也更快。

如果调用方需要在某些条件下中断处理，也完全可以做到：

```python
# 调用方
for processed_item in batch_process(items):
    # 如果某个已处理对象过期了，就中断当前的所有处理
    if processed_item.has_expired():
        break
```

在上面的代码里，当调用方退出循环后，batch_process() 函数也会直接中断，不需要再接着处理 items 里剩下的内容。

3.3.2　了解容器的底层实现

Python 是一门高级编程语言，它提供的所有内置容器类型都经过了高度的封装和抽象。学会基本操作后，你就可以随意使用它们，根本不用关心某个容器底层是如何实现的。

易上手是 Python 语言的一大优势。相比 C 语言这种更接近计算机底层的编程语言，Python 实现了对开发者更友好的内置容器类型，屏蔽了内存管理等工作，提供了更好的开发体验。

但即便如此，了解各容器的底层实现仍然很重要。因为只有了解底层实现，你才可以在编程时避开一些常见的性能陷阱，写出运行更快的代码。

1. 避开列表的性能陷阱

列表是一种非常灵活的容器类型。要往列表里插入数据，可以选择用 .append() 方法往尾部追加，也可以选择用 .insert() 在任意位置插入。得益于这种灵活性，各种常见数据结构似乎都可以用列表来实现，比如先进先出的队列、先进后出的堆栈，等等。

虽然列表支持各种操作，但其中某些操作可能没你想得那么快。我们看一个例子：

```python
def list_append():
    """ 不断往尾部追加 """
    l = []
    for i in range(5000):
        l.append(i)


def list_insert():
    """ 不断往头部插入 """
    l = []
    for i in range(5000):
        l.insert(0, i)


import timeit


# 默认执行 1 万次
append_spent = timeit.timeit(
    setup='from __main__ import list_append',
    stmt='list_append()',
    number=10000,
)
print("list_append:", append_spent)

insert_spent = timeit.timeit(
    setup='from __main__ import list_insert',
    stmt='list_insert()',
    number=10000,
)
print("list_insert", insert_spent)
```

在上面的代码里，我们分别用了 append 与 insert 从头尾部来构建列表，并记录了两种操作的耗时。

执行结果如下：

```
list_append: 3.407903105
list_insert 49.336992618000004
```

可以看到，同样是构建一个长度为 5000 的列表，不断往头部插入的 insert 方式的耗时是从尾部追加的 append 方式的 16 倍还多。为什么会这样呢？

这个性能差距与列表的底层实现有关。Python 在实现列表时，底层使用了**数组**（array）数据结构。这种结构最大的一个特点是，当你在数组中间插入新成员时，该成员之后的其他成员都需要移动位置，该操作的平均时间复杂度是 O(n)。因此，在列表的头部插入成员，比在尾部追加要慢得多（后者的时间复杂度为 O(1)）。

如果你经常需要往列表头部插入数据，请考虑使用 collections.deque 类型来替代列表（代码如下）。因为 deque 底层使用了双端队列，无论在头部还是尾部追加成员，时间复杂度都是 O(1)。

```python
from collections import deque


def deque_append():
    """ 不断往尾部追加 """
    l = deque()
    for i in range(5000):
        l.append(i)


def deque_appendleft():
    """ 不断往头部插入 """
    l = deque()
    for i in range(5000):
        l.appendleft(i)


# timeit 性能测试代码已省略
...
```

执行结果如下：

```
deque_append: 3.739269677
deque_appendleft 3.7188512409999994
```

可以看到，使用 deque 以后，不论从尾部还是头部追加成员都非常快。

除了 insert 操作，列表还有一个常见的性能陷阱——判断“成员是否存在”的耗时问题：

```python
>>> nums = list(range(10))
>>> nums
[0, 1, 2, 3, 4, 5, 6, 7, 8, 9]

# 判断成员是否存在
>>> 3 in nums
True
```

因为列表在底层使用了数组结构，所以要判断某个成员是否存在，唯一的办法是从前往后遍历所有成员，执行该操作的时间复杂度是 O(n)。如果列表内容很多，这种 in 操作耗时就会很久。

对于这类判断成员是否存在的场景，我们有更好的选择。

2. 使用集合判断成员是否存在

要判断某个容器是否包含特定成员，用集合比用列表更合适。

在列表中搜索，有点儿像在一本没有目录的书里找一个单词。因为不知道它会出现在哪里，所以只能一页一页翻看，挨个对比。完成这种操作需要的时间复杂度是 O(n)。

而在集合里搜索，就像通过字典查字。我们先按照字的拼音从索引找到它所在的页码，然后直接翻到那一页。完成这种操作需要的时间复杂度是 O(1)。

在集合里搜索之所以这么快，是因为其底层使用了哈希表数据结构。要判断集合中是否存在某个对象 obj，Python 只需先用 hash(obj) 算出它的哈希值，然后直接去哈希表对应位置检查 obj 是否存在即可，根本不需要关心哈希表的其他部分，一步到位。

如果代码需要进行 in 判断，可以考虑把目标容器转换成集合类型，作为查找时的索引使用：

```python
# 注意：这里的示例列表很短，所以转不转集合对性能的影响可能微乎其微
# 在实际编码时，列表越长、执行的判断次数越多，转成集合的收益就越高
VALID_NAMES = ["piglei", "raymond", "bojack", "caroline"]

# 转换为集合类型专门用于成员判断
VALID_NAMES_SET = set(VALID_NAMES)


def validate_name(name):
    if name not in VALID_NAMES_SET:
        raise ValueError(f"{name} is not a valid name!")
```

除了集合，对字典进行 key in ... 查询同样非常快，因为二者都是基于哈希表结构实现的。

 除了上面提到的这些性能陷阱，你还可以阅读 Python 官方 wiki："TimeComplexity - Python Wiki"，了解更多与常见容器操作的时间复杂度有关的内容。

3.3.3 掌握如何快速合并字典

在 Python 里，合并两个字典听上去挺简单，实际操作起来比想象中麻烦。下面有两个字典：

```python
>>> d1 = {'name': 'apple'}
>>> d2 = {'price': 10}
```

假如我想合并 d1 和 d2 的值，拿到 {'name': 'apple', 'price': 10}，最简单的做法是调用 d1.update(d2)，然后 d1 就会变成目标值。但这样做有个问题：它会修改字典 d1 的原始内容，因此并不算无副作用的合并。

要在不修改原字典的前提下合并两个字典，需要定义一个函数：

```
def merge_dict(d1, d2):
    # 因为字典是可修改的对象，为了避免修改原对象
    # 此处需要复制一个 d1 的浅拷贝对象
    result = d1.copy()
    result.update(d2)
    return result
```

使用 `merge_dict` 可以拿到合并后的字典：

```
>>> merge_dict(d1, d2)
{'name': 'apple', 'price': 10}
```

使用这种方式，**d1** 和 **d2** 仍然是原来的值，不会因为合并操作被修改。

虽然上面的方案可以完成合并，但显得有些烦琐。使用动态解包表达式可以更简单地完成操作。

要实现合并功能，需要用到双星号 `**` 运算符来做解包操作。在字典中使用 `**dict_obj` 表达式，可以动态解包 `dict_obj` 字典的所有内容，并与当前字典合并：

```
>>> d1 = {'name': 'apple'}
# 把 d1 解包，与外部字典合并
>>> {'foo': 'bar', **d1}
{'foo': 'bar', 'name': 'apple'}
```

因为解包过程会默认进行浅拷贝操作，所以我们可以用它方便地合并两个字典：

```
>>> d1 = {'name': 'apple'}
>>> d2 = {'price': 10}

# d1、d2 原始值不会受影响
>>> {**d1, **d2}
{'name': 'apple', 'price': 10}
```

除了使用 `**` 解包字典，你还可以使用单星号 `*` 运算符来解包任何可迭代对象：

```
>>> [1, 2, *range(3)]
[1, 2, 0, 1, 2]

>>> l1 = [1, 2]
>>> l2 = [3, 4]
# 合并两个列表
>>> [*l1, *l2]
[1, 2, 3, 4]
```

合理利用 `*` 和 `**` 运算符，可以帮助我们高效构建列表与字典对象。

字典的 | 运算符

在写作本书的过程中，Python 发布了 3.9 版本。在这个版本中，字典类型新增了对 | 运算符的支持。只要执行 **d1 | d2**，就能快速拿到两个字典合并后的结果：

```
>>> d1 = {'name': 'apple'}
>>> d2 = {'name': 'orange', 'price': 10}
>>> d1 | d2
{'name': 'orange', 'price': 10}
>>> d2 | d1 ❶
{'name': 'apple', 'price': 10}
```

❶ 运算顺序不同，会影响最终的合并结果

3.3.4　使用有序字典去重

前面提到过，集合里的成员不会重复，因此它经常用来去重。但是，使用集合去重有一个很大的缺点：得到的结果会丢失集合内成员原有的顺序：

```
>>> nums = [10, 2, 3, 21, 10, 3]
# 去重但是丢失了顺序
>>> set(nums)
{3, 10, 2, 21}
```

这种无序性是由集合所使用的哈希表结构所决定的，无法避免。如果你既需要去重，又想要保留原有顺序，怎么办？可以使用前文提到过的有序字典 OrderedDict 来完成这件事。因为 OrderedDict 同时满足两个条件：

(1) 它的键是有序的；

(2) 它的键绝对不会重复。

因此，只要根据列表构建一个字典，字典的所有键就是有序去重的结果：

```
>>> from collections import OrderedDict
>>> list(OrderedDict.fromkeys(nums).keys()) ❶
[10, 2, 3, 21]
```

❶ 调用 fromkeys 方法会创建一个有序字典对象。字典的键来自方法的第一个参数：可迭代对象（此处为 nums 列表），字典的值默认为 None

3.3.5 别在遍历列表时同步修改

许多人在初学 Python 时会写出类似下面的代码——遍历列表的同时根据某些条件修改它：

```python
def remove_even(numbers):
    """去掉列表里所有的偶数"""
    for number in numbers:
        if number % 2 == 0:
            # 有问题的代码
            numbers.remove(number)


numbers = [1, 2, 7, 4, 8, 11]
remove_even(numbers)
print(numbers)
```

运行上述代码会输出下面的结果：

```
[1, 7, 8, 11]
```

注意到那个本不该出现的数字 8 了吗？遍历列表的同时修改列表就会发生这样的怪事。

之所以会出现这样的结果，是因为：在遍历过程中，循环所使用的索引值不断增加，而被遍历对象 numbers 里的成员又同时在被删除，长度不断缩短——这最终导致列表里的一些成员其实根本就没被遍历到。

因此，要修改列表，请不要在遍历时直接修改。只需选择启用一个新列表来保存修改后的成员，就不会碰到这种奇怪的问题。

3.3.6 编写推导式的两个"不要"

前文提到，列表、字典、集合，都有一种特殊的压缩构建语法：推导式。这些表达式非常好用，但如果过于随意地使用，也会给代码带来一些问题。下面我们就来看看关于编写"推导式"的两个建议。

1. 别写太复杂的推导式

在编写推导式的过程中，我们会有一种倾向———味追求把逻辑压缩在一个表达式内，而这有时就会导致代码过于复杂，影响阅读。

比如，列表推导式的狂热爱好者很可能会写出下面这样的代码：

```
results = [
    task.result if task.result_version == VERSION_2 else get_legacy_result(task)
    for tasks_group in tasks
    for task in tasks_group
    if task.is_active() and task.has_completed()
]
```

上面的表达式有两层嵌套循环，在获取任务结果部分还使用了一个三元表达式，读起来非常费劲。假如用原生循环代码来改写这段逻辑，代码量不见得会多出多少，但一定会更易读：

```
results = []
for tasks_group in tasks:
    for task in tasks_group:
        if not (task.is_active() and task.has_completed()):
            continue

        if task.result_version == VERSION_2:
            result = task.result
        else:
            result = get_legacy_result(task)
        results.append(result)
```

当你在编写推导式时，请一定记得时常问自己："现在的表达式逻辑是不是太复杂了？如果不用表达式，代码会不会更易懂？"假如答案是肯定的，那还是删掉表达式，用最朴实的代码来替代吧。

2. 别把推导式当作代码量更少的循环

推导式是一种高度压缩的语法，这导致开发者有可能会把它当作一种更精简的循环来使用。比如在下面的代码里，我想要处理 tasks 列表里的所有任务，但其实并不关心 process(task) 的执行结果；为了节约代码量，我把代码写成了这样：

```
[process(task) for task in tasks if not task.started]
```

但这样做其实并不合适。推导式的核心意义在于**它会返回值**——一个全新构建的列表，如果你不需要这个新列表，就失去了使用表达式的意义。直接编写循环并不会多出多少代码量，而且代码更直观：

```
for task in tasks:
    if not task.started:
        process(task)
```

3.3.7 让函数返回 NamedTuple

在日常编码中，我们经常需要写一些返回多个值的函数。举个例子，下面这个地理位置相关的函数，用 Python 的标准做法返回了多个结果：

```python
def latlon_to_address(lat, lon):
    """ 返回某个经纬度的地理位置信息 """
    ...
    # 返回多个结果——其实就是一个元组
    return country, province, city

# 所有的调用方都会这样将结果一次解包为多个变量
country, province, city = latlon_to_address(lat, lon)
```

但有一天，产品需求变了，除了国家、省份和城市，调用方还需要用到一个新的位置信息："城区"（district）。因此 `latlon_to_address()` 函数得增加一个新的返回值，返回 4 个结果：`country`、`province`、`city`、`district`。

修改函数的返回结果后，为了保证兼容，你还需要找到所有调用 `latlon_to_address()` 的地方，补上多出来的 `district` 变量，否则代码就会报错：

```python
# 旧的调用方式会报错：ValueError: too many values to unpack
# country, province, city = latlon_to_address(lat, lon)

# 增加新的返回值
country, province, city, district = latlon_to_address(lat, lon)
# 或者使用 _ 忽略多出来的返回值
country, province, city, _ = latlon_to_address(lat, lon)
```

但以上这些为了保证兼容性的批量修改，其实原本可以避免。

对于这种**未来可能会变动**的多返回值函数来说，如果一开始就使用 NamedTuple 类型对返回结果进行建模，上面的改动会变得简单许多：

```python
from typing import NamedTuple

class Address(NamedTuple):
    """ 地址信息结果 """
    country: str
    province: str
    city: str

def latlon_to_address(lat, lon):
    return Address(
        country=country,
        province=province,
```

```
        city=city,
    )

addr = latlon_to_address(lat, lon)
# 通过属性名来使用 addr
# addr.country / addr.province / addr.city
```

假如我们在 Address 里增加了新的返回值 district，已有的函数调用代码也不用进行任何适配性修改，因为函数结果只是多了一个新属性，没有任何破坏性影响。

3.4 总结

在本章中，我们简单介绍了四种内置容器类型，它们是 Python 语言最为重要的组成之一。在介绍这些容器类型的过程中，我们引申出了对象的可变性、可哈希性等诸多基础概念。

内置容器功能丰富，基于它构建的自定义容器更为强大，能帮助我们完成许多有趣的事情。在案例故事里，我们就通过一个自定义字典类型，优化了整个日志分析脚本。

虽然无须了解列表的底层实现原理就可以使用列表，但如果你深入理解了列表是基于数组实现的，就能避开一些性能陷阱，知道在什么情况下应该选择其他数据结构实现某些需求。所以，不论使用多么高级的编程语言，掌握基础的算法与数据结构知识永远不会过时。

以下是本章要点知识总结。

(1) 基础知识

- 在进行函数调用时，传递的不是变量的值或者引用，而是变量所指对象的引用
- Python 内置类型分为可变与不可变两种，可变性会影响一些操作的行为，比如 +=
- 对于可变类型，必要时对其进行拷贝操作，能避免产生意料之外的影响
- 常见的浅拷贝方式：copy.copy、推导式、切片操作
- 使用 copy.deepcopy 可以进行深拷贝操作

(2) 列表与元组

- 使用 enumerate 可以在遍历列表的同时获取下标
- 函数的多返回值其实是一个元组
- 不存在元组推导式，但可以使用 tuple 来将生成器表达式转换为元组
- 元组经常用来表示一些结构化的数据

(3) 字典与集合

  ❑ 在 Python 3.7 版本前，字典类型是无序的，之后变为保留数据的插入顺序

  ❑ 使用 OrderedDict 可以在 Python 3.7 以前的版本里获得有序字典

  ❑ 只有可哈希的对象才能存入集合，或者作为字典的键使用

  ❑ 使用有序字典 OrderedDict 可以快速实现有序去重

  ❑ 使用 fronzenset 可以获得一个不可变的集合对象

  ❑ 集合可以方便地进行集合运算，计算交集、并集

  ❑ 不要通过继承 dict 来创建自定义字典类型

(4) 代码可读性技巧

  ❑ 具名元组比普通元组可读性更强

  ❑ 列表推导式可以更快速地完成遍历、过滤、处理以及构建新列表操作

  ❑ 不要编写过于复杂的推导式，用朴实的代码替代就好

  ❑ 不要把推导式当作代码量更少的循环，写普通循环就好

(5) 代码可维护性技巧

  ❑ 当访问的字典键不存在时，可以选择捕获异常或先做判断，优先推荐捕获异常

  ❑ 使用 get、setdefault、带参数的 pop 方法可以简化边界处理逻辑

  ❑ 使用具名元组作为返回值，比普通元组更好扩展

  ❑ 当字典键不存在时，使用 defaultdict 可以简化处理

  ❑ 继承 MutableMapping 可以方便地创建自定义字典类，封装处理逻辑

  ❑ 用生成器按需返回成员，比直接返回一个结果列表更灵活，也更省内存

  ❑ 使用动态解包语法可以方便地合并字典

  ❑ 不要在遍历列表的同时修改，否则会出现不可预期的结果

(6) 代码性能要点

  ❑ 列表的底层实现决定了它的头部操作很慢，deque 类型则没有这个问题

  ❑ 当需要判断某个成员在容器中是否存在时，使用字典 / 集合更快

第 4 章
条件分支控制流

从某种角度来看，编程这件事，其实就是把真实世界里的逻辑用代码的方式书写出来。

而真实世界里的逻辑通常很复杂，包含许许多多先决条件和结果分支，无法用一句简单的"因为……所以……"来概括。如果画成地图，这些逻辑不会是只有几条高速公路的郊区，而更像是包含无数个岔路口的闹市区。

为了表现这些真实世界里的复杂逻辑，程序员们写出了一条条分支语句。比如简单的"如果用户是会员，跳过广告播放"：

```python
if user.is_active_member():
    skip_ads()
    return True
else:
    print('你不是会员，无法跳过广告。')
    return False
```

或者复杂一些的：

```python
if user.is_active_member():
    if user.membership_expires_in(30):
        print('会员将在 30 天内过期，请及时续费，将在 3 秒后跳过广告')
        skip_ads_with_delay(3)
        return True

    skip_ads()
    return True
elif user.region != 'CN':
    print('非中国区无法跳过广告')
    return False
else:
    print('你不是会员，无法跳过广告。')
    return False
```

当条件分支变得越来越复杂，代码的可读性也会变得越来越差。所以，掌握如何写出好的条件分支代码非常重要，它可以帮助我们用更简洁、更清晰的代码来表达复杂逻辑。本章将会谈谈如何在 Python 中写出更好的条件分支代码。

4.1 基础知识

4.1.1 分支惯用写法

在 Python 里写条件分支语句，听上去是件挺简单的事。这是因为严格说来 Python 只有一种条件分支语法——if/elif/else [①]：

```
# 标准条件分支语句
if condition:
    ...
elif another_condition:
    ...
else:
    ...
```

当我们编写分支时，第一件要注意的事情，就是不要显式地和布尔值做比较：

```
# 不推荐的写法
# if user.is_active_member() == True:

# 推荐写法
if user.is_active_member():
```

绝大多数情况下，在分支判断语句里写 == True 都没有必要，删掉它代码会更短也更易读。但这条原则也有例外，比如你确实想让分支仅当值是 True 时才执行。不过即便这样，写 if <expression> == True 仍然是有问题的，我会在 4.1.3 节解释这一点。

1. 省略零值判断

当你编写 if 分支时，如果需要判断某个类型的对象是否是零值，可能会把代码写成下面这样：

---

① 在 Python 3.10 版本发布后，这个说法其实已不再成立。Python 在 3.10 版本里引入了一种新的分支控制结构：**结构化模式匹配**（structural pattern matching）。这种新结构启用了 match/case 关键字，实现了类似 C 语言中的 switch/case 语法。但和传统 switch 语句比起来，Python 的模式匹配功能要强大得多（语法也复杂得多）。因为本书的编写环境是 Python 3.8，所以我不会对"结构化模式匹配"做太多介绍。如果你对它感兴趣，可以阅读 PEP-634 了解更多内容。

```
if containers_count == 0:
    ...

if fruits_list != []:
    ...
```

这种判断语句其实可以变得更简单，因为当某个对象作为主角出现在 if 分支里时，解释器会主动对它进行"真值测试"，也就是调用 bool() 函数获取它的布尔值。而在计算布尔值时，每类对象都有着各自的规则，比如整型和列表的规则如下：

```
# 数字 0 的布尔值为 False, 其他值为 True
>>> bool(0), bool(123)
(False, True)

# 空列表的布尔值为 False, 其他值为 True
>>> bool([]), bool([1, 2, 3])
(False, True)
```

正因如此，当我们需要在条件语句里做空值判断时，可以直接把代码简写成下面这样：

```
if not containers_count:
    ...

if fruits_list:
    ...
```

这样的条件判断更简洁，也更符合 Python 社区的习惯。不过在你使用这种写法时，请不要忘记一点，这样写其实隐晦地放宽了分支判断的成立条件：

```
# 更精准: 只有为 0 的时候，才会满足分支条件
if containers_count == 0:
    ....

# 更宽泛: 当 containers_count 的值为 0、None、空字符串等时，都可以满足分支条件
if not containers_count:
    ...
```

请时刻注意，不要因为过度追求简写而引入其他逻辑问题。

除整型外，其他内置类型的布尔值规则如下。

❏ **布尔值为假**：None、0、False、[]、()、{}、set()、frozenset()，等等。
❏ **布尔值为真**：非 0 的数值、True，非空的序列、元组、字典，用户定义的类和实例，等等。

2. 把否定逻辑移入表达式内

在构造布尔逻辑表达式时，你可以用 not 关键字来表达"否定"含义：

```
>>> i = 10
>>> i > 8
True
>>> not i > 8
False
```

不过在写代码时，我们有时会过于喜欢用 not 关键字，反倒忘记了运算符本身就可以表达否定逻辑。最后，代码里会出现许多下面这种判断语句：

```
if not number < 10:
    ...

if not current_user is None:
    ...

if not index == 1:
    ...
```

这样的代码，就好比你在看到一个人沿着楼梯往上走时，不说"他在上楼"，而非说"他在做和下楼相反的事情"。如果把否定逻辑移入表达式内，它们通通可以改成下面这样：

```
if number >= 10:
    ...

if current_user is not None:
    ...

if index != 1:
    ...
```

这样的代码逻辑表达得更直接，也更好理解。

3. 尽可能让三元表达式保持简单

除了标准分支外，Python 还为我们提供了一种浓缩版的条件分支——三元表达式：

```
# 语法：
# true_value if <expression> else false_value
language = "python" if you.favor("dynamic") else "golang"
```

当你在编写三元表达式时，请参考 3.3.6 节的两个"不要"里的建议，不要盲目追求用一个表达式来表达过于复杂的逻辑。有时，平淡普通的分支语句远远胜过花哨复杂的三元表达式。

4.1.2　修改对象的布尔值

上一节提过，当我们把某个对象用于分支判断时，解释器会对它进行"真值测试"，计算出它的布尔值，而所有用户自定义的类和类实例的计算结果都是 True：

```
>>> class Foo:
...     pass
...
>>> bool(Foo)
True
>>> bool(Foo())
True
```

这个现象符合逻辑，但有时会显得有点儿死板。如果我们稍微改动一下这个默认行为，就能写出更优雅的代码。

看看下面这个例子：

```
class UserCollection:
    """ 用于保存多个用户的集合工具类 """

    def __init__(self, users):
        self.items = users

users = UserCollection(['piglei', 'raymond'])

# 仅当用户列表里面有数据时，打印语句
if len(users.items) > 0:
    print("There's some users in collection!")
```

在上面这段代码里，我需要判断 users 对象是否真的有内容，因此里面的分支判断语句用到了 len(users.items) > 0 这样的表达式：判断对象内 items 的长度是否大于 0。

但其实，上面的分支判断语句可以变得更简单。只要给 UserCollection 类实现 __len__ 魔法方法，users 对象就可以直接用于"真值测试"：

```
class UserCollection:
    """ 用于保存多个用户的集合工具类 """

    def __init__(self, users):
        self.items = users

    def __len__(self):
        return len(self.items)
```

```
users = UserCollection(['piglei', 'raymond'])

# 不再需要手动判断对象内部 items 的长度
if users:
    print("There's some users in collection!")
```

为类定义 __len__ 魔法方法，实际上就是为它实现了 Python 世界的长度协议：

```
>>> users = UserCollection([])
>>> len(users)
0
>>> users = UserCollection(['piglei', 'raymond'])
>>> len(users)
2
```

Python 在计算这类对象的布尔值时，会受 len(users) 的结果影响——假如长度为 0，布尔值为 False，反之为 True。因此当例子中的 UserCollection 类实现了 __len__ 后，整个条件判断语句就得到了简化。

不过，定义 __len__ 并非影响布尔值结果的唯一办法。除了 __len__ 以外，还有一个魔法方法 __bool__ 和对象的布尔值息息相关。

为对象定义 __bool__ 方法后，对它进行布尔值运算会直接返回该方法的调用结果。举个例子：

```
class ScoreJudger:
    """ 仅当分数大于 60 时为真 """

    def __init__(self, score):
        self.score = score

    def __bool__(self):
        return self.score >= 60
```

执行结果如下：

```
>>> bool(ScoreJudger(60))
True
>>> bool(ScoreJudger(59))
False
```

假如一个类同时定义了 __len__ 和 __bool__ 两个方法，解释器会优先使用 __bool__ 方法的执行结果。

4.1.3 与 None 比较时使用 is 运算符

当我们需要判断两个对象是否相等时，通常会使用双等号运算符 ==，它会对比两个值是否一致，然后返回一个布尔值结果，示例如下：

```
>>> x, y, z = 1, 1, 2
>>> x == y
True
>>> x == z
False
```

但对于自定义对象来说，它们在进行 == 运算时行为是可操纵的：只要实现类型的 __eq__ 魔法方法就行。

举个例子：

```
class EqualWithAnything:
    """ 与任何对象相等 """

    def __eq__(self, other):
        # 方法里的 other 方法代表 == 操作时右边的对象，比如
        # x == y 会调用 x 的 __eq__ 方法，other 的参数为 y
        return True
```

上面定义的 EqualWithAnything 对象，在和任何东西做 == 计算时都会返回 True：

```
>>> foo = EqualWithAnything()
>>> foo == 'string'
True
```

当然也包括 None：

```
>>> foo == None
True
```

既然 == 的行为可被魔法方法改变，那我们如何严格检查某个对象是否为 None 呢？答案是使用 is 运算符。虽然二者看上去差不多，但有着本质上的区别：

(1) == 对比两个对象的值是否相等，行为可被 __eq__ 方法重载；

(2) is 判断两个对象是否是内存里的同一个东西，**无法被重载**。

换句话说，当你在执行 x is y 时，其实就是在判断 id(x) 和 id(y) 的结果是否相等，二者是否是同一个对象。

因此，当你想要判断某个对象是否为 None 时，应该使用 is 运算符：

```
>>> foo = EqualWithAnything()
>>> foo == None
True

# is 的行为无法被重载
>>> foo is None
False

# 有且仅有真正的 None 才能通过 is 判断
>>> x = None
>>> x is None
True
```

到这里也许你想问，既然 is 在进行比较时更严格，为什么不把所有相等判断都用 is 来替代呢？

这是因为，除了 None、True 和 False 这三个内置对象以外，其他类型的对象在 Python 中并不是严格以单例模式存在的。换句话说，即便值一致，它们在内存中仍然是完全不同的两个对象。

拿整型举例：

```
>>> x = 6300
>>> y = 6300
>>> x is y
False

# 它们在内存中是不同的两个对象
>>> id(x), id(y)
(4412016144, 4412015856)

# 进行值判断会返回相等
>>> x == y
True
```

因此，仅当你需要判断某个对象是否是 None、True、False 时，使用 is，其他情况下，请使用 ==。

令人迷惑的整型驻留技术

假如我们稍微调整一下上面的代码，把数字从 6300 改成 100，会获得完全相反的执行结果：

```
>>> x = 100
>>> y = 100
>>> x is y
True

# 二者 id 相等，在内存中是同一个对象
>>> id(x), id(y)
(4302453136, 4302453136)
```

为什么会这样？这是因为 Python 语言使用了一种名为"整型驻留"（integer interning）的底层优化技术。

对于从 –5 到 256 的这些常用小整数，Python 会将它们缓存在内存里的一个数组中。当你的程序需要用到这些数字时，Python 不会创建任何新的整型对象，而是会返回缓存中的对象。这样能为程序节约可观的内存。

除了整型以外，Python 对字符串也有类似的"驻留"操作。如果你对这方面感兴趣，可自行搜索"Python integer/string interning"关键字了解更多内容。

4.2 案例故事

假如把写代码比喻成翻译文章，那么我们在代码中写下许多 if/else 分支，就仅仅是在对真实逻辑做一种不假思索的"直译"。此时如果转换一下思路，这些直译的分支代码也许能完全消失，代码会变得更紧凑、更具扩展性，整个编码过程更像一种巧妙的"意译"，而非"直译"。

在下面这个故事里，我会通过重构一个电影评分脚本，向你展示从"直译"变为"意译"的有趣过程。

消失的分支

我是一名狂热的电影评分爱好者。一天，我从一个电影论坛上下载了一份数据文件，其中包含了许多新老电影的名称、年份、IMDB[①] 评分信息。

我用 Python 提取出了文件里的电影信息数据，将其转换成了字典类型，数据格式如代码清单 4-1 所示。

---

① 一个较为权威的电影评分网站，上面的电影评分由网站用户提交，分值范围从 1 到 10，10 分为最佳。

代码清单 4-1　电影评分数据

```
movies = [
    {'name': 'The Dark Knight', 'year': 2008, 'rating': '9'},
    {'name': 'Kaili Blues', 'year': 2015, 'rating': '7.3'},
    ...
]
```

为了更好地利用这份数据，我想要编写一个小工具，它可以做到：

(1) 按评分 rating 的值把电影划分为 S、A、B、C 等不同级别；

(2) 按照指定顺序，比如年份从新到旧、评分从高到低等，打印这些电影信息。

工具的功能确定后，接下来进行编码实现。

现在的电影数据是**字典**（dict）格式的，处理起来不是很方便。于是，我首先创建了一个类：Movie，用来存放与电影数据和封装电影有关的操作。有了 Movie 类后，我在里面定义了 rank 属性对象，并在 rank 内实现了按评分计算级别的逻辑。

Movie 类的代码如代码清单 4-2 所示。

代码清单 4-2　电影评分脚本中 Movie 类的代码

```
class Movie:
    """电影对象数据类"""

    def __init__(self, name, year, rating):
        self.name = name
        self.year = year
        self.rating = rating

    @property
    def rank(self):
        """按照评分对电影分级：

        - S: 8.5 分及以上
        - A: 8 ~ 8.5 分
        - B: 7 ~ 8 分
        - C: 6 ~ 7 分
        - D: 6 分以下
        """
        rating_num = float(self.rating)
        if rating_num >= 8.5:
            return 'S'
        elif rating_num >= 8:
            return 'A'
        elif rating_num >= 7:
            return 'B'
        elif rating_num >= 6:
            return 'C'
        else:
            return 'D'
```

实现了按照分数评级后，接下来便是排序功能。

对电影列表排序，这件事乍听上去很难，但好在 Python 为我们提供了一个好用的内置函数：sorted()。借助它，我可以很便捷地完成排序操作。我新建了一个名为 get_sorted_movies() 的排序函数，它接收两个参数：电影列表（movies）和排序选项（sorting_type），返回排序后的电影列表作为结果。

get_sorted_movies() 函数的代码如代码清单 4-3 所示。

代码清单 4-3 电影评分脚本中的 get_sorted_movies() 函数

```python
def get_sorted_movies(movies, sorting_type):
    """ 对电影列表进行排序并返回

    :param movies: Movie 对象列表
    :param sorting_type: 排序选项，可选值
        name（名称）、rating（评分）、year（年份）、random（随机乱序）
    """
    if sorting_type == 'name':
        sorted_movies = sorted(movies, key=lambda movie: movie.name.lower())
    elif sorting_type == 'rating':
        sorted_movies = sorted(
            movies, key=lambda movie: float(movie.rating), reverse=True
        )
    elif sorting_type == 'year':
        sorted_movies = sorted(
            movies, key=lambda movie: movie.year, reverse=True
        )
    elif sorting_type == 'random':
        sorted_movies = sorted(movies, key=lambda movie: random.random())
    else:
        raise RuntimeError(f'Unknown sorting type: {sorting_type}')
    return sorted_movies
```

为了把上面这些代码串起来，我在 main() 函数里实现了接收排序选项、解析电影数据、排序并打印电影列表等功能，如代码清单 4-4 所示。

代码清单 4-4 电影评分脚本中的 main() 函数

```python
def main():
    # 接收用户输入的排序选项
    sorting_type = input('Please input sorting type: ')
    if sorting_type not in all_sorting_types:
        print(
            'Sorry, "{}" is not a valid sorting type, please choose from '
            '"{}", exit now'.format(
                sorting_type,
                '/'.join(all_sorting_types),
            )
        )
        return
```

```
# 初始化电影数据对象
movie_items = []
for movie_json in movies:
    movie = Movie(**movie_json)
    movie_items.append(movie)

# 排序并输出电影列表
sorted_movies = get_sorted_movies(movie_items, sorting_type)
for movie in sorted_movies:
    print(
        f'- [{movie.rank}] {movie.name}({movie.year}) | rating: {movie.rating}'
    )
```

这个脚本的最终执行效果如下:

```
# 按评分排序, 每一行结果的 [S] 代表电影评分级别
$ python movies_ranker.py
Please input sorting type: rating
- [S] The Shawshank Redemption (1994) | rating: 9.3
- [S] The Dark Knight(2008) | rating: 9
- [A] Citizen Kane(1941) | rating: 8.3

# 按年份排序
$ python movies_ranker.py
Please input sorting type: year
- [C] Project Gutenberg(2018) | rating: 6.9
- [B] Burning(2018) | rating: 7.5
- [B] Kaili Blues(2015) | rating: 7.3
```

看上去还不错, 对吧? 只要短短的 100 行不到的代码, 一个小工具就完成了。不过, 虽然这个工具实现了我最初设想的功能, 在它的源码里却藏着**两大段可以简化的条件分支代码**。如果使用恰当的方式, 这些分支语句可以彻底从代码中消失。

我们来看看怎么做吧。

1. 使用 bisect 优化范围类分支判断

第一个需要优化的分支, 藏在 Movie 类的 rank 方法属性中:

```
@property
def rank(self):
    rating_num = float(self.rating)
    if rating_num >= 8.5:
        return 'S'
    elif rating_num >= 8:
        return 'A'
    elif rating_num >= 7:
        return 'B'
```

```
    elif rating_num >= 6:
        return 'C'
    else:
        return 'D'
```

仔细观察这段分支代码，你会发现它里面藏着一个明显的规律。

在每个 if/elif 语句后，都跟着一个评分的分界点。这些分界点把评分划分成不同的分段，当 rating_num 落在某个分段时，函数就会返回该分段所代表的"S/A/B/C"等级。简而言之，这十几行分支代码的主要任务，就是为 rating_num 在这些分段里寻找正确的位置。

要优化这段代码，我们得先把所有分界点收集起来，放在一个元组里：

```
# 已经排好序的评级分界点
breakpoints = (6, 7, 8, 8.5)
```

接下来要做的事，就是根据 rating 的值，判断它在 breakpoints 里的位置。

要实现这个功能，最直接的做法是编写一个循环——通过遍历元组 breakpoints 里的所有分界点，我们就能找到 rating 在其中的位置。但除此之外，其实还有更简单的办法。因为 breakpoints 已经是一个排好序的元组，所以我们可以直接使用 bisect 模块来实现查找功能。

bisect 是 Python 内置的二分算法模块，它有一个同名函数 bisect，可以用来在有序列表里做二分查找：

```
>>> import bisect
# 注意：用来做二分查找的容器必须是已经排好序的
>>> breakpoints = [10, 20, 30]

# bisect 函数会返回值在列表中的位置，0 代表相应的值位于第一个元素 10 之前
>>> bisect.bisect(breakpoints, 1)
0
# 3 代表相应的值位于第三个元素 30 之后
>>> bisect.bisect(breakpoints, 35)
3
```

将分界点定义成元组，并引入 bisect 模块后，之前的十几行分支代码可以简化成下面这样：

```
@property
def rank(self):
    # 已经排好序的评级分界点
    breakpoints = (6, 7, 8, 8.5)
    # 各评分区间级别名
    grades = ('D', 'C', 'B', 'A', 'S')

    index = bisect.bisect(breakpoints, float(self.rating))
    return grades[index]
```

优化完 rank 方法后，程序中还有另一段待优化的条件分支代码—— get_sorted_movies() 函数里的排序方式选择逻辑。

2. 使用字典优化分支代码

在 get_sorted_movies() 函数里，同样有一大段条件分支代码。它们负责根据 sorting_type 的值，为函数选择不同的排序方式：

```
def get_sorted_movies(movies, sorting_type):
    if sorting_type == 'name':
        sorted_movies = sorted(movies, key=lambda movie: movie.name.lower())
    elif sorting_type == 'rating':
        sorted_movies = sorted(
            movies, key=lambda movie: float(movie.rating), reverse=True
        )
    elif sorting_type == 'year':
        sorted_movies = sorted(
            movies, key=lambda movie: movie.year, reverse=True
        )
    elif sorting_type == 'random':
        sorted_movies = sorted(movies, key=lambda movie: random.random())
    else:
        raise RuntimeError(f'Unknown sorting type: {sorting_type}')
    return sorted_movies
```

这段代码有两个非常明显的特点。

(1) 它用到的条件表达式都非常类似，都是对 sorting_type 做等值判断（sorting_type == 'name'）。

(2) 它的每个分支的内部逻辑也大同小异——都是调用 sorted() 函数，只是 key 和 reverse 参数略有不同。

如果一段条件分支代码同时满足这两个特点，我们就可以用字典类型来简化它。因为 Python 的字典可以装下任何对象，所以我们可以把各个分支下不同的东西——排序的 key 函数和 reverse 参数，直接放进字典里：

```
sorting_algos = {
    # sorting_type: (key_func, reverse)
    'name': (lambda movie: movie.name.lower(), False),
    'rating': (lambda movie: float(movie.rating), True),
    'year': (lambda movie: movie.year, True),
    'random': (lambda movie: random.random(), False),
}
```

有了这份字典以后，我们的 get_sorted_movies() 函数就可以改写成下面这样：

```
def get_sorted_movies(movies, sorting_type):
    """ 对电影列表进行排序并返回

    :param movies: Movie 对象列表
    :param sorting_type: 排序选项，可选值
        name（名称）、rating（评分）、year（年份）、random（随机乱序）
    """
    sorting_algos = {
        # sorting_type: (key_func, reverse)
        'name': (lambda movie: movie.name.lower(), False),
        'rating': (lambda movie: float(movie.rating), True),
        'year': (lambda movie: movie.year, True),
        'random': (lambda movie: random.random(), False),
    }
    try:
        key_func, reverse = sorting_algos[sorting_type]
    except KeyError:
        raise RuntimeError(f'Unknown sorting type: {sorting_type}')

    sorted_movies = sorted(movies, key=key_func, reverse=reverse)
    return sorted_movie
```

相比之前的大段 if/elif，新代码变得整齐了许多，扩展性也更强。如果要增加新的排序算法，我们只需要在 sorting_algos 字典里增加新成员即可。

3. 优化成果

通过引入 bisect 模块和算法字典，案例开头的小工具代码最终优化成了代码清单 4-5。

代码清单 4-5　重构后的电影评分脚本 movies_ranker_v2.py

```
import bisect
import random


class Movie:
    """ 电影对象数据类 """

    def __init__(self, name, year, rating):
        self.name = name
        self.year = year
        self.rating = rating

    @property
    def rank(self):
        """
        按照评分对电影分级
        """
        # 已经排好序的评级分界点
        breakpoints = (6, 7, 8, 8.5)
        # 各评分区间级别名
        grades = ('D', 'C', 'B', 'A', 'S')
```

```
        index = bisect.bisect(breakpoints, float(self.rating))
        return grades[index]


def get_sorted_movies(movies, sorting_type):
    """对电影列表进行排序并返回

    :param movies: Movie 对象列表
    :param sorting_type: 排序选项，可选值
        name（名称）、rating（评分）、year（年份）、random（随机乱序）
    """
    sorting_algos = {
        # sorting_type: (key_func, reverse)
        'name': (lambda movie: movie.name.lower(), False),
        'rating': (lambda movie: float(movie.rating), True),
        'year': (lambda movie: movie.year, True),
        'random': (lambda movie: random.random(), False),
    }
    try:
        key_func, reverse = sorting_algos[sorting_type]
    except KeyError:
        raise RuntimeError(f'Unknown sorting type: {sorting_type}')

    sorted_movies = sorted(movies, key=key_func, reverse=reverse)
    return sorted_movies
```

在这个案例中，我们一共用到了两种优化分支的方法。虽然它们看上去不太一样，但代表的思想其实是类似的。

当我们编写代码时，有时会下意识地编写一段段大同小异的条件分支语句。多数情况下，它们只是对业务逻辑的一种"直译"，是我们对业务逻辑的理解尚处在第一层的某种拙劣表现。

如果进一步深入业务逻辑，尝试从中总结规律，那么这些条件分支代码也许就可以被另一种更精简、更易扩展的方式替代。当你在编写条件分支时，请多多思考这些分支背后所代表的深层需求，寻找简化它们的办法，进而写出更好的代码。

 除了这个故事中展示的两种方式外，面向对象的多态也是消除条件分支代码的一大利器。在 9.3.2 节中，你可以找到一个用多态来替代分支代码的例子。

4.3　编程建议

4.3.1　尽量避免多层分支嵌套

如果你看完本章内容后，最终只能记住一句话，那么我希望那句话是：**要竭尽所能地避免分支嵌套**。

在大家编写代码时，每当业务逻辑变得越来越复杂，条件分支通常也会越来越多、越嵌越深。以下面这段代码为例：

```python
def buy_fruit(nerd, store):
    """ 去水果店买苹果操作手册：

    - 先得看看店是不是在营业
    - 如果有苹果，就买 1 个
    - 如果钱不够，就回家取钱再来
    """
    if store.is_open():
        if store.has_stocks("apple"):
            if nerd.can_afford(store.price("apple", amount=1)):
                nerd.buy(store, "apple", amount=1)
                return
            else:
                nerd.go_home_and_get_money()
                return buy_fruit(nerd, store)
        else:
            raise MadAtNoFruit("no apple in store!")
    else:
        raise MadAtNoFruit("store is closed!")
```

这个 buy_fruit() 函数直接翻译了原始需求，短短十几行代码里就包含了三层分支嵌套。

当代码有了多层分支嵌套后，可读性和可维护性就会直线下降。这是因为，读代码的人很难在深层嵌套里搞清楚，如果不满足某个条件到底会发生什么。此外，因为 Python 使用了空格缩进来表示分支语句，所以过深的嵌套也会占用过多的字符数，导致代码极易超过 PEP 8 所规定的每行字数限制。

幸运的是，这些多层嵌套可以用一个简单的技巧来优化——"提前返回"。"提前返回"指的是：当你在编写分支时，首先找到那些会中断执行的条件，把它们移到函数的最前面，然后在分支里直接使用 return 或 raise 结束执行。

使用这个技巧，前面的代码可以优化成下面这样：

```python
def buy_fruit(nerd, store):
    if not store.is_open():
        raise MadAtNoFruit("store is closed!")

    if not store.has_stocks("apple"):
        raise MadAtNoFruit("no apple in store!")

    if nerd.can_afford(store.price("apple", amount=1)):
        nerd.buy(store, "apple", amount=1)
        return
```

```
else:
    nerd.go_home_and_get_money()
    return buy_fruit(nerd, store)
```

实践"提前返回"后，buy_fruit() 函数变得更扁平了，整个逻辑也变得更直接、更容易理解了。

 在"Python 之禅"里有一句："扁平优于嵌套"（Flat is better than nested），这刚好说明了把嵌套分支改为扁平的重要性。

4.3.2 别写太复杂的条件表达式

假如某个分支的成立条件非常复杂，就连直接用文字描述都需要一大段，那当我们把它翻译成代码时，一个包含大量 not/and/or 的复杂表达式就会横空出世，看起来就像一个难懂的高等数学公式。

下面这段代码就是一个例子：

```
# 如果活动还在开放，并且活动剩余名额大于 10，为所有性别为女或者级别大于 3
# 的活跃用户发放 10 000 个金币
if (
    activity.is_active
    and activity.remaining > 10
    and user.is_active
    and (user.sex == 'female' or user.level > 3)
):
    user.add_coins(10000)
    return
```

针对这种代码，我们需要对条件表达式进行简化，把它们封装成函数或者对应的类方法，这样才能提升分支代码的可读性：

```
if activity.allow_new_user() and user.match_activity_condition():
    user.add_coins(10000)
    return
```

进行恰当的封装后，之前大段的注释文字甚至可以直接删掉了，因为优化后的条件表达式已经表意明确了。至于"什么情况下允许新用户参与活动""什么样的用户满足活动条件"这种更具体的问题，就交由 allow_new_user() / match_activity_condition() 这些方法来回答吧。

封装不仅仅是用来提升可读性的可选操作,有时甚至是必须要做的事情。举个例子,当上面的活动判断逻辑在项目中多次出现时,假设缺少封装,那些复杂的条件表达式就会被不断地"复制粘贴",彻底让代码变得不可维护。

4.3.3 尽量降低分支内代码的相似性

程序员们编写条件分支语句,是为了让代码在不同情况下执行不同的操作。

但很多时候,这些不同的操作会因为一些逻辑上的相似性,导致代码也很类似。这种"类似"有几种表现形式,有时是完全重复的语句,有时则是调用函数时的重复参数。

假如不同分支下的代码过于相似,读者就会很难理解代码的含义,因为他需要非常细心地区分不同分支下的行为究竟有什么差异。如果作者可以在编写代码时尽量降低这种相似性,就能有效提升可读性。

举个简单的例子,下面代码里的不同分支下出现了重复语句:

```python
# 仅当分组处于活跃状态时, 允许用户加入分组并记录操作日志
if group.is_active:
    user = get_user_by_id(request.user_id)
    user.join(group)
    log_user_activity(user, target=group, type=ActivityType.JOINED_GROUP)
else:
    user = get_user_by_id(request.user_id)
    log_user_activity(user, target=group, type=ActivityType.JOIN_GROUP_FAILED)
```

我们可以把重复代码移到分支外,尽量降低分支内代码的相似性:

```python
user = get_user_by_id(request.user_id)

if group.is_active:
    user.join(group)
    activity_type = UserActivityType.JOINED_GROUP
else:
    activity_type = UserActivityType.JOIN_GROUP_FAILED

log_user_activity(user, target=group, type=activity_type)
```

像上面这种重复的语句很容易发现,下面是一个隐蔽性更强的例子:

```python
# 创建或更新用户资料数据
# 如果是新用户, 创建新 Profile 数据, 否则更新已有数据
if user.no_profile_exists:
```

```
    create_user_profile(
        username=data.username,
        gender=data.gender,
        email=data.email,
        age=data.age,
        address=data.address,
        points=0,
        created=now(),
    )
else:
    update_user_profile(
        username=data.username,
        gender=data.gender,
        email=data.email,
        age=data.age,
        address=data.address,
        updated=now(),
    )
```

在上面这段代码里，我们可以一眼看出，程序在两个分支下调用了不同的函数，做了不一样的事情。但因为那些重复的函数参数，我们很难一下看出二者的核心不同点到底是什么。

为了降低这种相似性，我们可以使用 Python 函数的动态关键字参数（**kwargs）特性，简单优化一下上面的代码：

```
if user.no_profile_exists:
    _update_or_create = create_user_profile
    extra_args = {'points': 0, 'created': now()}
else:
    _update_or_create = update_user_profile
    extra_args = {'updated': now()}

_update_or_create(
    username=user.username,
    gender=user.gender,
    email=user.email,
    age=user.age,
    address=user.address,
    **extra_args,
)
```

降低不同分支内代码的相似性，可以帮助读者更快地领会它们之间的差异，进而更容易理解分支的存在意义。

4.3.4　使用"德摩根定律"

当我们需要表达包含许多"否定"的逻辑时，经常会写出下面这样的条件判断代码：

```
# 如果用户没有登录或者用户没有使用 Chrome, 拒绝提供服务
if not user.has_logged_in or not user.is_from_chrome:
    return "our service is only available for chrome logged in user"
```

当你第一眼看到代码时, 是不是需要思考好一会儿, 才能弄明白它想干什么? 这是正常的, 因为上面的逻辑表达式里同时用了 2 个 not 和 1 个 or, 而人类恰巧不擅长处理这种有着过多 "否定" 的逻辑关系。

这时就该 "德摩根定律" 闪亮登场了。简单来说, "德摩根定律" 告诉了我们这么一件事: **not A or not B 等价于 not (A and B)**。

因此, 上面的代码可以改写成下面这样:

```
if not (user.has_logged_in and user.is_from_chrome):
    return "our service is only available for chrome logged in user"
```

相比之前, 新代码少了一个 not 关键字, 变得好理解了不少。当你的代码出现太多 "否定" 时, 请尝试用 "德摩根定律" 来化繁为简吧。

4.3.5 使用 all()/any() 函数构建条件表达式

在 Python 的众多内置函数中, 有两个特别适合在构建条件表达式时使用, 它们就是 all() 和 any()。这两个函数接收一个可迭代对象作为参数, 返回一个布尔值结果。

顾名思义, 这两个函数的行为如下。

❑ all(iterable): 仅当 iterable 中所有成员的布尔值都为真时返回 True, 否则返回 False。

❑ any(iterable): 只要 iterable 中任何一个成员的布尔值为真就返回 True, 否则返回 False。

举个例子, 我需要判断一个列表里的所有数字是不是都大于 10, 如果使用普通循环, 代码得写成下面这样:

```
def all_numbers_gt_10(numbers):
    """ 仅当序列中所有数字都大于 10 时, 返回 True"""
    if not numbers:
        return False

    for n in numbers:
        if n <= 10:
            return False
    return True
```

但如果使用 all() 内置函数，同时配合一个简单的生成器表达式，上面的代码就可以简化成下面这样：

```
def all_numbers_gt_10_2(numbers):
    return bool(numbers) and all(n > 10 for n in numbers)
```

简单、高效，同时没有损失可读性。

4.3.6　留意 and 和 or 的运算优先级

我们经常用 and 和 or 运算符来构建逻辑表达式，那么你对它们足够了解吗？看看下面这两个表达式，猜猜它们返回的结果一样吗？

```
>>> (True or False) and False
>>> True or False and False
```

答案是：不一样。这两个表达式的值分别是 False 和 True，你猜对了吗？

出现这个结果的原因是：and 运算符的优先级高于 or。因此在 Python 看来，上面第二个表达式实际上等同于 True or (False and False)，所以最终结果是 True 而不是 False。

当你要编写包含多个 and 和 or 运算符的复杂逻辑表达式时，请留意运算优先级问题。如果加上一些括号可以让逻辑变得更清晰，那就不要吝啬。

4.3.7　避开 or 运算符的陷阱

or 运算符是构建逻辑表达式时的常客。or 最有趣的地方是它的"短路求值"特性。比如在下面的例子里，1 / 0 永远不会被执行，也就意味着不会抛出 ZeroDivisionError 异常：

```
>>> True or (1 / 0)
True
```

正因为这个"短路求值"特性，在很多场景下，我们经常使用 or 来替代一些简单的条件判断语句，比如下面这个例子：

```
context = {}
# 仅当 extra_context 不为 None 时，将其追加进 context 中
if extra_context:
    context.update(extra_context)
```

在上面这段代码里，extra_context 的值一般情况下会是一个字典，但有时也可能是

None。因此我加了一个条件判断语句：仅当值不为 None 时才做 context.update() 操作。

如果使用 or 运算符，上面三行语句可以变得更简练：

```
context.update(extra_context or {})
```

因为 a or b or c or ... 这样的表达式，会返回这些变量里第一个布尔值为真的对象，直到最末一个为止，所以 extra_context or {} 表达式在对象不为空时就是 extra_context 自身，而当 extra_context 为 None 时就变成 {}。

使用 a or b 来表示"a 为空时用 b 代替"的写法非常常见，你在各种编程语言、各类项目源码里都能发现它的影子，但在这种写法下，其实藏着一个陷阱。

因为 or 计算的是变量的布尔真假值，所以不光是 None，0、[]、{} 以及其他所有布尔值为假的东西，都会在 or 运算中被忽略：

```
# 所有的 0、空列表、空字符串等，都是布尔假值
>>> bool(None), bool(0), bool([]), bool({}), bool(''), bool(set())
(False, False, False, False, False, False)
```

如果忘记了 or 的这个特点，你可能就会碰到一些很奇怪的问题。拿下面这段代码来说：

```
timeout = config.timeout or 60
```

虽然它的目的是判断当 config.timeout 为 None 时，使用 60 作为默认值。但假如 config.timeout 的值被主动配置成 0 秒，timeout 也会因为上面的 0 or 60 = 60 运算被重新赋值为 60，正确的配置反而被忽略了。

所以，这时使用 if 来进行精确的判断会更稳妥一些：

```
if config.timeout is None:
    timeout = 60
```

4.4　总结

本章我们学习了在 Python 中编写条件分支语句时的一些注意事项。基础知识部分介绍了分支语句的一些惯用写法，比如不要显式地和空值做比较，和 None 做相等判断时使用 is 运算符，等等。

在编写分支代码时，最重要的一点是尽量避免多层分支嵌套，请谨记"扁平优于嵌套"。

虽然这么说不一定准确，但错综复杂的分支语句，确实是让许多代码变得难以维护的罪魁祸首。有时，如果你在写代码时转换一下思路，也许会发现恼人的 if/else 分支其实可以被其他东西替代。当代码里的分支越少、分支越扁平、分支的判断条件越简单时，代码就越容易维护。

以下是本章要点知识总结。

(1) 条件分支语句惯用写法

    ❑ 不要显式地和布尔值做比较

    ❑ 利用类型本身的布尔值规则，省略零值判断

    ❑ 把 not 代表的否定逻辑移入表达式内部

    ❑ 仅在需要判断某个对象是否是 None、True、False 时，使用 is 运算符

(2) Python 数据模型

    ❑ 定义 __len__ 和 __bool__ 魔法方法，可以自定义对象的布尔值规则

    ❑ 定义 __eq__ 方法，可以修改对象在进行 == 运算时的行为

(3) 代码可读性技巧

    ❑ 不同分支内容易出现重复或类似的代码，把它们抽到分支外可提升代码的可读性

    ❑ 使用"德摩根定律"可以让有多重否定的表达式变得更容易理解

(4) 代码可维护性技巧

    ❑ 尽可能让三元表达式保持简单

    ❑ 扁平优于嵌套：使用"提前返回"优化代码里的多层分支嵌套

    ❑ 当条件表达式变得特别复杂时，可以尝试封装新的函数和方法来简化

    ❑ and 的优先级比 or 高，不要忘记使用括号来让逻辑更清晰

    ❑ 在使用 or 运算符替代条件分支时，请注意避开因布尔值运算导致的陷阱

(5) 代码组织技巧

    ❑ bisect 模块可以用来优化范围类分支判断

    ❑ 字典类型可以用来替代简单的条件分支语句

    ❑ 尝试总结条件分支代码里的规律，用更精简、更易扩展的方式改写它们

    ❑ 使用 any() 和 all() 内置函数可以让条件表达式变得更精简

第 5 章
异常与错误处理

多年前刚开始使用 Python 编程时，我一度非常讨厌"异常"（exception）。原因很简单，因为程序每次抛出异常，就代表肯定发生了什么意料之外的"坏事"。

比如，程序本应该调用远程 API 获取数据，却因为网络不好，调用失败了，这时我们就会看到大量的 HTTPRequestException 异常。又比如，程序本应把用户输入的内容存入数据库，却因为内容太长，保存失败，我们又会看到一大堆 DatabaseFieldError 异常。

为了让程序不至于被这些异常搞崩溃，我不得不在代码里加上许多 try/except 来捕获这些异常。所以，那时的异常处理对于我来说，就是一些不想做却又不得不做的琐事，少有乐趣可言。

但慢慢地，在写了越来越多的 Python 代码后，我发现不能简单地把异常和"意料之外的坏事"画上等号。异常实际上是 Python 这门编程语言里许多核心机制的基础，它在 Python 里无处不在。

比如，每当你按下 Ctrl + C 快捷键中断脚本执行时，Python 解释器就会抛出一个 Keyboard-Interrupt 异常；每当你用 for 循环完整遍历一个列表时，就有一个 StopIteration 异常被捕获。代码如下所示：

```
# 使用 Ctrl + C 快捷键中断 Python 脚本执行
$ python keyboard_int.py
Input a string: ^C

# 解释器打印的异常信息
Traceback (most recent call last):
  File "keyboard_int.py", line 4, in <module>
    s = input('Input a string: ')
KeyboardInterrupt
```

同时我开始认识到，错误处理不是什么编程的额外负担，它和所有其他工作一样重要。如果能善用异常机制优雅地处理好程序里的错误，我们就能用更少、更清晰的代码，写出更健壮的程序。

在本章中，我将分享自己对于异常和错误处理的一些经验。

5.1　基础知识

5.1.1　优先使用异常捕获

假设我想写一个简单的函数，它接收一个整数参数，返回对它加 1 后的结果。为了让这个函数更通用，我希望当它接收到一个字符串类型的整数时，也能正常完成计算。

下面是我写好的 incr_by_one() 函数代码：

```python
def incr_by_one(value):
    """对输入整数加 1，返回新的值

    :param value: 整型，或者可以转成整型的字符串
    :return: 整型结果
    """
    if isinstance(value, int):
        return value + 1
    elif isinstance(value, str) and value.isdigit():
        return int(value) + 1
    else:
        print(f'Unable to perform incr for value: "{value}"')
```

它的执行结果如下：

```python
# 整数
>>> incr_by_one(5)
6

# 整数字符串
>>> incr_by_one('73')
74

# 其他无法转换为整数的参数
>>> incr_by_one('not_a_number')
Unable to perform incr for value: "not_a_number"
>>> incr_by_one(object())
Unable to perform incr for value: "<object object at 0x10e420cb0>"
```

在 incr_by_one() 函数里，因为参数 value 可能是任意类型，所以我写了两个条件分支来避免程序报错：

(1) 判断仅当类型是 int 时才执行加法操作；

(2) 判断仅当类型是 str，同时满足 .isdigit() 方法时才进行操作。

这几行代码看似简单，但其实代表了一种通用的编程风格：LBYL（look before you leap）。LBYL 常被翻译成"三思而后行"。通俗点儿说，就是在执行一个可能会出错的操作时，先做一些关键的条件判断，仅当条件满足时才进行操作。

LBYL 是一种本能式的思考结果，它的逻辑就像"如果天气预报说会下雨，那么我就不出门"一样直接。

而在 LBYL 之外，还有另一种与之形成鲜明对比的风格：EAFP（easier to ask for forgiveness than permission），可直译为"获取原谅比许可简单"。

获取原谅比许可简单

EAFP"获取原谅比许可简单"是一种和 LBYL"三思而后行"截然不同的编程风格。

在 Python 世界里，EAFP 指不做任何事前检查，直接执行操作，但在外层用 try 来捕获可能发生的异常。如果还用下雨举例，这种做法类似于"出门前不看天气预报，如果淋雨了，就回家后洗澡吃感冒药"。

如果遵循 EAFP 风格，incr_by_one() 函数可以改成下面这样：

```python
def incr_by_one(value):
    """ 对输入整数加 1，返回新的值

    :param value: 整型，或者可以转成整型的字符串
    :return: 整型结果
    """
    try:
        return int(value) + 1
    except (TypeError, ValueError) as e:
        print(f'Unable to perform incr for value: "{value}", error: {e}')
```

和 LBYL 相比，EAFP 编程风格更为简单直接，它总是直奔主流程而去，把意外情况都放在异常处理 try/except 块内消化掉。

如果你问我：这两种编程风格哪个更好？我只能说，整个 Python 社区明显偏爱基于异常捕获的 EAFP 风格。这里面的原因很多。

一个显而易见的原因是，EAFP 风格的代码通常会更精简。因为它不要求开发者用分支完全覆盖各种可能出错的情况，只需要捕获可能发生的异常即可。另外，EAFP 风格的代码通常性能也更好。比如在这个例子里，假如你每次都用字符串 '73' 来调用函数，这两种风格的代码在操作流程上会有如下区别。

(1) LBYL：每次调用都要先进行额外的 isinstance 和 isdigit 判断。

(2) EAFP：每次调用直接执行转换，返回结果。

另外，和许多其他编程语言不同，在 Python 里抛出和捕获异常是很轻量的操作，即使大量抛出、捕获异常，也不会给程序带来过多额外负担。

所以，每当直觉驱使你写下 if/else 来进行错误分支判断时，请先把这份冲动放一边，考虑用 try 来捕获异常是不是更合适。毕竟，Pythonista[1] 们喜欢"吃感冒药"胜过"看天气预报"。

5.1.2 try 语句常用知识

在实践 EAFP 编程风格时，需要大量用到异常处理语句：try/except 结构。它的基础语法如下：

```
def safe_int(value):
    """ 尝试把输入转换为整数 """
    try:
        return int(value)
    except TypeError:
        # 当某类异常被抛出时，将会执行对应 except 下的语句
        print(f'type error: {type(value)} is invalid')
    except ValueError:
        # 你可以在一个 try 语句块下写多个 except
        print(f'value error: {value} is invalid')
    finally:
        # finally 里的语句，无论如何都会被执行，哪怕已经执行了 return
        print('function completed')
```

函数执行效果如下：

```
>>> safe_int(None)
type error: <class 'NoneType'> is invalid
function completed
```

在编写 try/except 语句时，有几个常用的知识点。

1. 把更精确的 except 语句放在前面

当你在代码中写下 except SomeError: 后，如果程序抛出了 SomeError 类型的异常，便会被这条 except 语句所捕获。但是，这条语句能捕获的其实不止 SomeError，它还会捕获 SomeError 类型的所有派生类。

---

[1] Pythonista 是编程社区对 Python 开发者的一个比较流行的称呼，其他编程语言也有类似的词，比如 Go 语言开发者常自称 Gopher。

而 Python 的内置异常类之间存在许多继承关系，举个例子：

```
# BaseException 是一切异常类的父类，甚至包括 KeyboardInterrupt 异常
>>> issubclass(Exception, BaseException)
True
>>> issubclass(LookupError, Exception)
True
>>> issubclass(KeyError, LookupError)
True
```

上面的代码展示了一条异常类派生关系：BaseException → Exception → LookupError → KeyError。

如果一个 try 代码块里包含多条 except，异常匹配会按照从上而下的顺序进行。这时，假如你不小心把一个比较模糊的父类异常放在前面，就会导致在下面的 except 永远不会被触发。

比如在下面这段代码里，except KeyError: 分支下的内容永远不会被执行：

```
def incr_by_key(d, key):
    try:
        d[key] += 1
    except Exception as e:  ❶
        print(f'Unknown error: {e}')
    except KeyError:
        print(f'key {key} does not exists')
```

❶ 任何异常都会被它捕获

要修复这个问题，我们得调换两个 except 的顺序，把更精确的异常放在前面：

```
def incr_by_key(d, key):
    try:
        d[key] += 1
    except KeyError:
        print(f'key {key} does not exists')
    except Exception as e:
        print(f'Unknown error: {e}')
```

这样调整后，KeyError 异常就能被第一条 except 语句正常捕获了。

2. 使用 else 分支

在用 try 捕获异常时，有时程序需要仅在一切正常时做某件事。为了做到这一点，我们常常需要在代码里设置一个专用的标记变量。

举个简单的例子：

```python
# 同步用户资料到外部系统，仅当同步成功时发送通知消息
sync_succeeded = False
try:
    sync_profile(user.profile, to_external=True)
    sync_succeeded = True
except Exception as e:
    print("Error while syncing user profile")

if sync_succeeded:
    send_notification(user, 'profile sync succeeded')
```

在上面这段代码里，我期望只有当 sync_profile() 执行成功时，才继续调用 send_notification() 发送通知消息。为此，我定义了一个额外变量 sync_succeeded 来作为标记。

如果使用 try 语句块里的 else 分支，代码可以变得更简单：

```python
try:
    sync_profile(user.profile, to_external=True)
except Exception as e:
    print("Error while syncing user profile")
else:
    send_notification(user, 'profile sync succeeded')
```

上面的 else 和条件分支语句里的 else 虽然是同一个词，但含义不太一样。

异常捕获语句里的 else 表示：仅当 try 语句块里没抛出任何异常时，才执行 else 分支下的内容，效果就像在 try 最后增加一个标记变量一样。

 和 finally 语句不同，假如程序在执行 try 代码块时碰到了 return 或 break 等跳转语句，中断了本次异常捕获，那么即便代码没抛出任何异常，else 分支内的逻辑也**不会**被执行。

难理解的 else 关键字

虽然异常语句里的 else 关键字我平时用的不少，但不得不承认，此处的 else 并不像其他 Python 语法一样那么直观、容易理解。

else 这个词，字面意义是"否则"，但当它紧随着 try 和 except 出现时，你其实很难分辨它到底代表哪一种"否则"——到底是有异常时的"否则"，还是没异常时的"否则"。因此，有些开发者认为，异常捕获里的 else 关键字，应当调整为 then：表示"没有异常后，接着做某件事"的意思。

> 但木已成舟，在可预见的未来，异常捕获里的 **else** 应该会继续存在下去。这点儿因不恰当的关键字带来的理解成本，只能由我们默默承受了。

3. 使用空 raise 语句

在处理异常时，有时我们可能仅仅想记录下某个异常，然后把它重新抛出，交由上层处理。这时，不带任何参数的 raise 语句可以派上用场：

```python
def incr_by_key(d, key):
    try:
        d[key] += 1
    except KeyError:
        print(f'key {key} does not exists, re-raise the exception')
        raise
```

当一个空 raise 语句出现在 except 块里时，它会原封不动地重新抛出当前异常。

5.1.3 抛出异常，而不是返回错误

我们知道，Python 里的函数可以一次返回多个值（通过返回一个元组实现）。所以，当我们要表明函数执行出错时，可以让它同时返回结果与错误信息。

下面的 create_item() 函数就利用了这个特性：

```python
def create_item(name):
    """ 接收名称，创建 Item 对象

    :return: ( 对象，错误信息 )，成功时错误信息为 ''
    """
    if len(name) > MAX_LENGTH_OF_NAME:
        return None, 'name of item is too long'
    if len(get_current_items()) > MAX_ITEMS_QUOTA:
        return None, 'items is full'
    return Item(name=name), ''


def create_from_input():
    name = input()
    item, err_msg = create_item(name)
    if err_msg:
        print(f'create item failed: {err_msg}')
    else:
        print(f'item<{name}> created')
```

在这段代码里，create_item() 函数的功能是创建新的 Item 对象。

当上层调用 **create_item()** 函数时，如果执行失败，函数会把错误原因放到第二个结果中返回。而当函数执行成功时，为了保持返回值结构统一，函数同样会返回错误原因，只是内容为空字符串 **''**。

乍看上去，这种做法似乎很自然，对那些有 Go 语言编程经验的人来说更是如此。但在 Python 世界里，返回错误并非解决此类问题的最佳办法。这是因为这种做法会增加调用方处理错误的成本，尤其是当许多函数遵循这个规范，并且有很多层调用关系时。

Python 有完善的异常机制，并且在某种程度上鼓励我们使用异常（见 5.1.1 节）。所以，用异常来进行错误处理才是更地道的做法。

通过引入自定义异常类，上面的代码可以改写成下面这样：

```python
class CreateItemError(Exception):
    """ 创建 Item 失败 """


def create_item(name):
    """ 创建一个新的 Item

    :raises: 当无法创建时抛出 CreateItemError
    """
    if len(name) > MAX_LENGTH_OF_NAME:
        raise CreateItemError('name of item is too long')
    if len(get_current_items()) > MAX_ITEMS_QUOTA:
        raise CreateItemError('items is full')
    return Item(name=name)


def create_from_input():
    name = input()
    try:
        item = create_item(name)
    except CreateItemError as e:
        print(f'create item failed: {e}')
    else:
        print(f'item<{name}> created')
```

用抛出异常替代返回错误后，整个代码结构乍看上去变化不大，但细节上的改变其实非常多。

❏ 新函数拥有更稳定的返回值类型，它永远只会返回 Item 类型或是抛出异常。
❏ 虽然我们鼓励使用异常，但异常总是会不可避免地让人"感到惊讶"，所以，最好在函数文档里说明可能抛出的异常类型。

❏ 不同于返回值，异常在被捕获前会不断往调用栈上层汇报。因此 create_item() 的直接调用方也可以完全不处理 CreateItemError，而交由更上层处理。异常的这个特点给了我们更多灵活性，但同时也带来了更大的风险。具体来说，假如程序缺少一个顶级的统一异常处理逻辑，那么某个被所有人忽视了的异常可能会层层上报，最终弄垮整个程序。

处理异常的题外话

如何在编程语言里处理错误，是一个至今仍然存在争议的话题。比如像上面不推荐的多返回值方式，正是缺乏异常的 Go 语言中的核心错误处理机制。另外，即使是异常机制本身，在不同编程语言之间也存在差别。比如 Java 的异常机制就和 Python 里的很不一样。

异常，或是不异常，都是由编程语言设计者进行多方取舍后的结果，更多时候不存在绝对的优劣之分。但单就 Python 而言，使用异常来表达错误无疑更符合 Python 哲学，更应该受到推崇。

5.1.4 使用上下文管理器

当 Python 程序员们谈到异常处理时，第一个想到的往往是 try 语句。但除了 try 以外，还有一个关键字和异常处理也有着密切的关系，它就是 with。

你可能早就用过 with 了，比如用它来打开一个文件：

```
# 使用 with 打开文件，文件描述符会在作用域结束后自动被释放
with open('foo.txt') as fp:
    content = fp.read()
```

with 是一个神奇的关键字，它可以在代码中开辟一段由它管理的上下文，并控制程序在进入和退出这段上下文时的行为。比如在上面的代码里，这段上下文所附加的主要行为就是：进入时打开某个文件并返回文件对象，退出时关闭该文件对象。

并非所有对象都能像 open('foo.txt') 一样配合 with 使用，只有满足**上下文管理器**（context manager）协议的对象才行。

上下文管理器是一种定义了"进入"和"退出"动作的特殊对象。要创建一个上下文管理器，只要实现 __enter__ 和 __exit__ 两个魔法方法即可。

下面这段代码实现了一个简单的上下文管理器：

```python
class DummyContext:
    def __init__(self, name):
        self.name = name

    def __enter__(self):
        # __enter__ 会在进入管理器时被调用，同时可以返回结果
        # 这个结果可以通过 as 关键字被调用方获取
        #
        # 此处返回一个增加了随机后缀的 name
        return f'{self.name}-{random.random()}'

    def __exit__(self, exc_type, exc_val, exc_tb):
        # __exit__ 会在退出管理器时被调用
        print('Exiting DummyContext')
        return False
```

它的执行效果如下：

```python
>>> with DummyContext('foo') as name:
...     print(f'Name: {name}')
...
Name: foo-0.021691996029607252
Exiting DummyContext
```

上下文管理器功能强大、用处很多，其中最常见的用处之一，就是简化异常处理工作。

1. 用于替代 finally 语句清理资源

在编写 try 语句时，finally 关键字经常用来做一些资源清理类工作，比如关闭已创建的网络连接：

```python
conn = create_conn(host, port, timeout=None)
try:
    conn.send_text('Hello, world!')
except Exception as e:
    print(f'Unable to use connection: {e}')
finally:
    conn.close()
```

上面这种写法虽然经典，却有些烦琐。如果使用上下文管理器，这类资源回收代码可以变得更简单。

当程序使用 with 进入一段上下文后，不论里面发生了什么，它在退出这段上下文代码块时，**必定**会调用上下文管理器的 __exit__ 方法，就和 finally 语句的行为一样。

因此，我们完全可以用上下文管理器来替代 finally 语句。做起来很简单，只要在 __exit__ 里增加需要的回收语句即可：

```python
class create_conn_obj:
    """ 创建连接对象，并在退出上下文时自动关闭 """

    def __init__(self, host, port, timeout=None):
        self.conn = create_conn(host, port, timeout=timeout)

    def __enter__(self):
        return self.conn

    def __exit__(self, exc_type, exc_value, traceback):
        # __exit__ 会在管理器退出时调用
        self.conn.close()
        return False
```

使用 `create_conn_obj` 可以创建会自动关闭的连接对象：

```python
# 使用上下文管理器创建连接
with create_conn_obj(host, port, timeout=None) as conn:
    try:
        conn.send_text('Hello, world!')
    except Exception as e:
        print(f'Unable to use connection: {e}')
```

除了回收资源外，你还可以用 `__exit__` 方法做许多其他事情，比如对异常进行二次处理后重新抛出，又比如忽略某种异常，等等。

2. 用于忽略异常

在执行某些操作时，有时程序会抛出一些**不影响正常执行逻辑**的异常。

打个比方，当你在关闭某个连接时，假如它已经是关闭状态了，解释器就会抛出 Already-ClosedError 异常。这时，为了让程序正常运行下去，你必须用 try 语句来捕获并忽略这个异常：

```python
try:
    close_conn(conn)
except AlreadyClosedError:
    pass
```

虽然这样的代码很简单，但没法复用。当项目中有很多地方要忽略这类异常时，这些 try/except 语句就会分布在各个角落，看上去非常凌乱。

如果使用上下文管理器，我们可以很方便地实现可复用的"忽略异常"功能——只要在 `__exit__` 方法里稍微写几行代码就行：

```
class ignore_closed:
    """忽略已经关闭的连接"""

    def __enter__(self):
        pass

    def __exit__(self, exc_type, exc_value, traceback):
        if exc_type == AlreadyClosedError:
            return True
        return False
```

当你想忽略 AlreadyClosedError 异常时，只要把代码用 with 语句包裹起来即可：

```
with ignore_closed():
    close_conn(conn)
```

通过 with 实现的"忽略异常"功能，主要利用了上下文管理器的 __exit__ 方法。

__exit__ 接收三个参数：exc_type、exc_value 和 traceback。

在代码执行时，假如 with 管辖的上下文内没有抛出任何异常，那么当解释器触发 __exit__ 方法时，上面的三个参数值都是 None；但如果有异常抛出，这三个参数就会变成该异常的具体内容。

(1) exc_type：异常的类型。

(2) exc_value：异常对象。

(3) traceback：错误的堆栈对象。

此时，程序的行为取决于 __exit__ 方法的返回值。如果 __exit__ 返回了 True，那么这个异常就会被当前的 with 语句压制住，不再继续抛出，达到"忽略异常"的效果；如果 __exit__ 返回了 False，那这个异常就会被正常抛出，交由调用方处理。

因此，在上面的 ignore_closed 上下文管理器里，任何 AlreadyClosedError 类型的异常都会被忽略，而其他异常会被正常抛出。

 如果你在真实项目中要忽略某类异常，可以直接使用标准库模块 contextlib 里的 suppress 函数，它提供了现成的"忽略异常"功能。

3. 使用 contextmanager 装饰器

虽然上下文管理器很好用，但定义一个符合协议的管理器对象其实挺麻烦的——得首先创

建一个类,然后实现好几个魔法方法。为了简化这部分工作,Python 提供了一个非常好用的工具:
@contextmanager 装饰器。

@contextmanager 位于内置模块 contextlib 下,它可以把任何一个生成器函数直接转换
为一个上下文管理器。

举个例子,我在前面实现的自动关闭连接的 create_conn_obj 上下文管理器,假如用函数
来改写,可以简化成下面这样:

```python
from contextlib import contextmanager

@contextmanager
def create_conn_obj(host, port, timeout=None):
    """创建连接对象,并在退出上下文时自动关闭"""
    conn = create_conn(host, port, timeout=timeout)
    try:
        yield conn  ❶
    finally:  ❷
        conn.close()
```

❶ 以 yield 关键字为界,yield 前的逻辑会在进入管理器时执行(类似于 __enter__),
  yield 后的逻辑会在退出管理器时执行(类似于 __exit__)

❷ 如果要在上下文管理器内处理异常,必须用 try 语句块包裹 yield 语句

在日常工作中,我们用到的大多数上下文管理器,可以直接通过"生成器函数 + @context-
manager"的方式来定义,这比创建一个符合协议的类要简单得多。

5.2 案例故事

假如你和几年前的我一样,简单地认为异常是一种会让程序崩溃的"坏家伙",就难免会产
生这种想法:"好的程序就应该尽量捕获所有异常,让一切都平稳运行。"

但讽刺的是,假如你真的带着这种想法去写代码,反而容易给自己带来一些意料之外的麻烦。
下面小 R 的这个故事就是一个例子。

5.2.1 提前崩溃也挺好

小 R 是一位刚接触 Python 不久的程序员。因为工作需要,他要写一个简单的程序来抓取特
定网页的标题,并将其保存在本地文件中。

在学习了 requests 模块和 re 模块后,他很快写出了脚本,如代码清单 5-1 所示。

代码清单 5-1 抓取网页标题脚本

```python
import requests
import re


def save_website_title(url, filename):
    """ 获取某个地址的网页标题, 然后将其写入文件中

    :return: 如果成功保存, 返回 True; 否则打印错误, 返回 False
    """
    try:
        resp = requests.get(url)
        obj = re.search(r'<title>(.*)</title>', resp.text)
        if not obj:
            print('save failed: title tag not found in page content')
            return False

        title = obj.grop(1)
        with open(filename, 'w') as fp:
            fp.write(title)
            return True
    except Exception:
        print(f'save failed: unable to save title of {url} to {filename}')
        return False


def main():
    save_website_title('https://www.qq.com', 'qq_title.txt')


if __name__ == '__main__':
    main()
```

脚本里的 `save_website_title()` 函数做了好几件事情。它首先通过 `requests` 模块获取网页内容，然后用正则表达式提取网页标题，最后将标题写在本地文件里。

而小 R 认为，整个过程中有两个步骤很容易出错：**网络请求**与**本地文件操作**。所以在写代码时，他用一个庞大的 **try/except** 语句块，把这几个步骤全都包在了里面——毕竟安全第一。

那么，小 R 写的这段代码到底藏着什么问题呢？

1. 小 R 的无心之失

如果你旁边刚好有一台装了 Python 的电脑，那么可以试着运行一遍上面的脚本。你会发现，无论怎么修改网址和目标文件参数，这段程序都不能正常运行，而会报错：`save failed: unable to ...`。这是为什么呢？

问题就藏在这个庞大的 **try/except** 代码块里。如果你非常仔细地逐行检查这段代码，就会

发现在编写函数时，小 R 犯了一个小错误：他把获取正则匹配串的方法错打成了 obj.grop(1)
——少了一个字母 u（正确写法：obj.group(1)）。

但因为那段异常捕获范围过大、过于含糊，所以这个本该被抛出的 AttibuteError 异常被
吞噬了，函数的 debug 过程变得难上加难：

```
>>> obj.grop(1)
Traceback (most recent call last):
  File "<stdin>", line 1, in <module>
AttributeError: 're.Match' object has no attribute 'grop'
```

这个 obj.grop(1) 可能只是小 R 的一次无心之失。但我们可以透过它窥见一个新问题，那
就是："我们为什么要捕获异常？"

2. 为什么要捕获异常

"为什么要捕获异常？"这个问题看上似乎有点儿小儿科。捕获异常，不就是为了避免程序
崩溃吗？但如果这就是正确答案，为什么小 R 写的程序没崩溃，却反而比崩溃更糟糕呢？

在代码中捕获异常，表面上是避免程序因为异常发生而直接崩溃，但它的核心，其实是编
码者对处于程序主流程之外的、已知或未知情况的一种妥当处置。而**妥当**这个词正是异常处理
的关键。

异常捕获不是在拿着捕虫网玩捕虫游戏，谁捕的虫子多谁就获胜。弄一个庞大的 try 语句，
把所有可能出错、不可能出错的代码，一股脑儿地全部用 except Exception：包起来，显然是
不妥当的。

如果坚持做最精准的异常捕获，小 R 脚本里的问题根本就不会发生，精准捕获包括：

❑ 永远只捕获那些可能会抛出异常的语句块；
❑ 尽量只捕获精确的异常类型，而不是模糊的 Exception；
❑ 如果出现了预期外的异常，让程序早点儿崩溃也未必是件坏事。

依照这些原则，小 R 的代码应该改成代码清单 5-2 这样。

代码清单 5-2 抓取网页标题脚本（精确捕获异常）

```
import re
from requests.exceptions import RequestException


def save_website_title(url, filename):
    # 抓取网页
```

```python
try:
    resp = requests.get(url)
except RequestException as e:
    print(f'save failed: unable to get page content: {e}')
    return False

# 获取标题
obj = re.search(r'<title>(.*)</title>', resp.text)
if not obj:
    print('save failed: title tag not found in page content')
    return False
title = obj.group(1)

# 保存文件
try:
    with open(filename, 'w') as fp:
        fp.write(title)
except IOError as e:
    print(f'save failed: unable to write to file {filename}: {e}')
    return False
else:
    return True
```

和旧代码相比，新代码去掉了大块的 try，拆分出了两段更精确的异常捕获语句。

对于用正则获取标题那段代码来说，它本来就不应该抛出任何异常，所以我们没必要使用 try 语句包裹它。如果将 group 误写成了 grop ，也没关系，程序马上就会通过 AttributeError 来告诉我们。

5.2.2 异常与抽象一致性

下面这个故事来自我的亲身经历。

在若干年前，当时我正在参与某移动应用程序的后端 API 开发。如果你也开发过后端 API，肯定知道经常需要制定一套"API 错误码规范"，来为客户端处理错误提供方便。

当时我们制定的错误码响应大概如下所示：

```
// HTTP Status Code: 400
// Content-Type: application/json
{
    "code": "UNABLE_TO_UPVOTE_YOUR_OWN_REPLY",
    "detail": "你不能推荐自己的回复"
}
```

制定好规范后，接下来的任务就是决定如何实现它。项目当时用的是 Django 框架，而 Django 的错误页面正是利用异常机制实现的。

举个例子，如果你想让一个请求返回 404 错误页面，那么只需要在该请求过程中执行 raise Http404 抛出异常即可。

所以，我们很自然地从 Django 那儿获得了灵感。我们在项目内定义了错误码异常类：APIErrorCode，然后写了很多继承该类的错误码异常。当需要返回错误信息给用户时，只需要做一次 raise 就能搞定：

```
raise error_codes.UNABLE_TO_UPVOTE
raise error_codes.USER_HAS_BEEN_BANNED
... ...
```

毫不意外，所有人都很喜欢用这种方式来返回错误码。因为它用起来非常方便：无论当前调用栈有多深，只要你想给用户返回错误码，直接调用 raise error_codes.ANY_THING 就行。

1. 无法复用的 process_image() 函数

随着产品的不断演进，项目规模变得越来越庞大。某日，当我正准备复用一个底层图片处理函数时，突然看到一段让我非常纠结的代码，如代码清单 5-3 所示。

代码清单 5-3　某个图像处理模块内部：{PROJECT}/util/image/processor.py

```
def process_image(...):
    try:
        image = Image.open(fp)
    except Exception:
        raise error_codes.INVALID_IMAGE_UPLOADED
    ...
```

process_image() 函数会尝试打开一个文件对象。假如该文件不是有效的图片格式，就抛出 error_codes.INVALID_IMAGE_UPLOADED 异常。该异常会被 Django 中间件捕获，最终给用户返回 "INVALID_IMAGE_UPLOADED"（上传的图片格式有误）错误码响应。

这段代码为什么让我纠结？下面我从头理理这件事。

最初编写 process_image() 时，调用这个函数的就只有"处理用户上传图片的 POST 请求"而已。所以为了偷懒，我让该函数直接抛出 APIErrorCode 异常来完成错误处理工作。

再回到问题本身，当时我需要写一个在后台运行的图片批处理脚本，而它刚好可以复用 process_image() 函数所实现的功能。

但这时事情开始变得不对劲起来，如果我想复用该函数，那么：

❑ 必须引入 APIErrorCode 异常类依赖来捕获异常——哪怕脚本和 Django API 根本没有任何关系；

❏ 必须捕获 INVALID_IMAGE_UPLOADED 异常——哪怕图片根本就不是由用户上传的。

2. 避免抛出抽象级别高于当前模块的异常

这就是异常类与模块抽象级别不一致导致的结果。APIErrorCode 异常类的意义在于，表达一种能直接被终端用户（人）识别并消费的"错误代码"。它是整个项目中最高层的抽象之一。

但是出于方便，我在一个底层图像处理模块里抛出了它。这打破了 process_image() 函数的抽象一致性，导致我无法在后台脚本里复用它。

这类情况属于模块抛出了高于所属抽象级别的异常。避免这类错误需要注意以下两点：

❏ 让模块只抛出与当前抽象级别一致的异常；
❏ 在必要的地方进行异常包装与转换。

为了满足这两点，我需要对代码做一些调整：

❏ image.processer 模块应该抛出自己封装的 ImageOpenError 异常；
❏ 在贴近高层抽象（视图 View 函数）的地方，将图像处理模块的低级异常 ImageOpenError 包装为高级异常 APIErrorCode。

修改后的代码如代码清单 5-4 和代码清单 5-5 所示。

代码清单 5-4 图像处理模块：{PROJECT}/util/image/processor.py

```python
class ImageOpenError(Exception):
    """ 图像打开错误异常类

    :param exc: 原始异常
    """

    def __init__(self, exc):
        self.exc = exc
        # 调用异常父类方法，初始化错误信息
        super().__init__(f'Image open error: {self.exc}')

def process_image(...):
    try:
        image = Image.open(fp)
    except Exception as e:
        raise ImageOpenError(exc=e)
    ... ...
```

代码清单 5-5 API 视图模块：{PROJECT}/app/views.py

```python
def foo_view_function(request):
    try:
        process_image(fp)
```

```
except ImageOpenError:
    raise error_codes.INVALID_IMAGE_UPLOADED
```

这样调整以后，我就能愉快地在后台脚本里复用 `process_image()` 函数了。

3. 包装抽象级别低于当前模块的异常

除了应该避免抛出高于当前抽象级别的异常外，我们同样应该避免泄露低于当前抽象级别的异常。

如果你使用过第三方 HTTP 工具库 requests，可能已经发现它在请求出错时所抛出的异常，并不是它在底层所使用的 urllib3 模块的原始异常，而是经过 requests.exceptions 包装过的异常：

```
>>> try:
...     requests.get('https://www.invalid-host-foo.com')
... except Exception as e:
...     print(type(e))
...
<class 'requests.exceptions.ConnectionError'>
```

这样做同样是为了保证异常类的抽象一致性。

urllib3 模块是 requests 依赖的低层实现细节，而这个细节在未来是有可能变动的。当某天 requests 真的要修改低层实现时，这些包装过的异常类，就可以避免对用户侧的错误处理逻辑产生不良影响。

 有关函数与抽象级别的话题，你可以在 7.3.2 节找到更多相关内容。

5.3 编程建议

5.3.1 不要随意忽略异常

在 5.1.4 节中，我介绍了如何使用上下文管理器来忽略某种异常。但必须要补充的是，在实际工作中，直接忽略异常其实非常少见，因为这么做风险很高。

当编码者决定让自己的代码抛出异常时，他肯定不是临时起意，而一定是希望调用自己代码的人对这个异常做点儿什么。面对异常，调用方可以：

❑ 在 except 语句里捕获并处理它，继续执行后面的代码；

❑ 在 except 语句里捕获它，将错误通知给终端用户，中断执行；

❑ 不捕获异常，让异常继续往堆栈上层走，最终可能导致程序崩溃。

无论选择哪种方案，都比下面这样直接忽略异常更好：

```
try:
    send_sms_notification(user, message)
except RequestError:
    pass
```

假如 send_sms_notification() 执行失败，抛出了 RequestError 异常，它会直接被 except 忽略，就好像异常从未发生过一样。

当然，代码肯定不是平白无故写成这样的。编码者会说："这个短信通知根本不重要，即使失败了也没关系。"但即便这样，通过日志记录下这个异常总会更好：

```
try:
    send_sms_notification(user, message)
except RequestError:
    logger.warning('RequestError while sending SMS notification to %s', user.username)
```

有了错误日志后，假如某个用户反馈自己没收到通知，我们可以马上从日志里查到是否有失败记录，不至于无计可施。此外，这些日志还可以用来做许多有趣的事情，比如统计所有短信的发送失败比例，等等。

综上所述，除了极少数情况外，不要直接忽略异常。

 "Python 之禅"里也提到了这个建议："除非有意静默，否则不要无故忽视异常。"（Errors should never pass silently. Unless explicitly silenced.）

5.3.2 不要手动做数据校验

在日常编码时，很大比例的错误处理工作和用户输入有关。当程序里的某些数据直接来自用户输入时，我们必须先校验这些输入值，再进行之后的处理，否则就会出现难以预料的错误。

举个例子，我在写一个命令行小程序，它要求用户输入一个 0 ~ 100 范围的数字。假如用户输入的内容无效，就要求其重新输入。

小程序的代码如代码清单 5-6 所示。

代码清单 5-6 要求用户输入数字的脚本（手动校验）

```python
def input_a_number():
    """ 要求用户输入一个 0 ~ 100 的数字，如果无效则重新输入 """
    while True:
        number = input('Please input a number (0-100): ')

        # 下面的三条 if 语句都是对输入值的校验代码
        if not number:
            print('Input can not be empty!')
            continue
        if not number.isdigit():
            print('Your input is not a valid number!')
            continue
        if not (0 <= int(number) <= 100):
            print('Please input a number between 0 and 100!')
            continue

        number = int(number)
        break

    print(f'Your number is {number}')
```

执行效果如下：

```
Please input a number (0-100):
Input can not be empty!
Please input a number (0-100): foo
Your input is not a valid number!
Please input a number (0-100): 65
Your number is 65
```

这个函数共包含 14 行有效代码，其中有 9 行 if 都在校验数据。也许你觉得这样的代码结构很正常，但请想象一下，假如我们需要校验的输入不止一个，校验逻辑也比这个复杂怎么办？

那样的话，这些数据校验代码就会变得又臭又长，占满整个函数。

如何改进这段代码呢？假如把数据校验代码抽成一个独立函数，和核心逻辑隔离开，代码肯定会变得更清晰。不过比这更重要的是，我们要把"输入数据校验"当作一个独立的领域，挑选更适合的模块来完成这项工作。

在数据校验这块，pydantic 模块是一个不错的选择。如果用它来做校验，上面的代码可以改写成代码清单 5-7。

代码清单 5-7 要求用户输入数字的脚本（使用 pydantic 库）

```python
from pydantic import BaseModel, conint, ValidationError
```

```python
class NumberInput(BaseModel):
    # 使用类型注解 conint 定义 number 属性的取值范围
    number: conint(ge=0, le=100)


def input_a_number_with_pydantic():
    while True:
        number = input('Please input a number (0-100): ')

        # 实例化为 pydantic 模型，捕获校验错误异常
        try:
            number_input = NumberInput(number=number)
        except ValidationError as e:
            print(e)
            continue

        number = number_input.number
        break

    print(f'Your number is {number}')
```

使用专业的数据校验模块后，整段代码变得简单了许多。

在编写代码时，我们应当尽量避免手动校验任何数据。因为数据校验任务独立性很强，所以应该引入合适的第三方校验模块（或者自己实现），让它们来处理这部分专业工作。

 假如你在开发 Web 应用，数据校验工作通常来说比较容易。比如 Django 框架就有自己的表单验证模块，Flask 也可以使用 WTForms 模块来进行数据校验。

5.3.3 抛出可区分的异常

当开发者编写自定义异常类时，似乎不需要遵循太多原则。常见的几条是：要继承 Exception 而不是 BaseException；异常类名最好以 Error 或 Exception 结尾等。但除了这些以外，设计异常的人其实还需要考虑一个重要指标——调用方是否能清晰区分各种异常。

以 5.1.3 节的代码为例，在调用 create_item() 函数时，程序可能会抛出 CreateItemError 异常。所以调用方得用 try 来捕获该异常：

```python
def create_from_input():
    name = input()
    try:
        item = create_item(name)
    except CreateItemError as e:
        print(f'create item failed: {e}')
    else:
        print(f'item<{name}> created')
```

假如调用方只需要像上面这样，简单判断创建过程有没有出错，现在的异常设计可以说已经足够了。

但是，如果调用方想针对"items 已满"这类错误增加一些特殊逻辑，比如清空所有items，我们就得把上面的代码改成下面这样：

```python
def create_from_input():
    name = input()
    try:
        item = create_item(name)
    except CreateItemError as e:
        # 如果已满，清空所有 items
        if str(e) == 'items is full':
            clear_all_items()

        print(f'create item failed: {e}')
    else:
        print(f'item<{name}> created')
```

虽然这段代码通过对比错误字符串实现了需求，但这种做法其实非常脆弱。假如 create_item() 未来稍微调整了一下异常错误信息，代码逻辑就会崩坏。

为了解决这个问题，我们可以利用异常间的继承关系，设计一些更精准的异常子类：

```python
class CreateItemError(Exception):
    """创建 Item 失败"""


class CreateErrorItemsFull(CreateItemError):
    """当前的 Item 容器已满"""


def create_item(name):
    if len(name) > MAX_LENGTH_OF_NAME:
        raise CreateItemError('name of item is too long')
    if len(get_current_items()) > MAX_ITEMS_QUOTA:
        raise CreateErrorItemsFull('items is full')
    return Item(name=name)
```

这样做以后，调用方就能用额外的 except 子句来单独处理"items 已满"异常了，如下所示：

```python
def create_from_input():
    name = input()
    try:
        item = create_item(name)
    except CreateErrorItemsFull as e:
        clear_all_items()
        print(f'create item failed: {e}')
```

```
    except CreateItemError as e:
        print(f'create item failed: {e}')
    else:
        print(f'item<{name}> created')
```

除了设计更精确的异常子类外，你还可以创建一些包含额外属性的异常类，比如包含"错误代码"（error_code）的 CreateItemError 类：

```
class CreateItemError(Exception):
    """创建 Item 失败

    :param error_code: 错误代码
    :param message: 错误信息
    """

    def __init__(self, error_code, message):
        self.error_code = error_code
        self.message = message
        super().__init__(f'{self.error_code} - {self.message}')


# 抛出异常时指定 error_code
raise CreateItemError('name_too_long', 'name of item is too long')
raise CreateItemError('items_full', 'items is full')
```

这样调用方在捕获异常后，也能根据异常对象的 error_code 来精确分辨异常类型。

5.3.4　不要使用 assert 来检查参数合法性

assert 是 Python 中用来编写断言语句的关键字，它可以用来测试某个表达式是否成立。比如：

```
>>> value = 10
>>> assert value > 100
Traceback (most recent call last):
  File "<stdin>", line 1, in <module>
AssertionError
```

当 assert 后面的表达式运行结果为 False 时，断言语句会马上抛出 AssertionError 异常。因此，有人可能会想着拿它来检查函数参数是否合法，就像下面这样：

```
def print_string(s):
    assert isinstance(s, str), 's must be string'
    print(s)
```

但这样做其实并不对。assert 是一个专供开发者调试程序的关键字。它所提供的断言检查，可以在执行 Python 时使用 -O 选项直接跳过：

```
$ python -O
# -O 选项表示让所有 assert 断言语句无效化
# 开启该选项后，下面的 assert 语句不会抛出任何异常
>>> assert False
```

因此，请不要拿 assert 来做参数校验，用 raise 语句来替代它吧：

```
def print_string(s):
    if not isinstance(s, str):
        raise TypeError('s must be string')
    print(s)
```

5.3.5 无须处理是最好的错误处理

虽然我们学习了许多错误处理技巧，但无论如何，对于所有编写代码的程序员来说，错误处理永远是一种在代码主流程之外的额外负担。

假如在一个理想的环境里，我们的程序根本不需要处理任何错误，那该有多好。你别说，在 *A Philosophy of Software Design* 一书中，作者 John Ousterhout 分享过一个与之相关的有趣故事。

在设计 Tcl 编程语言时，作者直言自己曾犯过一个大错误。在 Tcl 语言中，有一个用来删除某个变量的 unset 命令。在设计这个命令时，作者认为当人们用 unset 删除一个不存在的变量时，一定是不正常的，程序自然应该抛出一个错误。

但在 Tcl 语言发布之后，作者惊奇地发现，当人们调用 unset 时，其实常常处在一种模棱两可的程序状态中——不确定变量是否存在。这时，unset 的设计就会让它用起来非常尴尬。大部分人在使用 unset 时，几乎都需要编写额外的代码来捕获 unset 可能抛出的错误。

John Ousterhout 直言，如果可以重新设计 unset 命令，他会对它的职责做一些调整：不再把 unset 当成一种可能会失败的**删除变量行为**，而是把它当作一种**确保某变量不存在**的命令。当 unset 的职责改变后，即使变量不存在，它也可以不抛出任何错误，直接返回就好。

unset 命令的例子体现出了一种程序设计技巧：在设计 API 时，如果稍微调整一下思考问题的角度，修改 API 的抽象定义，那么那些原本需要处理的错误，也许就会神奇地消失。假如 API 不抛出错误，调用方也就不需要处理错误，这会大大减轻大家的心智负担。

除了在设计 API 时考虑减少错误以外，"空对象模式"也是一个通过转换观念来避免错误处理的好例子。

空对象模式

Martin Fowler 在他的经典著作《重构》中，用一章详细说明了"空对象模式"（null object pattern）。简单来说，"空对象模式"就是本该返回 None 值或抛出异常时，返回一个符合正常结果接口的特制"空类型对象"来代替，以此免去调用方的错误处理工作。

我们来看一个例子。现在有多份问卷调查的得分记录，全部为字符串格式，存放在一个列表中：

```
data = ['piglei 96', 'joe 100', 'invalid-data', 'roland $invalid_points', ...]
```

正常的得分记录是 {username} {points} 格式，但你会发现，有些数据明显不符合规范（比如 invalid-data）。现在我想写一个脚本，统计合格（大于等于 80）的得分记录总数，如代码清单 5-8 所示。

代码清单 5-8 统计合格的得分记录总数

```python
QUALIFIED_POINTS = 80

class CreateUserPointError(Exception):
    """ 创建得分纪录失败时抛出 """

class UserPoint:
    """ 用户得分记录 """

    def __init__(self, username, points):
        self.username = username
        self.points = points

    def is_qualified(self):
        """ 返回得分是否合格 """
        return self.points >= QUALIFIED_POINTS

def make_userpoint(point_string):
    """ 从字符串始化一条得分记录

    :param point_string: 形如 piglei 1 的表示得分记录的字符串
    :return: UserPoint 对象
    :raises: 当输入数据不合法时返回 CreateUserPointError
    """
    try:
        username, points = point_string.split()
        points = int(points)
    except ValueError:
        raise CreateUserPointError(
            'input must follow pattern "{username} {points}"'
        )

    if points < 0:
```

```
            raise CreateUserPointError('points can not be negative')
        return UserPoint(username=username, points=points)

    def count_qualified(points_data):
        """ 计算得分合格的总人数

        :param points_data: 字符串格式的用户得分列表
        """
        result = 0
        for point_string in points_data:
            try:
                point_obj = make_userpoint(point_string)
            except CreateUserPointError:
                pass
            else:
                result += point_obj.is_qualified()
        return result

    data = [
        'piglei 96',
        'nobody 61',
        'cotton 83',
        'invalid_data',
        'roland $invalid_points',
        'alfred -3',
    ]

    print(count_qualified(data))
    # 输出结果:
    # 2
```

在上面的代码里，因为输入数据可能不符合要求，所以 make_userpoint() 方法在解析输入数据、创建 UserPoint 对象的过程中，可能会抛出 CreateUserPointError 异常来通知调用方。

因此，每当调用方使用 make_userpoint() 时，都必须加上 try/except 语句来捕获异常。

假如引入"空对象模式"，上面的异常处理逻辑可以完全消失，如代码清单 5-9 所示。

代码清单 5-9 统计合格的得分记录总数（空对象模式）

```
QUALIFIED_POINTS = 80

class UserPoint:
    """ 用户得分记录 """

    def __init__(self, username, points):
        self.username = username
        self.points = points

    def is_qualified(self):
        """ 返回得分是否合格 """
        return self.points >= QUALIFIED_POINTS
```

```python
class NullUserPoint:
    """一个空的用户得分记录"""

    username = ''
    points = 0

    def is_qualified(self):
        return False

def make_userpoint(point_string):
    """从字符串初始化一条得分记录

    :param point_string: 形如 piglei 1 的表示得分记录的字符串
    :return: 如果输入合法，返回 UserPoint 对象，否则返回 NullUserPoint
    """
    try:
        username, points = point_string.split()
        points = int(points)
    except ValueError:
        return NullUserPoint()

    if points < 0:
        return NullUserPoint()
    return UserPoint(username=username, points=points)
```

在新版代码里，我定义了一个代表"空得分记录"的新类型：NullUserPoint，每当 make_userpoint() 接收到无效的输入，执行失败时，就会返回一个 NullUserPoint 对象。

这样修改后，count_qualified() 就不再需要处理任何异常了：

```python
def count_qualified(points_data):
    """计算得分合格的总人数

    :param points_data: 字符串格式的用户得分列表
    """
    return sum(make_userpoint(s).is_qualified() for s in points_data) ❶
```

❶ 这里的 make_userpoint() 总是会返回一个符合要求的对象（UserPoint() 或 NullUserPoint()）

同前面 unset 命令的故事一样，"空对象模式"也是一种转换设计观念以避免错误处理的技巧。当函数进入边界情况时，"空对象模式"不再抛出错误，而是让其返回一个类似于正常结果的特殊对象，因此使用方自然就不必处理任何错误，人们写起代码来也会更轻松。

在 Python 世界中，"空对象模式"并不少见，比如大名鼎鼎的 Django 框架里的 AnonymousUser 设计就应用了这个模式。

5.4 总结

在本章中，我们学习了在 Python 中使用异常和处理错误的一些经验和技巧。基础知识部分简单介绍了 LBYL 和 EAFP 两种编程风格。编写代码时，Pythonista 更倾向于使用基于异常捕获的 EAFP 风格。

虽然 Python 函数允许我们同时返回结果和错误信息，但更地道的做法是抛出自定义异常。除了 try 语句外，with 语句也经常用来处理异常，自定义上下文管理器可以有效复用异常处理逻辑。

在捕获异常时，过于模糊是不可取的，精确的异常捕获有助于我们写出更健壮的代码。有时，让程序提前崩溃也不一定是什么坏事。

以下是本章要点知识总结。

(1) 基础知识

- ❑ 一个 try 语句支持多个 except 子句，但请记得把更精确的异常类放在前面
- ❑ try 语句的 else 分支会在没有异常时执行，因此它可用来替代标记变量
- ❑ 不带任何参数的 raise 语句会重复抛出当前异常
- ❑ 上下文管理器经常用来处理异常，它最常见的用途是替代 finally 子句
- ❑ 上下文管理器可以用来忽略某段代码里的异常
- ❑ 使用 @contextmanager 装饰器可以轻松定义上下文管理器

(2) 错误处理与参数校验

- ❑ 当你可以选择编写条件判断或异常捕获时，优先选异常捕获（EAFP）
- ❑ 不要让函数返回错误信息，直接抛出自定义异常吧
- ❑ 手动校验数据合法性非常烦琐，尽量使用专业模块来做这件事
- ❑ 不要使用 assert 来做参数校验，用 raise 替代它
- ❑ 处理错误需要付出额外成本，假如能通过设计避免它就再好不过了
- ❑ 在设计 API 时，需要慎重考虑是否真的有必要抛出错误
- ❑ 使用"空对象模式"能免去一些针对边界情况的错误处理工作

(3) 当你捕获异常时：

- ❑ 过于模糊和宽泛的异常捕获可能会让程序免于崩溃，但也可能会带来更大的麻烦
- ❑ 异常捕获贵在精确，只捕获可能抛出异常的语句，只捕获可能的异常类型

　　□ 有时候，让程序提早崩溃未必是什么坏事

　　□ 完全忽略异常是风险非常高的行为，大多数情况下，至少记录一条错误日志

(4) 当你抛出异常时：

　　□ 保证模块内抛出的异常与模块自身的抽象级别一致

　　□ 如果异常的抽象级别过高，把它替换为更低级的新异常

　　□ 如果异常的抽象级别过低，把它包装成更高级的异常，然后重新抛出

　　□ 不要让调用方用字符串匹配来判断异常种类，尽量提供可区分的异常

第 6 章
循环与可迭代对象

"循环"是一个非常有趣的概念。在生活中,循环代表无休止地重复某件事,比如一直播放同一首歌就叫"单曲循环"。当某件事重复太多次以后,人们就很容易感到乏味,所以哪怕再好听的旷世名曲,也没人愿意连续听上一百遍。

虽然人会对循环感到乏味,计算机却丝毫没有这个问题。程序员的主要任务之一,就是利用循环的概念,用极少的指令驱使计算机不知疲倦地完成繁重的计算任务。

试想一下,假如不使用循环,从一个包含一万个数字的列表里找到数字 42 的位置,会是一件多么令人抓狂的任务。但正因为有了循环,我们可以用一个简单的 for 来搞定这类事情——无论列表里的数字是一万个还是十万个。

在 Python 中,我们可以用两种方式编写循环:for 和 while。for 是我们最常用到的循环关键字,它的语法是 for <item> in <iterable>,需要配合一个可迭代对象 iterable 使用:

```python
# 循环打印列表里所有字符串的长度
names = ['foo', 'bar', 'foobar']

for name in names:
    print(len(name))
```

Python 里的 while 循环和其他编程语言没什么区别。它的语法是 while <expression>,其中 expression 表达式是循环的成立条件,值为假时就中断循环。如果把上面的 for 循环翻译成 while,代码会变长不少:

```python
i = 0
while i < len(names):
    print(len(names[i]))
    i += 1
```

对比这两段代码，我们可以观察到：对于一些常见的循环任务，使用 for 比 while 要方便得多。因此在日常编码中，for 的出场频率也远比 while 要高得多。

如你所见，Python 的循环语法并不复杂，但这并不代表我们可以很轻松地写出好的循环。要把循环代码写得漂亮，有时关键不在循环结构自身，而在于另一个用来配合循环的主角：可迭代对象。

在本章中，我会分享在 Python 里编写循环的一些经验和技巧，帮助你掌握如何利用可迭代对象写出更优雅的循环。

6.1　基础知识

6.1.1　迭代器与可迭代对象

我们知道，在编写 for 循环时，不是所有对象都可以用作循环主体——只有那些**可迭代**（iterable）对象才行。说到可迭代对象，你最先想到的肯定是那些内置类型，比如字符串、生成器以及第 3 章介绍的所有容器类型，等等。

除了这些内置类型外，你其实还可以轻松定义其他可迭代类型。但在此之前，我们需要先搞清楚 Python 里的"迭代"究竟是怎么一回事。这就需要引入两个重要的内置函数：iter() 和 next()。

1. iter() 与 next() 内置函数

还记得内置函数 bool() 吗？我在第 4 章中介绍过，使用 bool() 可以获取某个对象的布尔真假值：

```
>>> bool('foo')
True
```

而 iter() 函数和 bool() 很像，调用 iter() 会尝试返回一个迭代器对象。拿常见的内置可迭代类型举例：

```
>>> iter([1, 2, 3]) ❶
<list_iterator object at 0x101a82d90>

>>> iter('foo') ❷
<str_iterator object at 0x101a99ed0>

>>> iter(1) ❸
Traceback (most recent call last):
```

```
    File "<stdin>", line 1, in <module>
TypeError: 'int' object is not iterable
```

❶ 列表类型的迭代器对象——list_iterator

❷ 字符串类型的迭代器对象——str_iterator

❸ 对不可迭代的类型执行 iter() 会抛出 TypeError 异常

什么是**迭代器**（iterator）？顾名思义，这是一种帮助你迭代其他对象的对象。迭代器最鲜明的特征是：不断对它执行 next() 函数会返回下一次迭代结果。

拿列表举例：

```
>>> l = ['foo', 'bar']

# 首先通过 iter 函数拿到列表 l 的迭代器对象
>>> iter_l = iter(l)
>>> iter_l
<list_iterator object at 0x101a8c6d0>

# 然后对迭代器调用 next() 不断获取列表的下一个值
>>> next(iter_l)
'foo'
>>> next(iter_l)
'bar'
```

当迭代器没有更多值可以返回时，便会抛出 StopIteration 异常：

```
>>> next(iter_l)
Traceback (most recent call last):
  File "<stdin>", line 1, in <module>
StopIteration
```

除了可以使用 next() 拿到迭代结果以外，迭代器还有一个重要的特点，那就是当你对迭代器执行 iter() 函数，尝试获取迭代器的迭代器对象时，返回的结果一定是迭代器本身：

```
>>> iter_l
<list_iterator object at 0x101a82d90>
>>> iter(iter_l) is iter_l
True
```

了解完上述概念后，其实你就已经了解了 for 循环的工作原理。当你使用 for 循环遍历某个可迭代对象时，其实是先调用了 iter() 拿到它的迭代器，然后不断地用 next() 从迭代器中获取值。

也就是说，下面这段 for 循环代码：

```
names = ['foo', 'bar', 'foobar']

for name in names:
    print(name)
```

其实可以翻译成下面这样：

```
iterator = iter(names)
while True:
    try:
        name = next(iterator)
        print(name)
    except StopIteration:
        break
```

搞清楚迭代的原理后，接下来我们尝试创建自己的迭代器。

2. 自定义迭代器

要自定义一个迭代器类型，关键在于实现下面这两个魔法方法。

❑ __iter__：调用 iter() 时触发，迭代器对象总是返回自身。

❑ __next__：调用 next() 时触发，通过 return 来返回结果，没有更多内容就抛出 StopIteration 异常，会在迭代过程中多次触发。

举一个具体的例子。假如我想编写一个和 range() 类似的迭代器对象 Range7，它可以返回某个范围内所有可被 7 整除或包含 7 的整数。

下面是 Range7 类的代码：

```
class Range7:
    """生成某个范围内可被 7 整除或包含 7 的整数

    :param start: 开始数字
    :param end: 结束数字
    """

    def __init__(self, start, end):
        self.start = start
        self.end = end
        # 使用 current 保存当前所处的位置
        self.current = start

    def __iter__(self):
        return self

    def __next__(self):
        while True:
```

```
    # 当已经到达边界时，抛出异常终止迭代
    if self.current >= self.end:
        raise StopIteration

    if self.num_is_valid(self.current):
        ret = self.current
        self.current += 1
        return ret
    self.current += 1

def num_is_valid(self, num):
    """ 判断数字是否满足要求 """
    if num == 0:
        return False
    return num % 7 == 0 or '7' in str(num)
```

我们可以通过 for 循环来验证这个迭代器的执行效果：

```
>>> r = Range7(0, 20)
>>> for num in r:
...     print(num)
...
7
14
17
```

遍历 Range7 对象时，它确实会不断返回符合要求的数字。

不过，虽然上面的代码满足需求，但在进一步使用时，我们会发现现在的 Range7 对象有一个问题，那就是每个新 Range7 对象只能被完整遍历一次，假如做二次遍历，就会拿不到任何结果：

```
>>> r = Range7(0, 20)
>>> tuple(r)
(7, 14, 17)
>>> tuple(r) ❶
()
```

❶ 第二次用 tuple() 转换成元组，只能得到一个空元组

这个问题并非 Range7 所独有，它其实是所有迭代器的"通病"。

如果你回过头仔细读一遍 Range7 的代码，肯定可以发现它在二次遍历时不返回结果的原因。

在之前的代码里，每个 Range7 对象都只有唯一的 current 属性，当程序第一次遍历完迭代器后，current 就会不断增长为边界值 self.end。之后，除非手动重置 current 的值，否则二次遍历自然就不会再拿到任何结果。

那到底要如何调整代码，才能让 Range7 对象可以被重复使用呢？这需要先从"迭代器"和"可迭代对象"的区别说起。

3. 区分迭代器与可迭代对象

迭代器与可迭代对象这两个词虽然看上去很像，但它们的含义大不相同。

迭代器是可迭代对象的一种。它最常出现的场景是在迭代其他对象时，作为一种介质或工具对象存在——就像调用 iter([]) 时返回的 list_iterator。每个迭代器都对应一次完整的迭代过程，因此它自身必须保存与当前迭代相关的状态——迭代位置（就像 Range7 里面的 current 属性）。

一个合法的迭代器，必须同时实现 __iter__ 和 __next__ 两个魔法方法。

相比之下，可迭代对象的定义则宽泛许多。判断一个对象 obj 是否可迭代的唯一标准，就是调用 iter(obj)，然后看结果是不是一个迭代器[①]。因此，可迭代对象只需要实现 __iter__ 方法，不一定得实现 __next__ 方法。

所以，如果想让 Range7 对象在每次迭代时都返回完整结果，我们必须把现在的代码拆成两部分：可迭代类型 Range7 和迭代器类型 Range7Iterator。代码如下所示：

```python
class Range7:
    """生成某个范围内可被 7 整除或包含 7 的数字"""

    def __init__(self, start, end):
        self.start = start
        self.end = end

    def __iter__(self):
        # 返回一个新的迭代器对象
        return Range7Iterator(self)


class Range7Iterator:
    def __init__(self, range_obj):
        self.range_obj = range_obj
        self.current = range_obj.start

    def __iter__(self):
        return self

    def __next__(self):
        while True:
            if self.current >= self.range_obj.end:
                raise StopIteration
```

---

① 事实上，这个检查过程不用手动完成。iter() 函数本身就会自动校验结果是不是一个合法迭代器，假如不合法，调用时就会抛出 TypeError: iter() returned non-iterator 异常。

```
            if self.num_is_valid(self.current):
                ret = self.current
                self.current += 1
                return ret
            self.current += 1

    def num_is_valid(self, num):
        if num == 0:
            return False
        return num % 7 == 0 or '7' in str(num)
```

在新代码中，每次遍历 Range7 对象时，都会创建出一个全新的迭代器对象 Range7Iterator，之前的问题因此可以得到圆满解决：

```
>>> r = Range7(0, 20)

>>> tuple(r)
(7, 14, 17)

>>> tuple(r) ❶
(7, 14, 17)
```

❶ Range7 类型现在可以被重复迭代了

最后，总结一下迭代器与可迭代对象的区别：

☐ 可迭代对象不一定是迭代器，但迭代器一定是可迭代对象；
☐ 对可迭代对象使用 iter() 会返回迭代器，迭代器则会返回其自身；
☐ 每个迭代器的被迭代过程是一次性的，可迭代对象则不一定；
☐ 可迭代对象只需要实现 __iter__ 方法，而迭代器要额外实现 __next__ 方法。

可迭代对象与 __getitem__

　　除了 __iter__ 和 __next__ 方法外，还有一个魔法方法也和可迭代对象密切相关：__getitem__。

　　如果一个类型没有定义 __iter__，但是定义了 __getitem__ 方法，那么 Python 也会认为它是可迭代的。在遍历它时，解释器会不断使用数字索引值 (0, 1, 2, …) 来调用 __getitem__ 方法获得返回值，直到抛出 IndexError 为止。

　　但 __getitem__ 可遍历的这个特点不属于目前主流的迭代器协议，更多是对旧版本的一种兼容行为，所以本章不做过多阐述。

4. 生成器是迭代器

在第 3 章中我简单介绍过生成器对象。我们知道，生成器是一种"懒惰的"可迭代对象，使用它来替代传统列表可以节约内存，提升执行效率。

但除此之外，生成器还是一种简化的迭代器实现，使用它可以大大降低实现传统迭代器的编码成本。因此在平时，我们基本不需要通过 `__iter__` 和 `__next__` 来实现迭代器，只要写上几个 yield 就行。

如果利用生成器，上面的 Range7Iterator 可以改写成一个只有 5 行代码的函数：

```python
def range_7_gen(start, end):
    """生成器版本的 Range7Iterator"""
    num = start
    while num < end:
        if num != 0 and (num % 7 == 0 or '7' in str(num)):
            yield num
        num += 1
```

我们可以用 iter() 和 next() 函数来验证"生成器就是迭代器"这个事实：

```python
>>> nums = range_7_gen(0, 20)

# 使用 iter() 函数测试
>>> iter(nums)
<generator object range_7_gen at 0x10404b2e0>
>>> iter(nums) is nums
True

# 使用 next() 不断获取下一个值
>>> next(nums)
7
>>> next(nums)
14
```

生成器（generator）利用其简单的语法，大大降低了迭代器的使用门槛，是优化循环代码时最得力的帮手。

6.1.2　修饰可迭代对象优化循环

对于学过其他编程语言的人来说，假如需要在遍历一个列表的同时，获取当前索引位置，他很可能会写出这样的代码：

```python
index = 0
for name in names:
```

```
    print(index, name)
    index += 1
```

上面的循环虽然没错，但并不是最佳做法。一个拥有两年 Python 开发经验的人会说，这段代码应该这么写：

```
for i, name in enumerate(names):
    print(i, name)
```

enumerate() 是 Python 的一个内置函数，它接收一个可迭代对象作为参数，返回一个不断生成(当前下标，当前元素)的新可迭代对象。对于这个场景，使用它再适合不过了。

虽然 enumerate() 函数很简单，但它其实代表了一种循环代码优化思路：通过修饰可迭代对象来优化循环。

使用生成器函数修饰可迭代对象

什么是"修饰可迭代对象"？用一段简单的代码来说明：

```
def sum_even_only(numbers):
    """ 对 numbers 里面所有的偶数求和 """
    result = 0
    for num in numbers:
        if num % 2 == 0:
            result += num
    return result
```

在这段代码的循环体内，我写了一条 if 语句来剔除所有奇数。但是，假如借鉴 enumerate() 函数的思路，我们其实可以把这个"奇数剔除逻辑"提炼成一个生成器函数，从而简化循环内部代码。

下面就是我们需要的生成器函数 even_only()，它专门负责偶数过滤工作：

```
def even_only(numbers):
    for num in numbers:
        if num % 2 == 0:
            yield num
```

之后在 sum_even_only_v2() 里，只要先用 even_only() 函数修饰 numbers 变量，循环内的"偶数过滤"逻辑就可以完全去掉，只需简单求和即可：

```
def sum_even_only_v2(numbers):
    """ 对 numbers 里面所有的偶数求和 """
    result = 0
```

```
    for num in even_only(numbers):
        result += num
return result
```

总结一下,"修饰可迭代对象"是指用生成器(或普通的迭代器)在循环外部包装原本的循环主体,完成一些原本必须在循环内部执行的工作——比如过滤特定成员、提供额外结果等,以此简化循环代码。

除了自定义修饰函数外,你还可以直接使用标准库模块 itertools 里的许多现成工具。

6.1.3 使用 itertools 模块优化循环

itertools 是一个和迭代器有关的标准库模块,其中包含许多用来处理可迭代对象的工具函数。在该模块的官方文档里,你可以找到每个函数的详细介绍与说明。

在本节中,我会对 itertools 里的部分函数做简单介绍,但侧重点会和官方文档稍有不同。我会通过一些常见的代码场景,来详细解释 itertools 是如何改善循环代码的。

1. 使用 product() 扁平化多层嵌套循环

虽然我们都知道:"扁平优于嵌套",但有时针对某类需求,似乎得写一些多层嵌套循环才行。下面这个函数就是一个例子:

```python
def find_twelve(num_list1, num_list2, num_list3):
    """从 3 个数字列表中,寻找是否存在和为 12 的 3 个数"""
    for num1 in num_list1:
        for num2 in num_list2:
            for num3 in num_list3:
                if num1 + num2 + num3 == 12:
                    return num1, num2, num3
```

对于这种嵌套遍历多个对象的多层循环代码,我们可以使用 product() 函数来优化它。product() 接收多个可迭代对象作为参数,然后根据它们的笛卡儿积不断生成结果:

```python
>>> from itertools import product
>>> list(product([1, 2], [3, 4]))
[(1, 3), (1, 4), (2, 3), (2, 4)]
```

用 product() 优化函数里的嵌套循环:

```python
from itertools import product


def find_twelve_v2(num_list1, num_list2, num_list3):
```

```
    for num1, num2, num3 in product(num_list1, num_list2, num_list3):
        if num1 + num2 + num3 == 12:
            return num1, num2, num3
```

相比之前，新函数只用了一层 for 循环就完成了任务，代码变得更精练了。

2. 使用 islice() 实现循环内隔行处理

假如有一份数据文件，里面包含某论坛的许多帖子标题，内容格式如下所示：

```
python-guide: Python best practices guidebook, written for humans.
---
Python 2 Death Clock
---
Run any Python Script with an Alexa Voice Command
---
<... ...>
```

我现在需要解析这个文件，拿到文件里的所有标题。

可能是为了格式美观，这份文件里的每两个标题之间，都有一个 "---" 分隔符。它给我的解析工作带来了一点儿小麻烦——在遍历过程中，我必须跳过这些无意义的符号。

利用 enumerate() 内置函数，我可以直接在循环内加一段基于当前序号的 if 判断来做到这一点：

```
def parse_titles(filename):
    """ 从隔行数据文件中读取 Reddit 主题名称
    """
    with open(filename, 'r') as fp:
        for i, line in enumerate(fp):
            # 跳过无意义的 --- 分隔符
            if i % 2 == 0:
                yield line.strip()
```

但是，对于这类在循环内隔行处理的需求来说，如果使用 itertools 里的 islice() 函数修饰被循环对象，整段循环代码可以变得更简单、更直接。

islice(seq, start, end, step) 函数和数组切片操作（list[start:stop:step]）接收的参数几乎完全一致。如果需要在循环内部实现隔行处理，只要设置第三个参数 step（递进步长）的值为 2 即可：

```
from itertools import islice

def parse_titles_v2(filename):
    with open(filename, 'r') as fp:
```

```
# 设置 step=2，跳过无意义的 --- 分隔符
for line in islice(fp, 0, None, 2):
    yield line.strip()
```

3. 使用 takewhile() 替代 break 语句

有时，我们需要在每次开始执行循环体代码时，决定是否需要提前结束循环，比如：

```
for user in users:
    # 当第一个不合格的用户出现后，不再进行后面的处理
    if not is_qualified(user):
        break

    # 进行处理……
```

对于这类代码，我们可以使用 takewhile() 函数来进行简化。

takewhile(predicate, iterable) 会在迭代第二个参数 iterable 的过程中，不断使用当前值作为参数调用 predicate() 函数，并对返回结果进行真值测试，如果为 True，则返回当前值并继续迭代，否则立即中断本次迭代。

使用 takewhile() 后代码会变成这样：

```
from itertools import takewhile

for user in takewhile(is_qualified, users):
    # 进行处理……
```

除了上面这三个函数以外，itertools 还有其他一些有意思的工具函数，它们都可以搭配循环使用，比如用 chain() 函数可以扁平化双层嵌套循环、用 zip_longest() 函数可以同时遍历多个对象，等等。

篇幅所限，此处不再一一介绍 itertools 的其他函数，读者如有兴趣可自行查阅官方文档。

6.1.4 循环语句的 else 关键字

在 Python 语言的所有关键字里，else 也许是最奇特（或者说最"臭名昭著"）的一个。条件分支语句用 else 来表示"否则执行某件事"，异常捕获语句用 else 表示"没有异常就做某件事"。而在 for 和 while 循环结构里，人们同样也可以使用 else 关键字。

举个例子，下面的 process_tasks() 函数里有个批量处理任务的 for 循环：

```
def process_tasks(tasks):
    """ 批量处理任务，如果遇到状态不为 pending 的任务，则中止本次处理 """
```

```
non_pending_found = False
for task in tasks:
    if not task.is_pending():
        non_pending_found = True
        break
    process(task)

if non_pending_found:
    notify_admin('Found non-pending task, processing aborted.')
else:
    notify_admin('All tasks was processed.')
```

函数会在执行结束时通知管理员。为了在不同情况（有或没有"pending"状态的任务）下发送不同通知，函数在循环开始前定义了一个标记变量 non_pending_found。

假如利用循环语句的 else 分支，这份代码可缩减成下面这样：

```
def process_tasks(tasks):
    """ 批量处理任务，如果遇到状态不为 pending 的任务，则中止本次处理 """
    for task in tasks:
        if not task.is_pending():
            notify_admin('Found non-pending task, processing aborted.')
            break
        process(task)
    else:
        notify_admin('All tasks was processed.')
```

for 循环（和 while 循环）后的 else 关键字，代表如果循环正常结束（没有碰到任何 break），便执行该分支内的语句。因此，老式的"循环 + 标记变量"代码，就可以利用该特性简写为"循环＋else 分支"。看上去挺好，对吧？

但不知你是否记得，在介绍异常语句的 else 分支时我说过，那里的 else 关键字很不直观、很难理解。而现在循环语句里的 else 与之相比，更是有过之而无不及。

假如一个 Python 初学者读到上面的第二段代码，基本不可能猜到代码里的 else 分支到底是什么意思，而这正是糟糕的关键字的"功劳"。如果 Python 当初使用 nobreak 或 then 来替代 else，相信这个语言特性会比现在好理解得多。

正因为如此，一些 Python 学习资料会建议大家避免使用循环里的 else 分支。理由很简单：因为和 for...else 所带来的高昂理解成本相比，它所提供的那点儿方便根本微不足道。但与此同时，也有更多资料把循环的 else 分支当成一种地道的 Python 写法，大力推荐他人使用。

所以，到底该不该用 for...else？我其实很难给出一个权威建议。但能告诉你的是，和 try...else 比起来，我使用 for...else 的次数要少得多。

举例来说，假如前面的 `process_tasks()` 函数在真实项目中出现，我极有可能会用"拆分子函数"的技巧来重构它。通过把循环结构拆分为一个独立函数，我可以完全避免"使用标记变量还是 else 分支"的艰难抉择：

```python
def process_tasks(tasks):
    """ 批量处理任务并将结果通知管理员 """
    if _process_tasks(tasks):
        notify_admin('All tasks was processed.')
    else:
        notify_admin('Found non-pending task, processing aborted.')


def _process_tasks(tasks):
    """ 批量处理任务，如果遇到状态不为 pending 的任务，则中止本次处理

    :return: 是否完全处理所有任务
    :rtype: bool
    """
    for task in tasks:
        if not task.is_pending():
            return False
        process(task)
    return True
```

6.2　案例故事

在工作中，文件对象是我们最常接触到的可迭代类型之一。用 for 循环遍历一个文件对象，便可逐行读取它的内容。但这种方式在碰到大文件时，可能会出现一些奇怪的效率问题。在下面的故事中，小 R 就遇到了这个问题。

数字统计任务

小 R 是一位 Python 初学者，在学习了如何用 Python 读取文件后，他想要做一个小练习：计算某个文件中数字字符（0 ~ 9）的数量。

参考了文件操作的相关文档后，他很快写出了如代码清单 6-1 所示的代码。

代码清单 6-1　标准的文件读取方式

```python
def count_digits(fname):
    """ 计算文件里包含多少个数字字符 """
    count = 0
    with open(fname) as file:
        for line in file:
            for s in line:
```

```
            if s.isdigit():
                count += 1
    return count
```

小 R 的笔记本电脑中有一个测试用的小文件 small_file.txt，里面包含了一行行的随机字符串：

```
feiowe9322nasd9233rl
aoeijfiowejf8322kaf9a
```

把这个文件传入函数后，程序轻松计算出了数字字符的数量：

```
print(count_digits('small_file.txt'))
# 输出结果：13
```

不过奇怪的是，虽然 count_digits() 函数可以很快完成对 small_file.txt 的统计，但当小 R 把它用于另一个 5 GB 大的文件 big_file.txt 时，却发现程序花费了一分多钟才给出结果，并且整个执行过程耗光了笔记本电脑的全部 4G 内存。

big_file.txt 的内容和 small_file.txt 没什么不同，也都是一些随机字符串而已。但在 big_file.txt 里，所有文本都放在了同一行：

大文件 big_file.txt

```
df2if283rkwefh... < 剩余 5 GB 大小 > ...
```

为什么同一份代码用于大文件时，效率就会变低这么多呢？原因就藏在小 R 读取文件的方法里。

1. 读取文件的标准做法

小 R 在代码里所使用的文件读取方式，可谓 Python 里的"标准做法"：首先用 with open(fine_name) 上下文管理器语法获得一个文件对象，然后用 for 循环迭代它，**逐行获取文件里的内容**。

为什么这种文件读取方式会成为标准？这是因为它有两个好处：

(1) with 上下文管理器会自动关闭文件描述符；

(2) 在迭代文件对象时，内容是一行一行返回的，不会占用太多内存。

不过这套标准做法虽好，但不是没有缺点。假如被读取的文件里根本就没有任何换行符，那么上面列的第 (2) 个好处就不再成立。缺少换行符以后，程序遍历文件对象时就不知道该何时中断，最终只能一次性生成一个巨大的字符串对象，白白消耗大量时间和内存。

这就是 count_digits() 函数在处理 big_file.txt 时变得异常缓慢的原因。

要解决这个问题，我们需要把这种读取文件的"标准做法"暂时放到一边。

2. 使用 while 循环加 read() 方法分块读取

除了直接遍历文件对象来逐行读取文件内容外，我们还可以调用更底层的 file.read() 方法。

与直接用循环迭代文件对象不同，每次调用 file.read(chunk_size)，会马上读取从当前游标位置往后 chunk_size 大小的文件内容，不必等待任何换行符出现。

有了 file.read() 方法的帮助，小 R 的函数可以改写代码清单 6-2。

代码清单 6-2　使用 file.read() 读取文件

```python
def count_digits_v2(fname):
    """计算文件里包含多少个数字字符，每次读取 8 KB"""
    count = 0
    block_size = 1024 * 8
    with open(fname) as file:
        while True:
            chunk = file.read(block_size)
            # 当文件没有更多内容时，read 调用将会返回空字符串 ''
            if not chunk:
                break
            for s in chunk:
                if s.isdigit():
                    count += 1
    return count
```

在新函数中，我们使用了一个 while 循环来读取文件内容，每次最多读 8 KB，程序不再需要在内存中拼接长达数吉字节的字符串，内存占用会大幅降低。

不过，新代码虽然解决了大文件读取时的性能问题，循环内的逻辑却变得更零碎了。如果使用 iter() 函数，我们可以进一步简化代码。

3. iter() 的另一个用法

在 6.1.1 节中，我介绍过 iter() 是一个用来获取迭代器的内置函数，但除此之外，它其实还有另一个鲜为人知的用法。

当我们以 iter(callable, sentinel) 的方式调用 iter() 函数时，会拿到一个特殊的迭代器对象。用循环遍历这个迭代器，会不断返回调用 callable() 的结果，假如结果等于 sentinel，迭代过程中止。

利用这个特点，我们可以把上面的 while 重新改为 for，让循环内部变得更简单，如代码清单 6-3 所示。

代码清单 6-3 巧用 iter() 读取文件

```python
from functools import partial

def count_digits_v3(fname):
    count = 0
    block_size = 1024 * 8
    with open(fname) as fp:
        # 使用 functools.partial 构造一个新的无须参数的函数
        _read = partial(fp.read, block_size) ❶

        # 利用 iter() 构造一个不断调用 _read 的迭代器
        for chunk in iter(_read, ''):
            for s in chunk:
                if s.isdigit():
                    count += 1
    return count
```

❶ 你可以在 7.1.3 节找到 partial 工具函数的相关介绍

完成改造后，我们再来看看新函数的性能如何。

小 R 的旧程序需要 4 GB 内存，耗时超过一分钟，才能勉强完成 big_file.txt 的统计工作。而新代码只需要 7 MB 内存和 12 秒就能完成同样的事情——效率提升了近 4 倍，内存占用更是不到原来的 1%。

解决了原有代码的性能问题后，小 R 很快又遇到了一个新问题。

4. 按职责拆解循环体代码

在 count_digits_v3() 函数里，小 R 实现了统计文件里所有数字的功能。现在，他又有了一个新任务：统计文件里面所有偶数字符 (0, 2, 4, 6, 8) 出现的次数。

在实现新需求时，小 R 会发现一个让人心烦的问题：他无法复用已有的"按块读取大文件"的功能，只能把那片包含 partial()、iter() 的循环代码依样画葫芦照抄一遍。

这是因为旧代码的循环内部存在两个独立的逻辑："数据生成"（从文件里不断获取数字字符）与"数据消费"（统计个数）。这两个独立逻辑被放在了同一个循环体内，耦合在了一起。

为了提升代码的可复用性，我们需要帮小 R 解耦。

要解耦循环体，生成器（或迭代器）是首选。在这个案例中，我们可以定义一个新的生成器函数：read_file_digits()，由它来负责所有与"数据生成"相关的逻辑，如代码清单 6-4、代码清单 6-5、代码清单 6-6 所示。

代码清单 6-4　读取数字内容的生成器函数

```python
def read_file_digits(fp, block_size=1024 * 8):
    """生成器函数：分块读取文件内容，返回其中的数字字符"""
    _read = partial(fp.read, block_size)
    for chunk in iter(_read, ''):
        for s in chunk:
            if s.isdigit():
                yield s
```

这样 count_digits_v4() 里的主循环就只需要负责计数即可，代码如下所示。

代码清单 6-5　复用读取函数后的统计函数

```python
def count_digits_v4(fname):
    count = 0
    with open(fname) as file:
        for _ in read_file_digits(file):
            count += 1
    return count
```

当小 R 接到新任务，需要统计偶数时，可以直接复用 read_file_digits() 函数，代码如下所示。

代码清单 6-6　复用读取函数后的统计偶数函数

```python
from collections import defaultdict


def count_even_groups(fname):
    """分别统计文件里每个偶数字符出现的次数"""
    counter = defaultdict(int)
    with open(fname) as file:
        for num in read_file_digits(file):
            if int(num) % 2 == 0:
                counter[int(num)] += 1
    return counter
```

实现新需求变得轻而易举。

小 R 的故事告诉了我们一个道理。在编写循环时，我们需要时常问自己：循环体内的代码是不是过长、过于复杂了？如果答案是肯定的，那就试着把代码按职责分类，抽象成独立的生成器（或迭代器）吧。这样不光能让代码变得更整洁，可复用性也会极大提升。

6.3　编程建议

6.3.1　中断嵌套循环的正确方式

在 Python 里，当我们想要中断某个循环时，可以使用 break 语句。但有时，当程序需要马上从一个多层嵌套循环里中断时，一个 break 就会显得有点儿不够用。

以下面这段代码为例：

```python
def print_first_word(fp, prefix):
    """ 找到文件里第一个以指定前缀开头的单词并打印出来

    :param fp: 可读文件对象
    :param prefix: 需要寻找的单词前缀
    """
    first_word = None
    for line in fp:
        for word in line.split():
            if word.startswith(prefix):
                first_word = word
                # 注意：此处的 break 只能跳出最内层循环
                break
        # 一定要在外层加一个额外的 break 语句来判断是否结束循环
        if first_word:
            break

    if first_word:
        print(f'Found the first word startswith "{prefix}": "{first_word}"')
    else:
        print(f'Word starts with "{prefix}" was not found.')
```

print_first_word() 函数负责找到并打印某个文件里以特定前缀 prefix 开头的第一个单词，它的执行效果如下：

```
# 找到匹配结果时
$ python labeled_break.py --prefix="re"
Found the first word startswith "re": "rename"

# 没找到匹配结果配时
$ python labeled_break.py --prefix="yy"
Word starts with "yy" was not found.
```

在上面的代码里，为了让程序在找到第一个单词时中断查找，我写了两个 break——内层循环一个，外层循环一个。这其实是不得已而为之，因为 Python 语言不支持"带标签的 break"语句[①]，无法用一个 break 跳出多层循环。

但这样写其实并不好，这许许多多的 break 会让代码逻辑变得更难理解，也更容易出现 bug。

如果想快速从嵌套循环里跳出，其实有个更好的做法，那就是把循环代码拆分为一个新函数，

[①] 带标签的 break 语句是指程序员在写 break 时指定一个代码标签，比如 break outer_loop，实现一次跳出多层循环的效果。许多编程语言（比如 Java、Go 语言）支持这个功能。

然后直接使用 return。

比如，在下面这段代码里，我们可以把 print_first_word() 里的 "寻找单词" 部分拆分为一个独立函数：

```python
def find_first_word(fp, prefix):
    """ 找到文件里第一个以指定前缀开头的单词并打印出来

    :param fp: 可读文件对象
    :param prefix: 需要寻找的单词前缀
    """
    for line in fp:
        for word in line.split():
            if word.startswith(prefix):
                return word
    return None


def print_first_word(fp, prefix):
    first_word = find_first_word(fp, prefix)
    if first_word:
        print(f'Found the first word startswith "{prefix}": "{first_word}"')
    else:
        print(f'Word starts with "{prefix}" was not found.')
```

这样修改后，嵌套循环里的中断逻辑就变得更容易理解了。

6.3.2　巧用 next() 函数

我在 6.1.1 节中提到，内置函数 next() 是构成迭代器协议的关键函数。但在日常编码时，我们很少会直接用到 next()。这是因为在大部分场景下，循环语句可以满足普通迭代需求，不需要我们手动调用 next()。

但 next() 函数其实很有趣。如果配合恰当的迭代器，next() 经常可以用很少的代码完成意想不到的功能。

举个例子，假如有一个字典 d，你要怎么拿到它的第一个 key 呢？

直接调用 d.keys()[0] 是不行的，因为字典键不是普通的容器对象，不支持切片操作：

```python
>>> d = {'foo': 1, 'bar': 2}
>>> d.keys()[0]
Traceback (most recent call last):
  File "<stdin>", line 1, in <module>
TypeError: 'dict_keys' object is not subscriptable
```

为了获取第一个 key，你必须把 d.keys() 先转换为普通列表才行：

```
>>> list(d.keys())[0]
'foo'
```

但这么做有一个很大的缺点，那就是假如字典内容很多，list() 操作需要在内存中构建一个大列表，内存占用大，执行效率也比较低。

假如使用 next()，你可以更简单地完成任务：

```
>>> next(iter(d.keys()))
'foo'
```

只要先用 iter() 获取一个 d.keys() 的迭代器，再对它调用 next() 就能马上拿到第一个元素。这样做不需要遍历字典的所有 key，自然比先转换列表的方法效率更高。

除此之外，在生成器对象上执行 next() 还能高效地完成一些元素查找类工作。

假设有一个装了非常多整数的列表对象 numbers，我需要找到里面第一个可以被 7 整除的数字。除了编写传统的 "for 循环配合 break" 式代码，你也可以直接用 next() 配合生成器表达式来完成任务：

```
>>> numbers = [3, 6, 8, 2, 21, 30, 42]
>>> print(next(i for i in numbers if i % 7 == 0))
21
```

6.3.3　当心已被耗尽的迭代器

截至目前，我们已经见识了使用生成器的许多好处，比如相比列表更省内存、可以用来解耦循环体代码，等等。但任何事物都有其两面性，生成器或者说它的父类型迭代器，并非完美无缺，它们最大的陷阱之一是：会被耗尽。

以下面这段代码为例：

```
>>> numbers = [1, 2, 3]

# 使用生成器表达式创建一个新的生成器对象
# 此时想象中的 numbers 内容为：2, 4, 6
>>> numbers = (i * 2 for i in numbers)
```

假如你连着对 numbers 做两次成员判断，程序会返回截然不同的结果：

```
# 第一次 in 判断会触发生成器遍历, 找到 4 后返回 True
>>> 4 in numbers
True

# 做第二次 in 判断时, 生成器已被部分遍历过, 无法再找到 4, 因此返回意料外的结果 False
>>> 4 in numbers
False
```

这种由生成器的"耗尽"特性所导致的 bug, 隐蔽性非常强, 当它出现在一些复杂项目中时, 尤其难定位。比如 Instagram 团队就曾在 PyCon 2017 上分享过一个他们遇到的类似问题 [①]。

因此在平时, 你需要将生成器（迭代器）的"可被一次性耗尽"特点铭记于心, 避免写出由它所导致的 bug。假如要重复使用一个生成器, 可以调用 list() 函数将它转成列表后再使用。

 除了生成器函数、生成器表达式以外, 人们还常常忽略内置的 map()、filter() 函数也会返回一个一次性的迭代器对象。在使用这些函数时, 也请务必当心。

6.4 总结

本章我们学习了编写循环的相关知识。在 Python 里编写循环, 关键不仅仅在于循环语法本身, 更和可迭代类型息息相关。

Python 里的对象迭代过程, 有两个重要的参与者: iter() 与 next() 内置函数, 它们分别对应两个重要的魔法方法: __iter__ 和 __next__。通过定义这两个魔法方法, 我们可以快速创建自己的迭代器对象。

要写出好的循环, 要记住一个关键点——不要让循环体内的代码过于复杂。你可以把不同职责的代码作为独立的生成器函数拆分出去, 这样能大大提升代码的可复用性。

以下是本章要点知识总结。

(1) 迭代与迭代器原理

- ❑ 使用 iter() 函数会尝试获取一个迭代器对象
- ❑ 使用 next() 函数会获取迭代器的下一个内容
- ❑ 可以将 for 循环简单地理解为 while 循环 + 不断调用 next()
- ❑ 自定义迭代器需要实现 __iter__ 和 __next__ 两个魔法方法

---

① 用搜索引擎搜索"Instagram 在 PyCon 2017 的演讲摘要", 可以查看这个问题的详细内容。

- ❑ 生成器对象是迭代器的一种
- ❑ iter(callable, sentinel) 可以基于可调用对象构造一个迭代器

(2) 迭代器与可迭代对象

- ❑ 迭代器和可迭代对象是不同的概念
- ❑ 可迭代对象不一定是迭代器，但迭代器一定是可迭代对象
- ❑ 对可迭代对象使用 iter() 会返回迭代器，迭代器则会返回它自身
- ❑ 每个迭代器的被迭代过程是一次性的，可迭代对象则不一定
- ❑ 可迭代对象只需要实现 __iter__ 方法，而迭代器要额外实现 __next__ 方法

(3) 代码可维护性技巧

- ❑ 通过定义生成器函数来修饰可迭代对象，可以优化循环内部代码
- ❑ itertools 模块里有许多函数可以用来修饰可迭代对象
- ❑ 生成器函数可以用来解耦循环代码，提升可复用性
- ❑ 不要使用多个 break，拆分为函数然后直接 return 更好
- ❑ 使用 next() 函数有时可以完成一些意想不到的功能

(4) 文件操作知识

- ❑ 使用标准做法读取文件内容，在处理没有换行符的大文件时会很慢
- ❑ 调用 file.read() 方法可以解决读取大文件的性能问题

第 7 章
函　　数

假如你把编程语言里的所有常见概念，比如循环、分支、异常、函数等，全部一股脑儿摆在我面前，问我最喜欢哪个，我会毫不犹豫地选择"函数"（function）。

我对函数的喜爱，最直接的原因来自于对重复代码的厌恶。通过函数，我可以把一段段逻辑封装成可复用的小单位，成片地消除项目里的重复代码。

试想你正在给系统开发一个新功能，在写代码时，你发现新功能的主要逻辑和一个旧功能非常类似，于是你认真读了一遍旧代码，并从中提炼出了好几个**函数**。通过复用这些函数，你只增加了寥寥几行代码，就完成了新功能开发——还有比这更让人有成就感的事情吗？

而消除重复代码，只是函数所提供给我们的众多好处之一。如果以它为起点，向四周继续发散，你会发现更多有趣的编程概念，包括**高阶函数**（higher-order function）、**闭包**（closure）、**装饰器**（decorator），等等。深入理解和掌握这些概念，是成为一名合格程序员的必经之路。

话题回到 Python 里的函数。我们知道，Python 是一门支持**面向对象**（object-oriented）的编程语言，但除此之外，Python 对函数的支持也毫不逊色。

从基础开始，我们最常用的函数定义方式是使用 def 语句：

```python
# 定义函数
def add(x, y):
    return x + y

# 调用函数
add(3, 4)
```

除了 def 以外，你还可以使用 lambda 关键字来定义一个匿名函数：

```python
# 效果与 add 函数一样
add = lambda x, y: x + y
```

函数在 Python 中是一等对象，这意味着我们可以把函数自身作为函数参数来使用。最常用的内置排序函数 sorted() 就利用了这个特性：

```
>>> l = [13, 16, 21, 3]

# key 参数接收匿名函数作为参数
>>> sorted(l, key=lambda i: i % 3)
[21, 3, 13, 16]
```

创建一个函数很容易——只要写下一行 def，丢进去一些代码就行。但要写出一个好函数就没那么简单了。在编写函数时，有许多环节值得我们仔细推敲：

- □ 函数的名字是否易读好记？ dump_fields 是个好名字吗？
- □ 函数的参数设计是否合理？接收 4 个参数会太多吗？
- □ 函数应该返回 None 吗？

类似的问题还有很多。

假如函数设计得当，其他人在阅读代码时，不光能更快地理解代码的意图，调用函数时也会觉得轻松惬意。而设计糟糕的函数，不光读起来晦涩难懂，想调用它时也常会碰一鼻子灰。

在本章中，我将分享一些在 Python 里编写函数的技巧，帮你避开一些常见陷阱，写出更清晰、更健壮的函数。

7.1 基础知识

7.1.1 函数参数的常用技巧

参数（parameter）是函数的重要组成部分，它是函数最主要的输入源，决定了调用方使用函数时的体验。

接下来，我将介绍与 Python 函数参数有关的几个常用技巧。

1. 别将可变类型作为参数默认值

在编写函数时，我们经常需要为参数设置默认值。这些默认值可以是任何类型，比如字符串、数值、列表，等等。而当它是可变类型时，怪事儿就会发生。

以下面这个函数为例：

```python
def append_value(value, items=[]):
    """向 items 列表中追加内容，并返回列表"""
    items.append(value)
    return items
```

这样的函数定义看上去没什么问题，但当你多次调用它以后，就会发现函数的行为和预想的不太一样：

```python
>>> append_value('foo')
['foo']
>>> append_value('bar')
['foo', 'bar']
```

可以看到，在第二次调用时，函数并没有返回正确结果 ['bar']，而是返回了 ['foo', 'bar']，这意味着参数 items 的值不再是函数定义的空列表 []，而是变成了第一次执行后的结果 ['foo']。

之所以出现这个问题，是因为 Python 函数的**参数默认值只会在函数定义阶段被创建一次**，之后不论再调用多少次，函数内拿到的默认值都是同一个对象。

假如再多花点儿功夫，你甚至可以通过函数对象的保留属性 __defaults__ 直接读取这个默认值：

```python
>>> append_value.__defaults__[0]  ❶
['foo', 'bar']

>>> append_value.__defaults__[0].append('baz')  ❷
>>> append_value('value')
['foo', 'bar', 'baz', 'value']
```

❶ 通过 __defaults__ 属性可以直接获取函数的参数默认值
❷ 假如修改这个参数默认值，可以直接影响函数调用结果

因此，熟悉 Python 的程序员通常不会将可变类型作为参数默认值。这是因为一旦函数在执行时修改了这个默认值，就会对之后的所有函数调用产生影响。

为了规避这个问题，使用 None 来替代可变类型默认值是比较常见的做法：

```python
def append_value(value, items=None):
    if items is None:
        items = []
    items.append(value)
    return item
```

这样修改后，假如调用方没有提供 items 参数，函数每次都会构建一个新列表，不会再出现之前的问题。

2. 定义特殊对象来区分是否提供了默认参数

当我们为函数参数设置了默认值，不强制要求调用方提供这些参数以后，会引入另一件麻烦事儿：无法严格区分调用方是不是**真的**提供了这个默认参数。

以下面这个函数为例：

```python
def dump_value(value, extra=None):
    if extra is None:
        # 无法区分是否提供 None 是不是主动传入
        ...

# 两种调用方式
dump_value(value)
dump_value(value, extra=None)
```

对于 dump_value() 函数来说，当调用方使用上面两种方式来调用它时，它其实无法分辨。因为在这两种情况下，函数内拿到的 extra 参数的值都是 None。

要解决这个问题，最常见的做法是定义一个特殊对象（标记变量）作为参数默认值：

```python
# 定义标记变量
# object 通常不会单独使用，但是拿来做这种标记变量刚刚好
_not_set = object()

def dump_value(value, extra=_not_set):
    if extra is _not_set:
        # 调用方没有传递 extra 参数
        ...
```

相比 None，_not_set 是一个独一无二、无法随意获取的标记值。假如函数在执行时判断 extra 的值等于 _not_set，那我们基本可以认定：调用方没有提供 extra 参数。

3. 定义仅限关键字参数

在经典编程图书《代码整洁之道》[①] 中，作者 Robert C. Martin 提到："函数接收的参数不要太多，最好不要超过 3 个。"这个建议很有道理，因为参数越多，函数的调用方式就会变得越复杂，代码也会变得更难懂。

下面这段代码就是个反例：

---

① 原版书名 *Clean Code: A Handbook of Agile Software Craftsmanship*，作者 Robert C. Martin，出版于 2007 年。

```
# 参数太多，根本不知道函数在做什么
func_with_many_args(user, post, True, 30, 100, 'field')
```

但建议归建议，在真实的 Python 项目中，接收超过 3 个参数的函数比比皆是。

为什么会这样呢？大概是因为 Python 里的函数不光支持通过有序**位置参数**（positional argument）调用，还能指定参数名，通过**关键字参数**（keyword argument）的方式调用。

比如下面这个用户查询函数：

```
def query_users(limit, offset, min_followers_count, include_profile):
    """ 查询用户

    :param min_followers_count: 最小关注者数量
    :param include_profile: 结果包含用户详细档案
    """
    ...
```

假如完全使用位置参数来调用它，会写出非常让人糊涂的代码：

```
# 时间长了，谁能知道 100 和 True 分别代表什么呢？
query_users(20, 0, 100, True)
```

但如果使用关键字参数，代码就会易读许多：

```
query_users(limit=20, offset=0, min_followers_count=100, include_profile=True)

# 关键字参数可以不严格按照函数定义参数的顺序来传递
query_users(min_followers_count=100, include_profile=True, limit=20, offset=0)
```

所以，当你要调用参数较多（超过 3 个）的函数时，使用关键字参数模式可以大大提高代码的可读性。

虽然关键字参数调用模式很有用，但有一个美中不足之处：它只是调用函数时的一种可选方式，无法成为强制要求。不过，我们可以用一种特殊的参数定义语法来弥补这个不足：

```
# 注意参数列表中的 * 符号
def query_users(limit, offset, *, min_followers_count, include_profile):
```

通过在参数列表中插入 * 符号，该符号后的所有参数都变成了"仅限关键字参数"（keyword-only argument）。如果调用方仍然想用位置参数来提供这些参数值，程序就会抛出错误：

```
>>> query_users(20, 0, 100, True)
# 执行后报错
TypeError: query_users() takes 2 positional arguments but 4 were given
```

```
# 正确的调用方式
>>> query_users(20, 0, min_followers_count=100, include_profile=True)
```

当函数参数较多时，通过这种方式把部分参数变为"仅限关键字参数"，可以强制调用方提供参数名，提升代码可读性。

仅限位置参数

除了"仅限关键字参数"外，Python 还在 3.8 版本后提供另一个对称特性："仅限位置参数"（positional-only argument）。

"仅限位置参数"的使用方式是在参数列表中插入 / 符号。比如 def query_users(limit, offset, /, min_followers_count, include_profile) 表示，limit 和 offset 参数都只能通过位置参数来提供。

不过在日常编程中，我发现需要使用"仅限位置参数"的场景，远没有"仅限关键字参数"的多，所以就不做过多介绍了。假如你感兴趣，可以阅读 PEP-570 了解详细说明。

7.1.2 函数返回的常见模式

除了参数以外，函数还有另一个重要组成部分：返回值。下面是一些和返回值有关的常见模式。

1. 尽量只返回一种类型

Python 是一门动态语言，它在类型方面非常灵活，因此我们能用它轻松完成一些在其他静态语言里很难做到的事情，比如让一个函数同时返回多种类型的结果：

```
def get_users(user_id=None):
    if user_id is not None:
        return User.get(user_id)
    else:
        return User.filter(is_active=True)


# 返回单个用户
user = get_users(user_id=1)
# 返回多个用户
users = get_users()
```

当使用方调用这个函数时,如果提供了 user_id 参数,函数就会返回单个用户对象,否则函数会返回所有活跃用户列表。同一个函数搞定了两种需求。

虽然这样的"多功能函数"看上去很实用,像瑞士军刀一样"多才多艺",但在现实世界里,这样的函数只会更容易让调用方困惑——"明明 get_users() 函数名字里写的是 users,为什么有时候只返回了单个用户呢?"

好的函数设计一定是简单的,这种简单体现在各个方面。返回多种类型明显违反了简单原则。这种做法不光会给函数本身增加不必要的复杂度,还会提高用户理解和使用函数的成本。

像上面的例子,更好的做法是将它拆分为两个独立的函数。

(1) get_user_by_id(user_id):返回单个用户。

(2) get_active_users():返回多个用户列表。

这样就能让每个函数只返回一种类型,变得更简单易用。

2. 谨慎返回 None 值

在编程语言的世界里,"空值"随处可见,它通常用来表示某个**应该存在但是缺失**的东西。"空值"在不同编程语言里有不同的名字,比如 Go 把它叫作 nil,Java 把它叫作 null,Python 则称它为 None。

在 Python 中,None 是独一无二的存在。因为它有着一种独特的"虚无"含义,所以经常会用作函数返回值。

当我们需要让函数返回 None 时,主要是下面 3 种情况。

● 操作类函数的默认返回值

当某个操作类函数不需要任何返回值时,通常会返回 None。与此同时,None 也是不带任何 return 语句的函数的默认返回值:

```python
def close_ignore_errors(fp):
    # 操作类函数,默认返回 None
    try:
        fp.close()
    except IOError:
        logger.warning('error closing file')
```

在这种场景下,返回 None 没有任何问题。标准库里有许多这类函数,比如 os.chdir()、列表的 append() 方法等。

- ● **意料之中的缺失值**

还有一类函数，它们所做的事情天生就是在尝试，比如从数据库里查找一个用户、在目录中查找一个文件。视条件不同，函数执行后可能有结果，也可能没有结果。而重点在于，对于函数的调用方来说，"没有结果"是意料之中的事情。

针对这类函数，使用 None 作为"没有结果"时的返回值通常也是合理的。

在标准库中，正则表达式模块 re 下的 re.search()、re.match() 函数均属于此类。这两个函数在找到匹配结果时，会返回 re.Match 对象，否则返回 None。

- ● **在执行失败时代表"错误"**

有时候，None 也会用作执行失败时的默认返回值。以下面这个函数为例：

```python
def create_user_from_name(username):
    """通过用户名创建一个 User 实例"""
    if validate_username(username):
        return User.from_username(username)
    else:
        return None


user = create_user_from_name(username)
if user is not None:
    user.do_something()
```

当 username 通过校验时，函数会返回正常的用户对象，否则返回 None。

这种做法看上去合情合理，甚至你会觉得，这和上一个场景"意料之中的缺失值"是同一回事儿。但它们之间其实有着微妙的区别。拿两个典型的具体函数来说，这种区别如下。

- ❑ re.search()：函数名 search，代表从目标字符串里**搜索**匹配结果，而搜索行为一向是可能有结果，也可能没有结果的。而且，当没有结果时，函数也不需要向调用方说明原因，所以它适合返回 None。
- ❑ create_user_from_name()：函数名的含义是"通过名字构建用户"，里面并没有一种可能没有结果的含义。而且如果创建失败，调用方大概率会想知道失败原因，而不仅仅是拿到一个 None。

从上面的分析来看，适合返回 None 的函数需要满足以下两个特点：

(1) 函数的名称和参数必须表达"结果可能缺失"的意思；
(2) 如果函数执行无法产生结果，调用方也不关心具体原因。

所以，除了"搜索""查询"几个场景外，对绝大部分函数而言，返回 None 并不是一个好的做法。

对这些函数来说，用抛出异常来代替返回 None 会更为合理。这也很好理解：当函数被调用时，如果无法返回正常结果，就代表出现了意料以外的状况，而"意料之外"正是异常所掌管的领域。

使用异常改写函数后，代码会变成下面这样：

```python
class UnableToCreateUser(Exception):
    """ 当无法创建用户时抛出 """


def create_user_from_name(username):
    """ 通过用户名创建一个 User 实例

    :raises: 当无法创建用户时抛出 UnableToCreateUser
    """
    if validate_username(username):
        return User.from_username(username)
    else:
        raise UnableToCreateUser(f'unable to create user from {username}')


try:
    user = create_user_from_name(username)
except UnableToCreateUser:
    # 此处编写异常处理逻辑
else:
    user.do_something()
```

与返回 None 相比，这种方式要求调用方使用 try 语句来捕获可能出现的异常。虽然代码比之前多了几行，但这样做有一个明显的优势：调用方可以从异常对象里获取错误原因——只返回一个 None 可做不到这点。

3. 早返回，多返回

自打我开始写代码以来，常常会听人说起一条叫"单一出口"的原则。这条原则是说："函数应该保证只有一个出口。"如果从字面上理解，符合这条原则的函数大概如下所示：

```python
def user_get_tweets(user):
    """ 获取用户已发布状态

    - 如果配置 " 展示随机状态 "，获取随机状态
    - 如果配置 " 不展示任何状态 "，返回空的占位符状态
    - 默认返回最新状态
    """
    tweets = []
    if user.profile.show_random_tweets:
```

```
        tweets.extend(get_random_tweets(user))
    elif user.profile.hide_tweets:
        tweets.append(NULL_TWEET_PLACEHOLDER)
    else:
        # 最新状态需要用 token 从其他服务获取, 并转换格式
        token = user.get_token()
        latest_tweets = get_latest_tweets(token)
        tweets.extend([transorm_tweet(item) for item in latest_tweets])
    return tweets
```

在这段代码里，user_get_tweets() 函数首先在头部初始化了结果变量 tweets，然后统一在尾部用一条 return 语句返回，符合"单一出口"原则。

如果以 4.3.1 节的"避免多层分支嵌套"的要求来看，上面的代码是完全符合标准的——函数内部只有一层分支，没有多层嵌套。

但这种风格的代码可读性不是很好，主要原因在于，读者在阅读函数的过程中，必须先把所有逻辑一个不落地装进脑子里，只有等到最后的 return 出现时，才能搞清楚所有事情。

拿具体场景举例，假如我在读 user_get_tweets() 函数时，只想弄明白"展示随机状态"这个分支会返回什么，那当我读完第二行代码后，仍然需要继续看完剩下的所有代码，才能确认函数最终会返回什么。

当函数逻辑较为复杂时，这种遵循"单一出口"风格编写的代码，为阅读代码增加了不少负担。

如果我们稍微调整一下写代码的思路：一旦函数在执行过程中满足返回结果的要求，就直接返回，代码会变成下面这样：

```
def user_get_tweets(user):
    """ 获取用户已发布状态 """
    if user.profile.show_random_tweets:
        return get_random_tweets(user)

    if user.profile.hide_tweets:
        return [NULL_TWEET_PLACEHOLDER]

    # 最新状态需要用 token 从其他服务获取, 并转换格式
    token = user.get_token()
    latest_tweets = get_latest_tweets(token)
    return [transorm_tweet(item) for item in latest_tweets]
```

在这段代码里，函数的 return 数量从 1 个变成了 3 个。试着读读上面的代码，是不是会发现函数的逻辑变得更容易理解了？

产生这种变化的主要原因是，对于读代码的人来说，return 是一种有效的思维减负工具。

当我们自上而下阅读代码时，假如遇到了 return，就会清楚知道："这条执行路线已经结束了。"这部分逻辑在大脑里占用的空间会立刻得到释放，让我们可以专注于下一段逻辑。

因此，在编写函数时，请不要纠结函数是不是应该只有一个 return，只要尽早返回结果可以提升代码可读性，那就多多返回吧。

"单一出口"的由来

在写这部分内容时，我特意查询了"单一出口"原则的历史，以下是我的发现。

在几十年前，汇编与 FORTRAN 语言流行的年代，编程语言拥有令人头疼的灵活性，你可以用各种花样在代码内随意跳转，这导致程序员很容易写出各种难以调试的代码。

为了解决这个问题，著名计算机科学家 Dijkstra 提出了"单一入口，单一出口"（Single Entry, Single Exit）原则。在这个原则中，"单一出口"的意思是：函数（子程序）应该只从同一个地方跳出。

这样一来事情就很明朗了。在现代编程语言里，无论函数内部有多少个 return 语句，函数的出口都是统一的——通往上层调用栈，所以这完全不属于最初的"单一出口"原则所担心的范围。

即使后来"单一出口"原则发展出了别的含义，它也只针对一些特定的编程语言、编程场景有意义。比如在特定环境下，不恰当的返回会导致程序资源泄露等问题，所以要把返回统一起来管理。

但在 Python 中，"单一出口原则建议函数只写一个 return"只能算是一种误读，在"单一出口"和"多多返回"之间，我们完全可以选择可读性更强的那个。

7.1.3 常用函数模块：functools

在 Python 标准库中，有一些与函数关系紧密的模块，其中最有代表性的当属 functools。

functools 是一个专门用来处理函数的内置模块，其中有十几个和函数相关的有用工具，我会挑选比较常用的两个，简单介绍它们的功能。

1. functools.partial()

假如在你的项目中，有一个负责进行乘法运算的函数 multiply()：

```
def multiply(x, y):
    return x * y
```

同时，还有许多调用 `multiplay()` 函数进行运算的代码：

```
result = multiply(2, value)
val = multiply(2, number)
# ...
```

这些代码有一个共同的特点，那就是它们调用函数时的第一个参数都是 2——全都是对某个值进行 *2 操作。

为了简化函数调用，让代码更简洁，我们其实可以定义一个接收单个参数的 `double()` 函数，让它通过 `multiply()` 完成计算：

```
def double(value):
    # 返回 multiply 函数调用结果
    return multiply(2, value)

# 调用代码变得更简单
result = double(value)
val = double(number)
```

这是一个很常见的函数使用场景：首先有一个接收许多参数的函数 a，然后额外定义一个接收更少参数的函数 b，通过在 b 内部补充一些预设参数，最后返回调用 a 函数的结果。

针对这类场景，我们其实不需要像前面一样，用 def 去完全定义一个新函数——直接使用 functools 模块提供的高阶函数 `partial()` 就行。

partial 的调用方式为 `partial(func, *arg, **kwargs)`，其中：

❏ func 是完成具体功能的原函数；

❏ *args/**kwargs 是可选位置与关键字参数，必须是原函数 func 所接收的合法参数。

举个例子，当你调用 `partial(func, True, foo=1)` 后，函数会返回一个新的**可调用对象** (callable object) —— 偏函数 `partial_obj`。

拿到这个偏函数后，如果你不带任何参数调用它，效果等同于使用构建 `partial_obj` 对象时的参数调用原函数：`partial_obj()` 等同于 `func(True, foo=1)`。

但假如你在调用 `partial_obj` 对象时提供了额外参数，前者就会首先将本次调用参数和构造 `partial_obj` 时的参数进行合并，然后将合并后的参数透传给原始函数 func 处理，也就是说，`partial_obj(bar=2)` 与 `func(True, foo=1, bar=2)` 效果相同。

使用 `functools.partial`，上面的 `double()` 函数定义可以变得更简洁：

```
import functools

double = functools.partial(multiply, 2)
```

2. functools.lru_cache()

在编码时，我们的函数常常需要做一些耗时较长的操作，比如调用第三方 API、进行复杂运算等。这些操作会导致函数执行速度慢，无法满足要求。为了提高效率，给这类慢函数加上缓存是比较常见的做法。

在缓存方面，`functools` 模块为我们提供一个开箱即用的工具：`lru_cache()`。使用它，你可以方便地给函数加上缓存功能，同时不用修改任何函数内部代码。

假设我有一个分数统计函数 `calculate_score()`，每次执行都要耗费一分钟以上：

```
def calculate_score(class_id):
    print(f'Calculating score for class: {class_id}...')
    # 模拟此处存在一些速度很慢的统计代码……
    time.sleep(60)
    return 42
```

因为 `calculate_score()` 函数执行耗时较长，而且每个 `class_id` 的统计结果都是稳定的，所以我可以直接使用 `lru_cache()` 为它加上缓存：

```
@lru_cache(maxsize=None)
def calculate_score(class_id):
    print(f'Calculating score for class: {class_id}...')
    time.sleep(60)
    return 42
```

加上 `lru_cache()` 后的效果如下：

```
>>> calculate_score(100)
# 缓存未命中，耗时较长
Calculating score for class: 100...
42

# 第二次使用同样的参数调用函数，就不会触发函数内部的计算逻辑，
# 结果立刻就返回了。
>>> calculate_score(100)
42
```

在使用 `lru_cache()` 装饰器时，可以传入一个可选的 `maxsize` 参数，该参数代表当前函数

最多可以保存多少个缓存结果。当缓存的结果数量超过 maxsize 以后，程序就会基于"最近最少使用"（least recently used，LRU）算法丢掉旧缓存，释放内存。默认情况下，maxsize 的值为 128。

如果你把 maxsize 设置为 None，函数就会保存每一个执行结果，不再剔除任何旧缓存。这时如果被缓存的内容太多，就会有占用过多内存的风险。

除了 partial() 与 lru_cache() 以外，functools 模块里还有许多有趣的函数工具，比如 wraps()、reduce() 等。如果有兴趣，可以到官方文档查阅更详细的资料，这里就不再一一赘述。

7.2 案例故事

在**函数式编程**（functional programming）领域，有一个术语**纯函数**（pure function）。它最大的特点是，假如输入参数相同，输出结果也一定相同，不受任何其他因素影响。换句话说，纯函数是一种无状态的函数。

比如下面的 mosaic() 函数就符合我们对纯函数的定义：

```python
def mosaic(s):
    """ 把输入字符串替换为等长的星号字符 """
    return '*' * len(s)
```

调用结果如下：

```python
>>> mosaic('input')
'*****'
```

让函数保持无状态有不少好处。相比有状态函数，无状态函数的逻辑通常更容易理解。在进行并发编程时，无状态函数也有着无须处理状态相关问题的天然优势。

但即便如此，我们的日常工作还是免不了要和"状态"打交道，比如在下面这个故事里，小 R 遇到的问题就需要用"状态"来解决。

函数与状态

1. 热身运动

小 R 正在自学 Python，一天，他从网上看到一道和字符串处理有关的练习题：

有一段文字，里面包含各类数字，比如数量、价格等，编写一段代码把文字里的所有数字都用星号替代，实现脱敏的效果。

❑ 原始文本：商店共 100 个苹果，小明以 12 元每斤的价格买走了 8 个。

❑ 目标文本：商店共 * 个苹果，小明以 * 元每斤的价格买走了 * 个。

看完这道题目，小 R 心想："前段时间刚学过正则表达式，用它来处理这个问题正合适！"翻了翻正则表达式模块 re 的官方文档后，他很快锁定了目标：re.sub() 函数。

re.sub(pattern, repl, string, count, flags) 是正则表达式模块所提供的字符串替换函数，它接收五个参数。

(1) pattern：需要匹配的正则模式。

(2) repl：用于替换的目标内容，可以是字符串或函数。

(3) string：待替换的目标字符串。

(4) count：最大替换次数，默认为 0，表示不限制次数。

(5) flags：正则匹配标志，比如 re.IGNORECASE 代表不区分大小写。

使用 re.sub() 函数，小 R 很快解出了练习题的答案，如代码清单 7-1 所示。

代码清单 7-1　用正则替换连续数字的函数代码

```python
import re

def mosaic_string(s):
    """ 用 * 替换输入字符串里面所有的连续数字 """
    return re.sub(r'\d+', '*', s)  ❶
```

❶ 正则小知识入门：此处 pattern 中的 \d 表示 0 ~ 9 的所有数字，+ 表示重复 1 次以上

调用效果如下：

```python
>>> mosaic_string("商店共 100 个苹果，小明以 12 元每斤的价格买走了 8 个")
'商店共 * 个苹果，小明以 * 元每斤的价格买走了 * 个'
```

完成练习题后，小 R 点击了"下一步"按钮，没想到屏幕上出现了新的要求。

　　恭喜你完成了第一步，但这只是热身运动。

　　现在请进一步修改函数，保留每个被替换数字的原始长度，比如 100 应该被替换成 ***。

2. 使用函数

看到新的问题说明后，小 R 觉得这个需求仍然可以用 re.sub() 函数满足，于是他重新认真翻了一遍函数文档，果然找到了办法。

原来，在使用 re.sub(pattern, repl, string) 函数时，第二个参数 repl 不光可以是普通字符串，还可以是一个可调用的函数对象。

如果要用等长的星号来替换所有数字，只要先定义如代码清单 7-2 所示的函数。

代码清单 7-2　用等长星号替换数字

```python
def mosaic_matchobj(matchobj): ❶
    """ 将匹配到的模式替换为等长星号字符串 """
    length = len(matchobj.group())
    return '*' * length
```

❶ 用作 repl 参数的函数必须接收一个参数：matchobj，它的值是当前匹配到的对象。

然后将它作为 repl 参数，就能实现题目要求的效果：

```python
def mosaic_string(s):
    """ 用等长的 * 替换输入字符串里面所有的连续数字 """
    return re.sub(r'\d+', mosaic_matchobj, s)
```

调用结果如下：

```python
>>> mosaic_string("商店共 100 个苹果，小明以 12 元每斤的价格买走了 8 个")
'商店共 *** 个苹果，小明用 ** 元的价格买走了 * 个'
```

解决问题后，小 R 高兴地点击了"下一步"。不出所料，屏幕上又出现了新的需求。

恭喜你完成了问题，现在请迎接最终挑战。

请在替换数字时加入一些更有趣的逻辑——全部使用星号 * 来替换，显得有些单调，如果能轮换使用 * 和 x 两种符号就好了。

举个例子，"商店共 100 个苹果，小明以 12 元每斤的价格买走了 8 个"被替换后应该变成"商店共 *** 个苹果，小明以 xx 元每斤的价格买走了 * 个"。

3. 给函数加上状态：全局变量

看到新的问题后，小 R 陷入了思考。

截至上一个问题，小 R 所写的 mosaic_matchobj() 函数只是一个无状态函数。但为了满足新需求，小 R 需要调整 mosaic_matchobj() 函数，把它从一个无状态函数改为有状态函数。

这里的"状态"，当然就是指它需要记录每次调用时应该使用 * 还是 x 符号。

给函数加上状态的办法有很多，而全局变量通常是最容易想到的方式。

为了实现每次调用时轮换马赛克字符，小 R 可以直接定义一个全局变量 _mosaic_char_
index，用它来记录函数当前使用了 '*' 还是 'x' 字符。只要在每次调用函数时修改它的值，
就能实现轮换功能。

函数代码如代码清单 7-3 所示。

代码清单 7-3 使用全局变量的有状态替换函数

```
_mosaic_char_index = 0


def mosaic_global_var(matchobj):
    """
    将匹配到的模式替换为其他字符，使用全局变量实现轮换字符效果
    """
    global _mosaic_char_index ❶
    mosaic_chars = ['*', 'x']

    char = mosaic_chars[_mosaic_char_index]
    # 递增马赛克字符索引值
    _mosaic_char_index = (_mosaic_char_index + 1) % len(mosaic_chars)

    length = len(matchobj.group())
    return char * length
```

❶ 使用 global 关键字声明一个全局变量

经过测试，函数可以满足要求：

```
>>> print(re.sub(r'\d+', mosaic_global_var, '商店共 100 个苹果，小明以 12 元每斤的价格买走了 8
个'))
商店共 *** 个苹果，小明以 xx 元每斤的价格买走了 * 个
```

虽然全局变量能满足需求，而且看上去似乎挺简单，但千万不要被它的外表蒙蔽了双眼。
用全局变量保存状态，其实是写代码时最应该避开的事情之一。

为什么这么说？其中的原因有很多。

首先，上面这种方式封装性特别差，代码里的 mosaic_global_var() 函数不是一个完整可
用的对象，必须配合一个模块级状态 _mosaic_char_index 使用。

其次，上面这种方式非常脆弱。如果多个模块在不同线程里，同时导入并使用 mosaic_
global_var() 函数，整个字符轮换的逻辑就会乱掉，因为多个调用方共享同一个全局标记变量
_mosaic_char_index。

最后，现在的函数提供的调用结果甚至都不稳定。如果连续调用函数，就会出现下面这种
情况：

```
>>> print(re.sub(r'\d+', mosaic_global_var, '商店共 100 个苹果，小明以 12 元每斤的价格买走了 8
个')) ❶
商店共 *** 个苹果，小明以 xx 元每斤的价格买走了 * 个

>>> print(re.sub(r'\d+', mosaic_global_var, '商店共 100 个苹果，小明以 12 元每斤的价格买走了 8
个')) ❷
商店共 xxx 个苹果，小明以 ** 元每斤的价格买走了 x 个
```

❶ 首次调用，从 * 符号开始

❷ 第二次调用，因为全局标记没有被重置，刚好轮换到从 x 而不是 * 开始

总而言之，用全局变量管理状态，在各种场景下几乎都是下策，仅可在迫不得已时作为终极手段使用。

除了全局变量以外，小 R 还可以使用另一个办法：闭包。

4. 给函数加上状态：闭包

闭包（closure）是编程语言领域里的一个专有名词。简单来说，闭包是一种允许函数访问已执行完成的其他函数里的私有变量的技术，是为函数增加状态的另一种方式。

正常情况下，当 Python 完成一次函数执行后，本次使用的局部变量都会在调用结束后被回收，无法继续访问。但是，如果你使用下面这种"函数套函数"的方式，在外层函数执行结束后，返回内嵌函数，后者就可以继续访问前者的局部变量，形成了一个"闭包"结构，如代码清单 7-4 所示。

代码清单 7-4　闭包示例

```
def counter():
    value = 0
    def _counter():
        # nonlocal 用来标注变量来自上层作用域，如不标明，内层函数将无法直接修改外层函数变量
        nonlocal value

        value += 1
        return value
    return _counter
```

调用 counter 返回的结果函数，可以继续访问本该被释放的 value 变量的值：

```
>>> c = counter()
>>> c()
1
>>> c()
2
>>> c2 = counter() ❶
>>> c2()
1
```

❶ 创建一个与 c 无关的新闭包对象 c2

得益于闭包的这个特点，小 R 可以用它来实现"会轮换字符的马赛克函数"，如代码清单 7-5 所示。

代码清单 7-5　使用闭包的有状态替换函数

```
def make_cyclic_mosaic():
    """
    将匹配到的模式替换为其他字符，使用闭包实现轮换字符效果
    """
    char_index = 0
    mosaic_chars = ['*', 'x']

    def _mosaic(matchobj):
        nonlocal char_index
        char = mosaic_chars[char_index]
        char_index = (char_index + 1) % len(mosaic_chars)

        length = len(matchobj.group())
        return char * length

    return _mosaic
```

调用效果如下：

```
>>> re.sub(r'\d+', make_cyclic_mosaic(), '商店共 100 个苹果，小明以 12 元每斤的价格买走了
8 个') ❶
'商店共 *** 个苹果，小明以 xx 元每斤的价格买走了 * 个'

>>> re.sub(r'\d+', make_cyclic_mosaic(), '商店共 100 个苹果，小明以 12 元每斤的价格买走了
8 个') ❷
'商店共 *** 个苹果，小明以 xx 元每斤的价格买走了 * 个'
```

❶ 注意：此处是 make_cyclic_mosaic() 而不是 make_cyclic_mosaic，因为 make_
   cyclic_mosaic() 函数的调用结果才是真正的替换函数
❷ 重复调用时使用新的闭包函数对象，计数器重新从 0 开始，没有结果不稳定问题

相比全局变量，使用闭包最大的特点就是封装性要好得多。在闭包代码里，索引变量 called_cnt 完全处于闭包内部，不会污染全局命名空间，而且不同闭包对象之间也不会相互影响。

总而言之，闭包是一种非常有用的工具，非常适合用来实现简单的有状态函数。

不过，除了闭包之外，还有一个天生就适合用来实现"状态"的工具：类。

5. 给函数加上状态：类

类（class）是面向对象编程里最基本的概念之一。在一个类中，状态和行为可以被很好地

封装在一起，因此它天生适合用来实现有状态对象。

通过类，我们可以生成一个个类实例，而这些实例对象的方法，可以像普通函数一样被调用。正因如此，小 R 也可以完全用类来实现一个"会轮换屏蔽字符的马赛克对象"，如代码清单 7-6 所示。

代码清单 7-6　基于类实现有状态替换方法

```python
class CycleMosaic:
    """ 使用会轮换的屏蔽字符，基于类实现 """

    _chars = ['*', 'x']

    def __init__(self):
        self._char_index = 0  ❶

    def generate(self, matchobj):
        char = self._chars[self._char_index]
        self._char_index = (self._char_index + 1) % len(self._chars)
        length = len(matchobj.group())
        return char * length
```

❶ 类实例的状态一般都在 `__init__` 函数里初始化

在调用时，需要先初始化一个 CycleMosaic 实例，然后使用它的 generate 方法：

```python
>>> re.sub(r'\d+', CycleMosaic().generate, '商店共 100 个苹果，小明以 12 元每斤的价格买走了 8 个')
'商店共 *** 个苹果，小明以 xx 元每斤的价格买走了 * 个'
```

使用类和使用闭包一样，也可以很好地满足需求。

不过严格说来，这个方案最终依赖的 CycleMosaic().generate，并非一个有状态的**函数**，而是一个有状态的**实例方法**。但无论是函数还是实例方法，它们都是"可调用对象"的一种，都可以作为 re.sub() 函数的 repl 参数使用。

权衡了这三种方案的利弊后，小 R 最终选择了第三种基于类的方案，完成了这道练习题。

6. 小结

在小 R 解答练习题的过程中，一共出现了三种实现有状态函数的方式，这三种方式各有优缺点，总结如下。

基于全局变量：

❑ 学习成本最低，最容易理解；

❑ 会增加模块级的全局状态，封装性和可维护性最差。

基于函数闭包：

❑ 学习成本适中，可读性较好；

❑ 适合用来实现变量较少，较简单的有状态函数。

创建类来封装状态：

❑ 学习成本较高；

❑ 当变量较多、行为较复杂时，类代码比闭包代码更易读，也更容易维护。

在日常编码中，如果你需要实现有状态的函数，应该尽量避免使用全局变量，闭包或类才是更好的选择。

7.3 编程建议

7.3.1 别写太复杂的函数

你有没有在项目中见过那种长达几百行、逻辑错综复杂的"巨无霸"函数？那样的函数不光难读，改起来同样困难重重，人人唯恐避之不及。所以，我认为编写函数最重要的原则就是：**别写太复杂的函数**。

为了避免写出太复杂的函数，第一个要回答的问题是：什么样的函数才能算是过于复杂？我一般会通过两个标准来判断。

1. 长度

第一个标准是长度，也就是函数有多少行代码。

诚然，我们不能武断地说，长函数就一定比短函数复杂。因为在不同的编程风格下，相同行数的代码所实现的功能可以有巨大差别，有人甚至能把一个完整的俄罗斯方块游戏塞进一行代码内。

但即便如此，长度对于判断函数复杂度来说仍然有巨大价值。在著作《代码大全（第 2 版）》中，Steve McConnell 提到函数的理想长度范围是 65 到 200 行，一旦超过 200 行，代码出现 bug 的概率就会显著增加。

从我自身的经验来看，对于 Python 这种强表现力的语言来说，65 行已经非常值得警惕了。假如你的函数超过 65 行，很大概率代表函数已经过于复杂，承担了太多职责，请考虑将它拆分为多个小而简单的子函数（类）吧。

2. 圈复杂度

第二个标准是"圈复杂度"（cyclomatic complexity）。

"圈复杂度"是由 Thomas J. McCabe 在 1976 年提出的用于评估函数复杂度的指标。它的值是一个正整数，代表程序内线性独立路径的数量。圈复杂度的值越大，表示程序可能的执行路径就越多，逻辑就越复杂。

如果某个函数的圈复杂度超过 10，就代表它已经太复杂了，代码编写者应该想办法简化。优化写法或者拆分成子函数都是不错的选择。

接下来，我们通过实际代码来体验一下圈复杂度的计算过程。

在 Python 中，你可以通过 radon 工具计算一个函数的圈复杂度。radon 基于 Python 编写，使用 pip install radon 即可完成安装。

安装完成后，接下来就是找到一份需要计算圈复杂度的代码。在这里，我将使用第 4 章案例里的"按照电影分数计算评级"的函数：

```python
def rank(self):
    rating_num = float(self.rating)
    if rating_num >= 8.5:
        return 'S'
    elif rating_num >= 8:
        return 'A'
    elif rating_num >= 7:
        return 'B'
    elif rating_num >= 6:
        return 'C'
    else:
        return 'D'
```

执行 radon 命令，就可以查看上面这个函数的圈复杂度：

```
> radon cc complex_func.py -s
complex_func.py
    F 1:0 rank - A (5)
```

可以看到，有着大段 if/elif 的 rank() 函数的圈复杂度为 5，评级为 A。虽然这个值没有达到危险线 10，但考虑到函数只有短短 10 行，5 已经足够引起重视了。

作为对比，我们再计算一下案例中使用 bisect 模块重构后的 rank() 函数：

```python
def rank(self):
    breakpoints = (6, 7, 8, 8.5)
```

```
grades = ('D', 'C', 'B', 'A', 'S')
index = bisect.bisect(breakpoints, float(self.rating))
return grades[index]
```

重构后函数的圈复杂度如下:

```
radon cc complex_func.py -s
complex_func.py
    F 1:0 rank - A (1)
```

可以看到, 新函数的圈复杂度从 5 降至 1。1 是一个非常理想化的值, 如果一个函数的圈复杂度为 1, 就代表这个函数只有一条主路径, 没有任何其他执行路径, 这样的函数通常来说都十分简单、容易维护。

当然, 在正常的项目开发流程中, 我们一般不会在每次写完代码后, 都手动执行一次 radon 命令检查函数圈复杂度是否符合标准, 而会将这种检查配置到开发或部署流程中自动执行。在第 13 章中, 我将继续介绍这部分内容。

7.3.2 一个函数只包含一层抽象

在 5.2.2 节中, 我分享过一个与抽象一致性有关的案例。在那个案例中, 函数抛出了高于自身抽象级别的异常, 导致代码很难复用。于是我们得出结论: 保证函数抛出的异常与自身抽象级别一致非常重要。

但抽象级别对函数设计的影响远不止于此。在本节中, 我们将继续探讨这个话题。不过在那之前, 我先提出一个问题:"抽象级别到底是什么?"

要解释抽象级别, 得从解释"抽象"开始。

1. 什么是抽象

打开维基百科的 Abstraction 词条页面, 你可以找到抽象的定义。通用领域里的"抽象", 是指在面对复杂事物 (或概念) 时, 主动过滤掉不需要的细节, 只关注与当前目的有关的信息的过程。

光看概念, 抽象似乎挺玄乎, 但其实不然, 抽象不光不玄乎, 而且很自然——人类每天都在使用抽象能力。

举个例子, 我吃完饭在大街上散步, 走得有点儿累了, 于是对自己说:"腿真疼啊, 找把椅子坐吧。"此时此刻,"椅子"在我脑中就是一个抽象的概念。

我脑中的椅子：

☐ 有一个平坦的表面可以把屁股放上去；

☐ 离地 20 到 50 厘米，能支撑 60 千克以上的重量。

对这个抽象概念来说，路边的金属黑色长椅是我需要的椅子，饭店门口的塑料扶手椅同样也是我需要的椅子，甚至某个一尘不染的台阶也可以成为我要的"椅子"。

在这个抽象下，椅子的其他特征，比如使用什么材料（木材还是金属）、涂的什么颜色（白色还是黑色），对于我来说都不重要。于是在一次逛街中，我不知不觉完成了一次对椅子的抽象，解决了屁股坐哪儿的问题。

所以简单来说，抽象就是一种选择特征、简化认知的手段。接下来，我们看看抽象与软件开发的关系。

2. 抽象与软件开发

在计算机科学领域里，人们广泛使用了抽象能力，并围绕抽象发明了许多概念和理论，而分层思想就是其中最重要的概念之一。

什么是分层？分层就在设计一个复杂系统时，按照问题抽象程度的高低，将系统划分为不同的**抽象层**（abstraction layer）。低级的抽象层里包含较多的实现细节。随着层级变高，细节越来越少，越接近我们想要解决的实际问题。

举个例子，计算机网络体系里的 7 层 OSI 模型（如图 7-1 所示），就应用了这种分层思想。

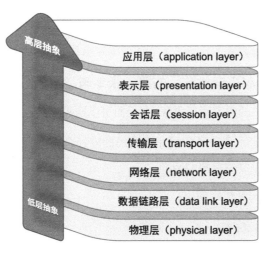

图 7-1 计算机网络 7 层 OSI 模型示意图

在 OSI 模型的第一层物理层，主要关注原始字节流如何通过物理媒介传输，牵涉针脚、集线器等各种细节。而第七层应用层则更贴近终端用户，这层包含的都是我们日常用到的东西，比如浏览网页的 HTTP 协议、发送邮件的 SMTP 协议，等等。

在这种分层结构下，每一层抽象都只依赖比它抽象级别更低的层，同时对比它抽象级别更高的层一无所知。因此，每层都可以脱离更高级别的层独立工作。比如活跃在传输层的 TCP 协议，可以对应用层的 HTTP、HTTPS 等应用协议毫无感知，独立工作。

分层是一种特别有用的设计理念。基于分层，我们可以把复杂系统的诸多细节封装到各个独立的抽象层中，每一层只关注特定内容，复杂度得到大大降低，系统也变得更容易理解。

正因为抽象与分层理论特别有用，所以不管你有没有意识到，其实在各个维度上都活跃着"分层"的身影，如下所示。

❑ 项目间的分层：电商后端 API（高层抽象）→ 数据库（低层抽象）。
❑ 项目内的分层：账单模块（高层抽象）→ Django 框架（低层抽象）。
❑ 模块内的分层：函数名 – 获取账户信息（高层抽象）→ 函数内 – 处理字符串（低层抽象）。

无论在哪个维度上，随意混合抽象级别、打破分层都会导致不好的后果。

举个例子，电商网站需要开发一个用户抽奖功能。不在电商后端项目里增加模块，而是通过堆砌大量数据库内置函数，写出长达 1000 行的 SQL 语句实现了需求的核心逻辑。试问，这样的 SQL 语句有几个人能看明白，再过一个月，恐怕作者自己都看不懂吧。

因此，即便是在非常微观的层面上，比如编写一个函数时，我们同样需要考虑函数内代码与抽象级别的关系。**假如一个函数内同时包含了多个抽象级别的内容，就会引发一系列的问题。**

接下来，我们通过一份真实的代码来看看如何确定函数的抽象级别。

3. 脚本案例：调用 API 查找歌手的第一张专辑

iTunes 是苹果公司提供的内容商店服务，在里面可以购买世界各地的电影、音乐等数字内容。

同时，iTunes 还提供了一个公开的可免费调用的内容查询 API。下面这个脚本就通过调用该 API 实现了查找歌手的第一张专辑的功能。

first_album.py 脚本的完整代码如下：

```
""" 通过 iTunes API 搜索歌手发布的第一张专辑 """
import sys
from json.decoder import JSONDecodeError
```

```python
import requests
from requests.exceptions import HTTPError

ITUNES_API_ENDPOINT = 'https://itunes.apple.com/search'


def command_first_album():
    """ 通过脚本输入查找并打印歌手的第一张专辑信息 """
    if not len(sys.argv) == 2:
        print(f'usage: python {sys.argv[0]} {{SEARCH_TERM}}')
        sys.exit(1)

    term = sys.argv[1]
    resp = requests.get(
        ITUNES_API_ENDPOINT,
        {
            'term': term,
            'media': 'music',
            'entity': 'album',
            'attribute': 'artistTerm',
            'limit': 200,
        },
    )
    try:
        resp.raise_for_status()
    except HTTPError as e:
        print(f'Error: failed to call iTunes API, {e}')
        sys.exit(2)  ❶
    try:
        albums = resp.json()['results']
    except JSONDecodeError:
        print(f'Error: response is not valid JSON format')
        sys.exit(2)
    if not albums:
        print(f'Error: no albums found for artist "{term}"')
        sys.exit(1)

    sorted_albums = sorted(albums, key=lambda item: item['releaseDate'])
    first_album = sorted_albums[0]
    # 去除发布日期里的小时与分钟信息
    release_date = first_album['releaseDate'].split('T')[0]

    # 打印结果
    print(f"{term}'s first album: ")
    print(f"  * Name: {first_album['collectionName']}")
    print(f"  * Genre: {first_album['primaryGenreName']}")
    print(f"  * Released at: {release_date}")


if __name__ == '__main__':
    command_first_album()
```

❶ 当脚本执行异常时，应该使用非 0 返回码，这是编写脚本的规范之一

执行看看效果：

```
> python first_album.py ❶
usage: python first_album.py {SEARCH_TERM}

> python first_album.py "linkin park" ❷
linkin park's first album:
  * Name: Hybrid Theory
  * Genre: Hard Rock
  * Released at: 2000-10-24

> python first_album.py "calfoewf#@#FE" ❸
Error: no albums found for artist "calfoewf#@#FE"
```

❶ 没有提供参数时，打印错误信息并返回

❷ 执行正常，打印专辑信息（《Hybrid Theory》超好听！）

❸ 输入参数没有匹配到任何专辑，打印错误信息

4. 脚本抽象级别分析

这个脚本实现了我们想要的效果，那么它的代码质量怎么样呢？我们从长度、圈复杂度、嵌套层级几个维度来看看：

(1) 主函数 command_first_album() 共 40 行代码；

(2) 函数圈复杂度为 5；

(3) 函数内最大嵌套层级为 1。

看上去每个维度都在合理范围内，没有什么问题。但是，除了上面这些维度外，评价函数好坏还有一个重要标准：函数内的代码是否在同一个抽象层内。

上面脚本的主函数 command_first_album() 显然不符合这个标准。在函数内部，不同抽象级别的代码随意混合在了一起。比如，当请求 API 失败时（数据层），函数直接调用 sys.exit() 中断了程序执行（用户界面层）。

这种抽象级别上的混乱，最终导致了下面两个问题。

❑ **函数代码的说明性不够**：如果只是简单读一遍 command_first_album()，很难搞清楚它的主流程是什么，因为里面的代码五花八门，什么层次的信息都有。

❑ **函数的可复用性差**：假如现在要开发新需求——查询歌手的所有专辑，你无法复用已有函数的任何代码。

所以，如果缺乏设计，哪怕是一个只有 40 行代码的简单函数，内部也很容易产生抽象混乱问题。要优化这个函数，我们需要重新梳理程序的抽象级别。

在我看来，这个程序至少可以分为以下三层。

(1) 用户界面层：处理用户输入、输出结果。

(2) "第一张专辑"层：找到第一张专辑。

(3) 专辑数据层：调用 API 获取专辑信息。

在每一个抽象层内，程序所关注的事情都各不相同，如图 7-2 所示。

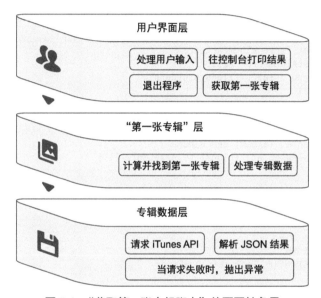

图 7-2 "获取第一张专辑脚本"的不同抽象层

基于这样的层级设计，我们可以对原始函数进行拆分。

5. 基于抽象层重构代码

重构后的脚本 first_album_new.py 的代码如下：

```python
"""通过 iTunes API 搜索歌手发布的第一张专辑"""
import sys
from json.decoder import JSONDecodeError

import requests
from requests.exceptions import HTTPError

ITUNES_API_ENDPOINT = 'https://itunes.apple.com/search'


class GetFirstAlbumError(Exception):
    """获取第一张专辑失败"""
```

```python
class QueryAlbumsError(Exception):
    """ 获取专辑列表失败 """


def command_first_album():
    """ 通过输入参数查找并打印歌手的第一张专辑信息 """
    if not len(sys.argv) == 2:
        print(f'usage: python {sys.argv[0]} {{SEARCH_TERM}}')
        sys.exit(1)

    artist = sys.argv[1]
    try:
        album = get_first_album(artist)
    except GetFirstAlbumError as e:
        print(f"error: {e}", file=sys.stderr)
        sys.exit(2)

    print(f"{artist}'s first album: ")
    print(f"  * Name: {album['name']}")
    print(f"  * Genre: {album['genre_name']}")
    print(f"  * Released at: {album['release_date']}")


def get_first_album(artist):
    """ 根据专辑列表获取第一张专辑

    :param artist: 歌手名字
    :return: 第一张专辑
    :raises: 获取失败时抛出 GetFirstAlbumError
    """
    try:
        albums = query_all_albums(artist)
    except QueryAlbumsError as e:
        raise GetFirstAlbumError(str(e))

    sorted_albums = sorted(albums, key=lambda item: item['releaseDate'])
    first_album = sorted_albums[0]
    # 去除发布日期里的小时与分钟信息
    release_date = first_album['releaseDate'].split('T')[0]
    return {
        'name': first_album['collectionName'],
        'genre_name': first_album['primaryGenreName'],
        'release_date': release_date,
    }


def query_all_albums(artist):
    """ 根据歌手名字搜索所有专辑列表

    :param artist: 歌手名字
    :return: 专辑列表, List[Dict]
    :raises: 获取专辑失败时抛出 QueryAlbumsError
    """
```

```
    resp = requests.get(
        ITUNES_API_ENDPOINT,
        {
            'term': artist,
            'media': 'music',
            'entity': 'album',
            'attribute': 'artistTerm',
            'limit': 200,
        },
    )
    try:
        resp.raise_for_status()
    except HTTPError as e:
        raise QueryAlbumsError(f'failed to call iTunes API, {e}')
    try:
        albums = resp.json()['results']
    except JSONDecodeError:
        raise QueryAlbumsError('response is not valid JSON format')
    if not albums:
        raise QueryAlbumsError(f'no albums found for artist "{artist}"')
    return albums


if __name__ == '__main__':
    command_first_album()
```

在新代码中，旧的主函数被拆分成了三个不同的函数。

- command_first_album()：程序主入口，对应用户界面层。
- get_first_album()：获取第一张专辑，对应"第一张专辑"层。
- query_all_albums()：调用 API 获取数据，对应专辑数据层。

经过调整后，脚本里每个函数内的所有代码都只属于同一个抽象层。这大大提升了函数代码的说明性。现在，当你在阅读每个函数时，可以很清晰地知道它在做什么事情。

同时，把大函数拆分成几个更小的函数后，代码的可复用性也得到了提升。假如现在要开发"查询所有专辑"功能，我们可以直接复用 query_all_albums() 函数完成工作。

在设计函数时，请时常记得检查函数内代码是否在同一个抽象级别，如果不是，那就需要把函数拆成更多小函数。只有保证抽象级别一致，函数的职责才更简单，代码才更易读、更易维护。

7.3.3 优先使用列表推导式

函数式编程是一种编程风格，它最大的特征，就是通过组合大量没有副作用的"纯函数"来实现复杂的功能。如果你想在 Python 中实践函数式编程，最常用的几个工具如下所示。

(1) map(func, iterable)：遍历并执行 func 获取结果，迭代返回新结果。

(2) filter(func, iterable)：遍历并使用 func 测试成员，仅当结果为真时返回。

(3) lambda：定义一个一次性使用的匿名函数。

举个例子，假如你想获取所有处于活跃状态的用户积分，代码可以这么写：

```
points = list(map(query_points, filter(lambda user: user.is_active(), users)))
```

不需要任何循环和分支，只要一条函数式的表达式就能完成工作。

但比起上面这种 map 套 filter 的写法，我们其实完全可以使用列表推导式来搞定这个问题：

```
points = [query_points(user) for user in users if user.is_active()]
```

在大多数情况下，相比函数式编程，使用列表推导式的代码通常更短，而且描述性更强。所以，当列表推导式可以满足需求时，请优先使用它吧。

7.3.4　你没有那么需要 lambda

Python 中有一类特殊的函数：匿名函数。你可以用 lambda 关键字来快速定义一个匿名函数，比如 lambda x, y: x + y。匿名函数最常见的用途就是作为 sorted() 函数的排序参数使用。

但有时，我们会过于习惯使用 lambda，而写出下面这样的代码：

```
>>> l = ['87', '3', '10']

# 转换为整数后排序
>>> sorted(l, key=lambda n: int(n))
['3', '10', '87']
```

仔细观察上面的代码，你能发现问题在哪吗？在这段代码里，为了排序，我们定义了一个 lambda 函数，但这个函数其实什么都没干，只是把调用透传给 int() 而已。

所以，上面代码里的匿名函数完全是多余的，可以直接去掉：

```
>>> sorted(l, key=int)
['3', '10', '87']
```

这样的代码更短，也更好理解。

在使用 lambda 函数时，还有一类常见的使用场景——用匿名函数做一些简单的操作运算，比如通过 key 获取字典值、通过属性名获取对象值，等等。

用 lambda 获取字典某个 key 的值：

```
>>> sorted(data, key=lambda obj: obj['name'])
```

对于这种进行简单操作的匿名函数，我们其实完全可以用 operator 模块里的函数来替代。比如使用 operator.itemgetter() 就可以直接实现"获取某个 key 的值"操作：

```
>>> from operator import itemgetter
>>> itemgetter('name')({'name': 'foo'}) ❶
'foo'
```

❶ 调用 itemgetter('name') 会生成一个新函数，使用 obj 参数调用新函数，效果等同于表达式 obj['name']

前面 sorted() 使用的 lambda 函数也可以直接用 itemgetter() 替代：

```
>>> sorted(data, key=itemgetter('name'))
```

除了 itemgetter() 以外，operator 模块里还有许多有用的函数，它们都可以用来替代简单的操作运算类匿名函数，比如 add()、attrgetter() 等，详细列表可以查询官方文档。

总之，Python 中的 lambda 函数只是一颗简单的语法糖。它的许多使用场景，要么本身就不存在，要么更适合用 operator 模块来满足。lambda 并非无可替代。

当你确实想要编写 lambda 函数时，请尝试问自己一个问题："这个功能用 def 写一个普通函数是不是更合适？"尤其当需求比较复杂时，千万别试着把大段逻辑糅进一个巨大的匿名函数里。请记住，没什么特殊功能是 lambda 能做而普通函数做不到的。

7.3.5　了解递归的局限性

递归（recursion）是指函数在执行时依赖调用自身来完成工作，是一种非常有用的编程技巧。在实现一些特定算法时，使用递归的代码更符合人们的思维习惯，有着天然的优势。

比如，下面计算**斐波那契数列**（Fibonacci sequence）的函数就非常容易理解：

```python
def fib(n):
    if n < 2:
        return n
    return fib(n-1) + fib(n-2)
```

斐波那契数列的第一个成员和第二个成员是 0 和 1，随后的每个成员都是前两个成员之和，比如 [0, 1, 1, 2, 3, 5, …]。

使用它获取数列的前 10 位成员：

```
>>> [fib(i) for i in range(10)]
[0, 1, 1, 2, 3, 5, 8, 13, 21, 34]
```

虽然上面的函数代码很直观，但用起来有一些限制。比如当需要计算的数字很大时，上面的 fib(n) 函数在执行时会形成一个非常深的嵌套调用栈，当它的深度超过一定限制后，函数就会抛出 RecursionError 异常：

```
>>> fib(1000)
Traceback (most recent call last):
  ...
  [Previous line repeated 995 more times]
  File "fib.py", line 2, in fib
    if n < 2:
RecursionError: maximum recursion depth exceeded in comparison
```

这个最大递归深度限制由 Python 在语言层面上设置，你可以通过下面的命令查看和修改这个限制：

```
>>> import sys
>>> sys.getrecursionlimit()
1000
>>> sys.setrecursionlimit(10000) ❶
```

❶ 你也可以手动把限制修改成 10 000 层，但我们一般不这么做

在编程语言领域，为了避免递归导致调用栈过深，占用过多资源，不少编程语言使用一种被称为**尾调用优化**(tail call optimization)的技术。这种技术能将 fib() 函数里的递归优化成循环，以此避免嵌套层级过深，提升性能。

但 Python 没有这种技术。因此在使用递归时，你必须对函数的输入数据规模时刻保持警惕，确保它所触发的递归深度，一定远远低于 sys.getrecursionlimit() 的最大限制。

当然，仅针对上面的 fib() 函数来说，它对递归的使用其实有许多值得优化的地方。第一个点就是 fib() 函数会触发太多重复计算，它的算法时间复杂度是 $O(2^n)$。因此，只要用 @lru_cache 给它加上缓存，就可以极大地提升性能：

```
from functools import lru_cache
```

```
@lru_cache
def fib(n): ...
```

 使用 @lru_cache 优化斐波那契数列计算，其实就是 functools 模块官方文档里的一个例子。

这样做以后，程序就免去了许多重复计算，可以极大地提升执行效率。

不过，添加 @lru_cache 也仅仅能提升它的效率，如果输入数字过大，函数执行时还是会超过最大递归深度限制。对于任何递归代码来说，一劳永逸的办法是将其改写成循环。

下面这个函数就是用循环实现的斐波那契数列，它的调用效果和递归函数 fib() 一模一样：

```
def fib_loop(n):
    a, b = 0, 1
    for i in range(n):
        a, b = b, a + b
    return a
```

改写为循环后，新函数不会因为输入数字过大而触发递归深度报错，并且它的算法时间复杂度也远比旧函数低，执行效率更高。

总而言之，Python 里的递归因为缺少语言层面的优化，局限性较大。当你想用递归来实现某个算法时，请先琢磨琢磨是否能用循环来改写。如果答案是肯定的，那就改成循环吧。

但像上面的例子一样，能被简单重写为循环的递归代码毕竟是少数。假如递归确实能带来许多方便，当你决意要使用它时，请务必注意不要超过最大递归深度限制。

7.4　总结

在本章中，我们学习了在 Python 中编写函数的相关知识。

在设计函数参数时，请不要使用可变类型作为默认参数，而应该用 None 来替代。你可以定义仅限关键字参数，来提高函数调用的可读性。在函数中返回结果时，应该尽量保证返回值类型的统一，在想要返回 None 值时，应该考虑是否可以用抛出异常来替代。

functools 模块中有许多有用的工具，你可以查阅官方文档了解更多内容。

在案例故事中，我介绍了在函数中保存状态的几种常见方式，包括全局变量、闭包、类方法等。闭包和类是编写有状态函数的两种推荐工具。

最后我想说的是，虽然函数可以消除重复代码，但绝不能只把它看成一种复用代码的工具。函数最重要的价值其实是创建抽象，而提供复用价值甚至可以算成抽象所带来的一种"副作用"。

因此，要想写出好的函数，秘诀就在于设计好的抽象，这就是为什么我说不要写太复杂的函数（导致抽象不精确），每个函数只应该包含一层抽象。

以下是本章要点知识总结。

(1) 函数参数与返回相关基础知识

    ❑ 不要使用可变类型作为参数默认值，用 None 来代替
    ❑ 使用标记对象，可以严格区分函数调用时是否提供了某个参数
    ❑ 定义仅限关键字参数，可以强制要求调用方提供参数名，提升可读性
    ❑ 函数应该拥有稳定的返回类型，不要返回多种类型
    ❑ 适合返回 None 的情况——操作类函数、查询类函数表示意料之中的缺失值
    ❑ 在执行失败时，相比返回 None，抛出异常更为合适
    ❑ 如果提前返回结果可以提升可读性，就提前返回，不必追求"单一出口"

(2) 代码可维护性技巧

    ❑ 不要编写太长的函数，但长度并没有标准，65 行算是一个危险信号
    ❑ 圈复杂度是评估函数复杂程度的常用指标，圈复杂度超过 10 的函数需要重构
    ❑ 抽象与分层思想可以帮我们更好地构建与管理复杂的系统
    ❑ 同一个函数内的代码应该处在同一抽象级别

(3) 函数与状态

    ❑ 没有副作用的无状态纯函数易于理解，容易维护，但大多数时候"状态"不可避免
    ❑ 避免使用全局变量给函数增加状态
    ❑ 当函数状态较简单时，可以使用闭包技巧
    ❑ 当函数需要较为复杂的状态管理时，建议定义类来管理状态

(4) 语言机制对函数的影响

    ❑ functools.partial() 可以用来快速构建偏函数
    ❑ functools.lru_cache() 可以用来给函数添加缓存
    ❑ 比起 map 和 filter，列表推导式的可读性更强，更应该使用
    ❑ lambda 函数只是一种语法糖，你可以使用 operator 模块等方式来替代它
    ❑ Python 语言里的递归限制较多，可能的话，请尽量使用循环来替代

第 8 章

装饰器

在大约十年前，我从事着 Python Web 开发相关的工作，用的是 Django 框架。那时 Django 是整个 Python 生态圈里最流行的开源 Web 开发框架[1]。

作为最流行的 Web 开发框架，Django 提供了非常强大的功能。它有一个清晰的 MTV（model-template-view，模型—模板—视图）分层架构和开箱即用的 ORM[2] 引擎，以及丰富到令人眼花缭乱的可配置项。

但正因为提供了这些强大的功能，Django 的学习与使用成本也非常高。假如你从来没有接触过 Django，想要用它开发一个 Web 网站，得先学习一大堆框架配置、路由视图相关的东西，一晃大半天就过去了。

在 Django 几乎统治了 Python Web 开发的那段日子里，不知从哪一天开始，越来越多的人突然开始谈论起另一个叫 Flask 的 Web 开发框架。

出于好奇，我点开了 Flask 框架的官方文档，很快就被它的简洁性吸引了。举个例子，使用 Flask 开发一个 Hello World 站点，只需要下面这寥寥几行代码：

```
from flask import Flask

app = Flask(__name__)

@app.route('/')
def hello_world():
    return 'Hello, World!'
```

作为对比，假如用 Django 开发这么一个站点，光配置文件 settings.py 里的代码就远比这些多。

---

① 在本书写作之时（2021 年），Django 仍然是 Python 生态圈里最流行的框架。

② object-relational mapping（对象关系映射）的首字母缩写，指一种把数据库中的数据自动映射为程序内对象的技术，比如执行 User.objects.all() 会自动去数据库查询 user 表，并将所有数据自动转换为 User 对象。

虽然在之后的好几个月，在我深入学习使用 Flask 的过程中，发现它有许多值得称道的设计，但在当时，在我刚看到官网的 Hello World 样例代码的那一刻，最吸引我的，其实是那一行路由注册代码：@app.route('/')。

在接触 Flask 之前，虽然我已经使用过装饰器，也自己实现过装饰器，但从来没想过，装饰器原来可以用在 Web 站点中注册访问路由，而且这套 API 看起来居然特别自然、符合直觉。

再后来，我接触到更多和装饰器有关的模块，比如基于装饰器的缓存模块、基于装饰器的命令行工具集 Click 等，如代码清单 8-1 所示。

代码清单 8-1 使用 Click 模块定义的一个简单的命令行工具 [①]

```
import click

@click.command()
@click.option('--count', default=1, help='Number of greetings.')
@click.option('--name', prompt='Your name',
              help='The person to greet.')
def hello(count, name):
    """Simple program that greets NAME for a total of COUNT times."""
    for x in range(count):
        click.echo('Hello %s!' % name)

if __name__ == '__main__':
    hello()
```

这些模块和工具，无一例外地使用装饰器实现了简单好用的 API，为我的开发工作带来了极大便利。

不过，虽然 Python 里的**装饰器**（decorator）很有用，但它本身并不复杂，只是 Python 语言的一颗小小的语法糖。如你所知，这样的装饰器应用代码：

```
@cache
def function():
    ...
```

完全等同于下面这样：

```
def function():
    ...

function = cache(function)
```

装饰器并不提供任何独特的功能，它所做的，只是让我们可以在函数定义语句上方，直接

[①] 通过 click.option() 来定义脚本所需的参数，简单灵活，代码来自官方文档。

添加用来修改函数行为的装饰器函数。假如没有装饰器，我们也可以在完成函数定义后，手动做一次包装和重新赋值。

但正是因为装饰器提供的这一丁点儿好处，"通过包装函数来修改函数"这件事变得简单和自然起来。

在日常工作中，如果你掌握了如何编写装饰器，并在恰当的时机使用装饰器，就可以写出更易复用、更好扩展的代码。在本章中，我将分享一些在 Python 中编写装饰器的技巧，以及几个用于编写装饰器的常见工具，希望它们能助你写出更好的代码。

8.1　基础知识

8.1.1　装饰器基础

装饰器是一种通过包装目标函数来修改其行为的特殊高阶函数，绝大多数装饰器是利用函数的闭包原理实现的。

代码清单 8-2 所示的 timer 是个简单的装饰器，它会记录并打印函数的每次调用耗时。

代码清单 8-2　打印函数耗时的无参数装饰器 timer

```python
def timer(func):
    """ 装饰器：打印函数耗时 """

    def decorated(*args, **kwargs):
        st = time.perf_counter()
        ret = func(*args, **kwargs)
        print('time cost: {} seconds'.format(time.perf_counter() - st))
        return ret

    return decorated
```

在上面的代码中，timer 装饰器接收待装饰函数 func 作为唯一的位置参数，并在函数内定义了一个新函数：decorated。

在写装饰器时，我一般把 decorated 叫作"包装函数"。这些包装函数通常接收任意数目的可变参数 (*args, **kwargs)，主要通过调用原始函数 func 来完成工作。在包装函数内部，常会增加一些额外步骤，比如打印信息、修改参数等。

当其他函数应用了 timer 装饰器后，包装函数 decorated 会作为装饰器的返回值，完全替换被装饰的原始函数 func。

random_sleep() 使用了 timer 装饰器：

```
@timer
def random_sleep():
    """ 随机睡眠一小会儿 """
    time.sleep(random.random())
```

调用结果如下：

```
>>> random_sleep()
time cost: 0.8360576540000002 seconds ❶
```

❶ 由 timer 装饰器打印的耗时信息

timer 是一个无参数装饰器，实现起来较为简单。假如你想实现一个接收参数的装饰器，代码会更复杂一些。

代码清单 8-3 给 timer 增加了额外的 print_args 参数。

代码清单 8-3 增加 print_args 的有参数装饰器 timer

```
def timer(print_args=False):
    """ 装饰器：打印函数耗时

    :param print_args: 是否打印方法名和参数，默认为 False
    """

    def decorator(func):
        def wrapper(*args, **kwargs):
            st = time.perf_counter()
            ret = func(*args, **kwargs)
            if print_args:
                print(f'"{func.__name__}", args: {args}, kwargs: {kwargs}')
            print('time cost: {} seconds'.format(time.perf_counter() - st))
            return ret

        return wrapper

    return decorator
```

可以看到，为了增加对参数的支持，装饰器在原本的两层嵌套函数上又加了一层。这是由于整个装饰过程发生了变化所导致的。

具体来说，下面的装饰器应用代码：

```
@timer(print_args=True)
def random_sleep(): ...
```

展开后等同于下面的调用：

```
_decorator = timer(print_args=True) ❶
random_sleep = _decorator(random_sleep) ❷
```

❶ 先进行一次调用，传入装饰器参数，获得第一层内嵌函数 decorator

❷ 进行第二次调用，获取第二层内嵌函数 wrapper

在应用有参数装饰器时，一共要做两次函数调用，所以装饰器总共得包含三层嵌套函数。正因为如此，有参数装饰器的代码一直都难写、难读。但不要紧，在 8.1.4 节中，我会介绍如何用类来实现有参数装饰器，减少代码的嵌套层级。

8.1.2 使用 functools.wraps() 修饰包装函数

在装饰器包装目标函数的过程中，常会出现一些副作用，其中一种是丢失函数元数据。

在前一节的例子里，我用 timer 装饰了 random_sleep() 函数。现在，假如我想读取 random_sleep() 函数的名称、文档等属性，就会碰到一件尴尬的事情——函数的所有元数据都变成了装饰器的内层包装函数 decorated 的值：

```
>>> random_sleep.__name__
'decorated'
>>> print(random_sleep.__doc__)
None
```

对于装饰器来说，上面的元数据丢失问题只能算一个常见的小问题。但如果你的装饰器会做一些更复杂的事，比如为原始函数增加额外属性（或函数）等，那你就会踏入一个更大的陷阱。

举个例子，现在有一个装饰器 calls_counter，专门用来记录函数一共被调用了多少次，并且提供一个额外的函数来打印总次数，如代码清单 8-4 所示。

代码清单 8-4 记录函数调用次数的装饰器 calls_counter

```
def calls_counter(func):
    """ 装饰器：记录函数被调用了多少次

    使用 func.print_counter() 可以打印统计到的信息
    """
    counter = 0

    def decorated(*args, **kwargs):
        nonlocal counter
        counter += 1
        return func(*args, **kwargs)

    def print_counter():
```

```
        print(f'Counter: {counter}')

    decorated.print_counter = print_counter ❶
    return decorated
```

❶ 为被装饰函数增加额外函数，打印统计到的调用次数

装饰器的执行效果如下：

```
>>> random_sleep()
>>> random_sleep()
>>> random_sleep.print_counter()
Counter: 2
```

在单独使用 calls_counter 装饰器时，程序可以正常工作。但是，当你把前面的 timer 与 calls_counter 装饰器组合在一起使用时，就会出现问题：

```
@timer
@calls_counter
def random_sleep():
    """随机睡眠一小会儿"""
    time.sleep(random.random())
```

调用效果如下：

```
>>> random_sleep()
function took: 0.36080002784729004 seconds

>>> random_sleep.print_counter()
Traceback (most recent call last):
  File "<stdin>", line 1, in <module>
AttributeError: 'function' object has no attribute 'print_counter'
```

虽然 timer 装饰器仍在工作，函数执行时会打印耗时信息，但本该由 calls_counter 装饰器给函数追加的 print_counter 属性找不到了。

为了分析原因，首先我们得把上面的装饰器调用展开成下面这样的语句：

```
random_sleep = calls_counter(random_sleep) ❶
random_sleep = timer(random_sleep) ❷
```

❶ 首先，由 calls_counter 对函数进行包装，此时的 random_sleep 变成了新的包装函数，包含 print_counter 属性

❷ 使用 timer 包装后，random_sleep 变成了 timer 提供的包装函数，原包装函数额外的 print_counter 属性被自然地丢掉了

要解决这个问题，我们需要在装饰器内包装函数时，保留原始函数的额外属性。而 functools 模块下的 wraps() 函数正好可以完成这件事情。

使用 wraps()，装饰器只需要做一点儿改动：

```
from functools import wraps


def timer(func):

    @wraps(func) ❶
    def decorated(*args, **kwargs):
        ...

    return decorated
```

❶ 添加 @wraps(wrapped) 来装饰 decorated 函数后，wraps() 首先会基于原函数 func 来更新包装函数 decorated 的名称、文档等内置属性，之后会将 func 的所有额外属性 赋值到 decorated 上

在 timer 和 calls_counter 装饰器里增加 wraps 后，前面的所有问题都可以得到圆满的解决。

首先，被装饰函数的名称和文档等元数据会保留：

```
>>> random_sleep.__name__
'random_sleep'
>>> random_sleep.__doc__
'随机睡眠一小会儿'
```

calls_counter 装饰器为函数追加的额外函数也可以正常访问了：

```
>>> random_sleep()
function took: 0.9187359809875488 seconds
>>> random_sleep()
function took: 0.8986420631408691 seconds
>>> random_sleep.print_counter()
Counter: 2
```

正因为如此，在编写装饰器时，切记使用 @functools.wraps() 来修饰包装函数。

8.1.3 实现可选参数装饰器

假如你用嵌套函数来实现装饰器，接收参数与不接收参数的装饰器代码有很大的区别——前者总是比后者多一层嵌套。

```
# 1. 接收参数的装饰器：2 层嵌套
def delayed_start(duration=1):
    def decorator(func):
        def wrapper(*args, **kwargs):
            ...
        return wrapper
    return decorator

# 2. 不接收参数的装饰器：1 层嵌套
def delayed_start(func):
    def wrapper(*args, **kwargs):
        ...
    return wrapper
```

当你实现了一个接收参数的装饰器后，即便所有参数都是有默认值的可选参数，你也必须在使用装饰器时加上括号：

```
@delayed_start(duration=2) ❶

@delayed_start() ❷
```

❶ 使用装饰器时提供参数

❷ 不提供参数，也需要使用括号调用装饰器

有参数装饰器的这个特点提高了它的使用成本——如果使用者忘记添加那对括号，程序就会出错。

那么有没有什么办法，能让我们省去那对括号，直接使用 @delayed_start 这种写法呢？答案是肯定的，利用仅限关键字参数，你可以很方便地做到这一点。

代码清单 8-5 里的 delayed_start 装饰器就定义了可选的 duration 参数。

代码清单 8-5 定义了可选参数的装饰器 delayed_start

```
def delayed_start(func=None, *, duration=1): ❶
    """ 装饰器：在执行被装饰函数前，等待一段时间

    :param duration: 需要等待的秒数
    """

    def decorator(_func):
        def wrapper(*args, **kwargs):
            print(f'Wait for {duration} second before starting...')
            time.sleep(duration)
            return _func(*args, **kwargs)

        return wrapper
```

```
    if func is None: ❷
        return decorator
    else:
        return decorator(func) ❸
```

❶ 把所有参数都变成提供了默认值的可选参数

❷ 当 func 为 None 时，代表使用方提供了关键字参数，比如 @delayed_start(duration=2)，此时返回接收单个函数参数的内层子装饰器 decorator

❸ 当位置参数 func 不为 None 时，代表使用方没提供关键字参数，直接用了无括号的 @delayed_start 调用方式，此时返回内层包装函数 wrapper

这样定义装饰器以后，我们可以通过多种方式来使用它：

```
# 1. 不提供任何参数
@delayed_start
def hello(): ...

# 2. 提供可选的关键字参数
@delayed_start(duration=2)
def hello(): ...

# 3. 提供括号调用，但不提供任何参数
@delayed_start()
def hello(): ...
```

 把参数变为可选能有效降低使用者的心智负担，让装饰器变得更易用。标准库 dataclasses 模块里的 @dataclass 装饰器就使用了这个小技巧。

8.1.4　用类来实现装饰器（函数替换）

绝大多数情况下，我们会选择用嵌套函数来实现装饰器，但这并非构造装饰器的唯一方式。事实上，某个对象是否能通过装饰器（@decorator）的形式使用只有一条判断标准，那就是 decorator 是不是一个可调用的对象。

函数自然是可调用对象，除此之外，类同样也是可调用对象。

```
>>> class Foo:
...     pass
...
>>> callable(Foo) ❶
True
```

❶ 使用 callable() 内置函数可以判断某个对象是否可调用

如果一个类实现了 `__call__` 魔法方法，那么它的实例也会变成可调用对象：

```
>>> class Foo:
...     def __call__(self, name): ❶
...         print(f'Hello, {name}')
...
>>> foo = Foo()
>>> callable(foo)
True
>>> foo('World') ❷
Hello, World
```

❶ `__call__` 魔法方法是用来实现可调用对象的关键方法

❷ 调用类实例时，可以像调用普通函数一样提供额外参数

基于类的这些特点，我们完全可以用它来实现装饰器。

如果按装饰器用于替换原函数的对象类型来分类，类实现的装饰器可分为两种，一种是“函数替换”，另一种是“实例替换”。下面我们先来看一下前者。

函数替换装饰器虽然是基于类实现的，但用来替换原函数的对象仍然是个普通的包装函数。这种技术最适合用来实现接收参数的装饰器。

代码清单 8-6 用类的方式重新实现了接收参数的 `timer` 装饰器。

代码清单 8-6　用类实现的 timer 装饰器

```
class timer:
    """装饰器：打印函数耗时

    :param print_args: 是否打印方法名和参数，默认为 False
    """

    def __init__(self, print_args):
        self.print_args = print_args

    def __call__(self, func):
        @wraps(func)
        def decorated(*args, **kwargs):
            st = time.perf_counter()
            ret = func(*args, **kwargs)
            if self.print_args:
                print(f'"{func.__name__}", args: {args}, kwargs: {kwargs}')
            print('time cost: {} seconds'.format(time.perf_counter() - st))
            return ret

        return decorated
```

还记得我之前说过，有参数装饰器一共得提供两次函数调用吗？通过类实现的装饰器，其

实就是把原本的两次函数调用替换成了类和类实例的调用。

(1) 第一次调用：_deco = timer(print_args=True) 实际上是在初始化一个 timer 实例。

(2) 第二次调用：func = _deco(func) 是在调用 timer 实例，触发 __call__ 方法。

相比三层嵌套的闭包函数装饰器，上面这种写法在实现有参数装饰器时，代码更清晰一些，里面的嵌套也少了一层。不过，虽然装饰器是用类实现的，但最终用来替换原函数的对象，仍然是一个处在 __call__ 方法里的闭包函数 decorated。

虽然"函数替换"装饰器的代码更简单，但它和普通装饰器并没有本质区别。下面我会介绍另一种更强大的装饰器——用实例来替换原函数的"实例替换"装饰器。

8.1.5 用类来实现装饰器（实例替换）

和"函数替换"装饰器不一样，"实例替换"装饰器最终会用一个类实例来替换原函数。通过组合不同的工具，它既能实现无参数装饰器，也能实现有参数装饰器。

1. 实现无参数装饰器

用类来实现装饰器时，被装饰的函数 func 会作为唯一的初始化参数传递到类的实例化方法 __init__ 中。同时，类的实例化结果——**类实例**（class instance），会作为包装对象替换原始函数。

代码清单 8-7 实现了一个延迟函数执行的装饰器。

代码清单 8-7　实例替换的无参数装饰器 DelayedStart

```
class DelayedStart:
    """ 在执行被装饰函数前，等待 1 秒钟 """

    def __init__(self, func):
        update_wrapper(self, func)  ❶
        self.func = func

    def __call__(self, *args, **kwargs):  ❷
        print(f'Wait for 1 second before starting...')
        time.sleep(1)
        return self.func(*args, **kwargs)

    def eager_call(self, *args, **kwargs):  ❸
        """ 跳过等待，立刻执行被装饰函数 """
        print('Call without delay')
        return self.func(*args, **kwargs)
```

❶ update_wrapper 与前面的 wraps 一样，都是把被包装函数的元数据更新到包装者（在这里是 DelayedStart 实例）上

❷ 通过实现 __call__ 方法，让 DelayedStart 的实例变得可调用，以此模拟函数的调用行为

❸ 为装饰器类定义额外方法，提供更多样化的接口

执行效果如下：

```
>>> @DelayedStart
... def hello():
...     print("Hello, World.")

>>> hello
<__main__.DelayedStart object at 0x100b71130>
>>> type(hello)
<class '__main__.DelayedStart'>
>>> hello.__name__ ❶
'hello'

>>> hello() ❷
Wait for 1 second before starting...
Hello, World.
>>> hello.eager_call() ❸
Call without delay
Hello, World.
```

❶ 被装饰的 hello 函数已经变成了装饰器类 DelayedStart 的实例，但是因为 update_wrapper 的作用，这个实例仍然保留了被装饰函数的元数据

❷ 此时触发的其实是装饰器类实例的 __call__ 方法

❸ 使用额外的 eager_call 接口调用函数

2. 实现有参数装饰器

同普通装饰器一样，"实例替换"装饰器也可以支持参数。为此我们需要先修改类的实例化方法，增加额外的参数，再定义一个新函数，由它来负责基于类创建新的可调用对象，这个新函数同时也是会被实际使用的装饰器。

在代码清单 8-8 中，我为 DelayedStart 增加了控制调用延时的 duration 参数，并定义了 delayed_start() 函数。

代码清单 8-8　实例替换的有参数装饰器 delayed_start

```
class DelayedStart:
    """ 在执行被装饰函数前，等待一段时间
```

```
    :param func: 被装饰的函数
    :param duration: 需要等待的秒数
    """

    def __init__(self, func, *, duration=1): ❶
        update_wrapper(self, func)
        self.func = func
        self.duration = duration

    def __call__(self, *args, **kwargs):
        print(f'Wait for {self.duration} second before starting...')
        time.sleep(self.duration)
        return self.func(*args, **kwargs)

    def eager_call(self, *args, **kwargs): ...

def delayed_start(**kwargs):
    """ 装饰器：推迟某个函数的执行 """
    return functools.partial(DelayedStart, **kwargs) ❷
```

❶ 把 func 参数以外的其他参数都定义为"仅限关键字参数"，从而更好地区分原始函数与装饰器的其他参数

❷ 通过 partial 构建一个新的可调用对象，这个对象接收的唯一参数是待装饰函数 func，因此可以用作装饰器

使用样例如下：

```
@delayed_start(duration=2)
def hello():
    print("Hello, World.")
```

相比传统做法，用类来实现装饰器（实例替换）的主要优势在于，你可以更方便地管理装饰器的内部状态，同时也可以更自然地为被装饰对象追加额外的方法和属性。

8.1.6 使用 wrapt 模块助力装饰器编写

在编写通用装饰器时，我常常会遇到一类麻烦事。

如代码清单 8-9 所示，我实现了一个自动注入函数参数的装饰器 provide_number，它在装饰函数后，会在后者被调用时自动生成一个随机数，并将其注入为函数的第一个位置参数。

代码清单 8-9 注入数字的装饰器 provide_number

```
import random

def provide_number(min_num, max_num):
    """
    装饰器：随机生成一个在 [min_num, max_num] 范围内的整数，
```

```
并将其追加为函数的第一个位置参数
"""

def wrapper(func):
    def decorated(*args, **kwargs):
        num = random.randint(min_num, max_num)
        # 将 num 追加为第一个参数，然后调用函数
        return func(num, *args, **kwargs)

    return decorated

return wrapper
```

使用效果如下：

```
>>> @provide_number(1, 100)
... def print_random_number(num):
...     print(num)
...
>>> print_random_number()
57
```

@provide_number 装饰器的功能看上去很不错，但当我用它来修饰类方法时，就会碰上"麻烦事"：

```
>>> class Foo:
...     @provide_number(1, 100)
...     def print_random_number(self, num):
...         print(num)
...
>>> Foo().print_random_number()
<__main__.Foo object at 0x100f70460>
```

如你所见，类实例中的 print_random_number() 方法并没有打印我期望中的随机数字 num，而是输出了类实例 self 对象。

这是因为类方法（method）和函数（function）在工作机制上有细微的区别。当类实例方法被调用时，第一个位置参数总是当前绑定的类实例 self 对象。因此，当装饰器向 *args 前追加随机数时，其实已经把 *args 里的 self 挤到了 num 参数所在的位置，从而导致了上面的问题。

为了修复这个问题，provide_number 装饰器在追加位置参数时，必须聪明地判断当前被修饰的对象是普通函数还是类方法。假如被修饰的对象是类方法，那就得跳过藏在 *args 里的类实例变量，才能正确将 num 作为第一个参数注入。

假如要手动实现这个判断，装饰器内部必须增加一些烦琐的兼容代码，费工费时。幸运的是，wrapt 模块可以帮我们轻松处理好这类问题。

wrapt 是一个第三方装饰器工具库，利用它，我们可以非常方便地改造 provide_number 装饰器，完美地解决这个问题。

使用 wrapt 改造过的装饰器如代码清单 8-10 所示。

代码清单 8-10 基于 wrapt 模块实现的 provide_number 装饰器

```python
import wrapt


def provide_number(min_num, max_num):
    @wrapt.decorator
    def wrapper(wrapped, instance, args, kwargs):
        # 参数含义：
        #
        # - wrapped：被装饰的函数或类方法
        # - instance：
        #    - 如果被装饰者为普通类方法，则该值为类实例
        #    - 如果被装饰者为 classmethod 类方法，则该值为类
        #    - 如果被装饰者为类 / 函数 / 静态方法，则该值为 None
        #
        # - args：调用时的位置参数（注意没有 * 符号）
        # - kwargs：调用时的关键字参数（注意没有 ** 符号）
        #
        num = random.randint(min_num, max_num)
        # 无须关注 wrapped 是类方法还是普通函数，直接在头部追加参数
        args = (num,) + args
        return wrapped(*args, **kwargs)

    return wrapper
```

新装饰器可以完美兼容普通函数与类方法两种情况：

```
>>> print_random_number()
22
>>> Foo().print_random_number()
93
```

使用 wrapt 模块编写的装饰器，除了解决了类方法兼容问题以外，代码嵌套层级也比普通装饰器少，变得更扁平、更易读。如果你有兴趣，可以参阅 wrapt 模块的官方文档了解更多信息。

8.2 编程建议

8.2.1 了解装饰器的本质优势

当我们向其他人介绍装饰器时，常常会说："装饰器为我们提供了一种**动态修改函数**的能力。"这么说有一定道理，但是并不准确。"动态修改函数"的能力，其实并不是由装饰器提供的。假

如没有装饰器，我们也能在定义完函数后，手动调用装饰函数来修改它。

装饰器带来的改变，主要在于把修改函数的调用提前到了函数定义处，而这一点儿位置上的小变化，重塑了读者理解代码的整个过程。

比如，当人们读到下面的函数定义语句时，马上就能明白："哦，原来这个视图函数需要登录才能访问。"

```
@login_requried
def view_function(request):
    ...
```

所以，装饰器的优势并不在于它提供了动态修改函数的能力，而在于它把影响函数的装饰行为移到了函数头部，降低了代码的阅读与理解成本。

为了充分发挥这个优势，装饰器特别适合用来实现以下功能。

(1) **运行时校验**：在执行阶段进行特定校验，当校验通不过时终止执行。

　　❏ 适合原因：装饰器可以方便地在函数执行前介入，并且可以读取所有参数辅助校验。
　　❏ 代表样例：Django 框架中的用户登录态校验装饰器 @login_required。

(2) **注入额外参数**：在函数被调用时自动注入额外的调用参数。

　　❏ 适合原因：装饰器的位置在函数头部，非常靠近参数被定义的位置，关联性强。
　　❏ 代表样例：unittest.mock 模块的装饰器 @patch。

(3) **缓存执行结果**：通过调用参数等输入信息，直接缓存函数执行结果。

　　❏ 适合原因：添加缓存不需要侵入函数内部逻辑，并且功能非常独立和通用。
　　❏ 代表样例：functools 模块的缓存装饰器 @lru_cache。

(4) **注册函数**：将被装饰函数注册为某个外部流程的一部分。

　　❏ 适合原因：在定义函数时可以直接完成注册，关联性强。
　　❏ 代表样例：Flask 框架的路由注册装饰器 @app.route。

(5) **替换为复杂对象**：将原函数（方法）替换为更复杂的对象，比如类实例或特殊的描述符对象（见 12.1.3 节）。

　　❏ 适合原因：在执行替换操作时，装饰器语法天然比 foo = staticmethod(foo) 的写法要直观得多。
　　❏ 代表样例：静态类方法装饰器 @staticmethod。

在设计新的装饰器时，你可以先参考上面的常见装饰器功能列表，琢磨琢磨自己的设计是否能很好地发挥装饰器的优势。切勿滥用装饰器技术，设计出一些天马行空但难以理解的 API。吸取前人经验，同时在设计上保持克制，才能写出更好用的装饰器。

8.2.2 使用类装饰器替代元类

Python 中的**元类**（metaclass）是一种特殊的类。就像类可以控制实例的创建过程一样，元类可以控制类的创建过程。通过元类，我们能实现各种强大的功能。比如下面的代码就利用元类统一注册所有 Validator 类：

```python
_validators = {}

class ValidatorMeta(type):
    """ 元类：统一注册所有校验器类，方便后续使用 """

    def __new__(cls, name, bases, attrs):
        ret = super().__new__(cls, name, bases, attrs)
        _validators[attrs['name']] = ret
        return ret


class StringValidator(metaclass=ValidatorMeta):
    name = 'string'

class IntegerValidator(metaclass=ValidatorMeta):
    name = 'int'
```

查看注册结果：

```python
>>> _validators
{'string': <class '__main__.StringValidator'>, 'int': <class '__main__.IntegerValidator'>}
```

虽然元类的功能很强大，但它的学习与理解成本非常高。其实，对于实现上面这种常见需求，并不是非使用元类不可，使用类装饰器也能非常方便地完成同样的工作。

类装饰器的工作原理与普通装饰器类似。下面的代码就用类装饰器实现了 ValidatorMeta 元类的功能：

```python
def register(cls):
    """ 装饰器：统一注册所有校验器类，方便后续使用 """
    _validators[cls.name] = cls
    return cls


@register
class StringValidator:
```

```
    name = 'string'

@register
class IntegerValidator:
    name = 'int'
```

相比元类，使用类装饰器的代码要容易理解得多。

除了上面的注册功能以外，你还可以用类装饰器完成许多实用的事情，比如实现单例设计模式、自动为类追加方法，等等。

虽然类装饰器并不能覆盖元类的所有功能，但在许多场景下，类装饰器可能比元类更合适，因为它不光写起来容易，理解起来也更简单。像广为人知的标准库模块 dataclasses 里的 @dataclass 就选择了类装饰器，而不是元类。

8.2.3 别弄混装饰器和装饰器模式

1994 年出版的经典软件开发著作《设计模式：可复用面向对象软件的基础》中，一共介绍了 23 种经典的面向对象设计模式。这些设计模式为编写好代码提供了许多指导，影响了一代又一代的程序员。

在这 23 种设计模式中，有一种"装饰器模式"。也许是因为装饰器模式和 Python 里的装饰器使用了同一个名字：**装饰器**（decorator），导致经常有人把它俩当成一回事儿，认为使用 Python 里的装饰器就是在实践装饰器模式。

但事实上，《设计模式》一书中的"装饰器模式"与 Python 里的"装饰器"截然不同。

装饰器模式属于面向对象领域。实现装饰器模式，需要具备以下关键要素：

❑ 设计一个统一的接口；
❑ 编写多个符合该接口的装饰器类，每个类只实现一个简单的功能；
❑ 通过组合的方式嵌套使用这些装饰器类；
❑ 通过类和类之间的层层包装来实现复杂的功能。

代码清单 8-11 是我用 Python 实现的一个简单的装饰器模式。

代码清单 8-11　装饰器模式示例

```
class Numbers:
    """一个包含多个数字的简单类"""

    def __init__(self, numbers):
        self.numbers = numbers
```

```
    def get(self):
        return self.numbers


class EvenOnlyDecorator:
    """ 装饰器类：过滤所有偶数 """

    def __init__(self, decorated):
        self.decorated = decorated

    def get(self):
        return [num for num in self.decorated.get() if num % 2 == 0]


class GreaterThanDecorator:
    """ 装饰器类：过滤大于某个数的数 """

    def __init__(self, decorated, min_value):
        self.decorated = decorated
        self.min_value = min_value

    def get(self):
        return [num for num in self.decorated.get() if num > self.min_value]


obj = Numbers([42, 12, 13, 17, 18, 41, 32])
even_obj = EvenOnlyDecorator(obj)
gt_obj = GreaterThanDecorator(even_obj, min_value=30)
print(gt_obj.get())
```

执行结果如下：

```
[42, 32]
```

从上面的代码中你能发现，装饰器模式和 Python 里的装饰器毫不相干。如果硬要找一点儿联系，它俩可能都和"包装"有关——一个包装函数，另一个包装类。

所以，请不要混淆装饰器和装饰器模式，它们只是名字里刚好都有"装饰器"而已。

8.2.4　浅装饰器，深实现

在编写装饰器时，人们很容易产生这样的想法："我的装饰器要实现某个功能，所以我要把所有逻辑都放在装饰器里实现。"抱着这样的想法去写代码，很容易写出异常复杂的装饰器代码。

在编写了许多装饰器后，我发现了一种更好的代码组织思路，那就是：**浅装饰器，深实现**。

举个例子，流行的第三方命令行工具包 Click 里大量使用了装饰器。但如果你查看 Click 包的源码，就会发现 Click 的所有装饰器都在一个不到 400 行代码的 decorators.py 文件中，里面的大部分装饰器的代码不超过 10 行，如代码清单 8-12 所示。

代码清单 8-12 `@click.command` 装饰器源码

```python
def command(name=None, cls=None, **attrs):
    if cls is None:
        cls = Command

    def decorator(f):
        cmd = _make_command(f, name, attrs, cls)
        cmd.__doc__ = f.__doc__
        return cmd

    return decorator
```

即便是 Click 的核心装饰器 @command，也只有短短 8 行代码。它所做的，只是简单地把被装饰函数替换为 Command 实例，而所有核心逻辑都在 Command 实例中。

这样的装饰器很浅，只做一些微小的工作，但这样的代码扩展性其实更强。

因为归根结底，装饰器其实只是一类特殊的 API，一种提供服务的方式。比起把所有核心逻辑都放在装饰器内，不如让装饰器里只有一层浅浅的包装层，而把更多的实现细节放在其他函数或类中。

这样做之后，假如你未来需要为模块增加装饰器以外的其他 API，比如上下文管理器，就会发现自己之前写的大部分核心代码仍然可以复用，因为它们并没有和装饰器耦合。

8.3 总结

在本章中，我分享了一些与装饰器有关的知识。

装饰器是 Python 为我们提供的一颗语法糖，它和"装饰器模式"没有任何关系。任何可调用对象都可以当作装饰器来使用，因此，除了最常见的用嵌套函数来实现装饰器外，我们也可以用类来实现装饰器。

在装饰器包装原始函数的过程中，会产生"元数据丢失"副作用，你可以通过 functools.wraps() 来解决这个问题。

用类实现的装饰器分为两种："函数替换"与"实例替换"。后者可以有效地实现状态管理、追加行为功能。在实现有参数"实例替换"装饰器时，你需要定义一个额外的函数来配合装饰器类。

在编写装饰器时，第三方工具包 wrapt 非常有用，借助它能写出更扁平的装饰器，也更容易兼容装饰函数与类方法两种场景。

装饰器是一个有趣且非常独特的语言特性。虽然它不提供什么无法替代的功能，但在 API 设计领域给了我们非常大的想象空间。发挥想象力，同时保持克制，也许这就是设计出人人喜爱的装饰器的秘诀。

以下是本章要点知识总结。

(1) 基础与技巧

- 装饰器最常见的实现方式，是利用闭包原理通过多层嵌套函数实现
- 在实现装饰器时，请记得使用 wraps() 更新包装函数的元数据
- wraps() 不光可以保留元数据，还能保留包装函数的额外属性
- 利用仅限关键字参数，可以很方便地实现可选参数的装饰器

(2) 使用类来实现装饰器

- 只要是可调用的对象，都可以用作装饰器
- 实现了 __call__ 方法的类实例可调用
- 基于类的装饰器分为两种："函数替换"与"实例替换"
- "函数替换"装饰器与普通装饰器没什么区别，只是嵌套层级更少
- 通过类来实现"实例替换"装饰器，在管理状态和追加行为上有天然的优势
- 混合使用类和函数来实现装饰器，可以灵活满足各种场景

(3) 使用 wrapt 模块

- 使用 wrapt 模块可以方便地让装饰器同时兼容函数和类方法
- 使用 wrapt 模块可以帮你写出结构更扁平的装饰器代码

(4) 装饰器设计技巧

- 装饰器将包装调用提前到了函数被定义的位置，它的大部分优点也源于此
- 在编写装饰器时，请考虑你的设计是否能很好发挥装饰器的优势
- 在某些场景下，类装饰器可以替代元类，并且代码更简单
- 装饰器和装饰器模式截然不同，不要弄混它们
- 装饰器里应该只有一层浅浅的包装代码，要把核心逻辑放在其他函数与类中

第9章
面向对象编程

Python 是一门支持多种编程风格的语言。面对同样的需求，不同的程序员会写出风格迥异的 Python 代码。一个习惯"过程式编程"的人，可能会用一大堆环环相扣的函数来解决问题。而一个擅长"面向对象编程"的人，可能会搞出数不清的类来完成任务。

虽然不同的编程风格各有优缺点，无法直接比较，但如今面向对象编程的流行度与接受度远超其他编程风格。

几乎所有现代编程语言都支持面向对象功能，但由于设计理念不同，不同编程语言所支持的面向对象有许多差异。比如**接口**（interface）是 Java 面向对象体系中非常重要的组成部分，而在 Python 里，你压根儿就找不到接口对象。

Python 语言在整体设计上深受面向对象思想的影响。你经常可以听到"在 Python 里，万物皆对象"这句话。这并不夸张，在 Python 中，最基础的浮点数也是一个对象：

```
>>> i = 1.3
>>> i.is_integer() ❶
False
```

❶ 调用浮点数对象的 is_integer() 方法

要创建自定义对象，你需要用 class 关键字来定义一个类：

```
class Duck:
    def __init__(self, name):
        self.name = name

    def quack(self):
        print(f"Quack! I'm {self.name}!")
```

实例化一个 Duck 对象，并调用它的 .quack() 方法：

```
>>> donald = Duck('donald')
>>> donald.quack()
Quack! I'm donald!
```

为了区分，我们常把类里定义的函数称作**方法**。除了普通方法外，你还可以使用 @classmethod、@staticmethod 等装饰器来定义特殊方法。在 9.1.2 节，我会介绍这部分内容。

Python 支持类之间的继承，你可以用继承来创建一个子类，并重写父类的一些方法：

```
class WordyDuck(Duck):  ❶
    def quack(self):
        print(f"Quack!Quack!Quack! I'm {self.name}!")
```

❶ 继承 Duck 类

在创建继承关系时，你不止可以继承一个父类，还能同时继承多个父类。在 9.1.5 节中，我会介绍多重继承的相关知识。

在日常编写代码时，继承作为一个强大的代码复用机制，常被过度使用。本章的案例故事与继承有关，我会介绍何时该用继承，何时该用组合替代继承。

在本章中，你还会看到一些如图 9-1 所示的图。

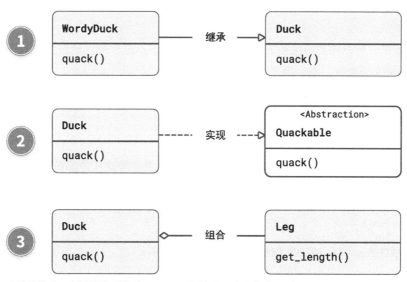

①继承关系：多话的鸭子类（WordyDuck）继承了鸭子类（Duck）
②实现关系：鸭子类（Duck）实现了"呱呱叫"抽象（Quackable）
③组合关系：鸭子类（Duck）有腿（Leg）

图 9-1　类之间的关系示意图

这是一种简化过的 UML 图，能帮助你更直观地理解类之间的关系。

面向对象是一个非常庞大的主题，除了上述内容外，本章还会涉及鸭子类型、抽象类、元类等内容。话不多说，我们开始吧！

9.1　基础知识

9.1.1　类常用知识

在 Python 中，类（class）是我们实践面向对象编程时最重要的工具之一。通过类，我们可以把头脑中的抽象概念进行建模，进而实现复杂的功能。同函数一样，类的语法本身也很简单，但藏着许多值得注意的细节。

下面我会分享一些与类相关的常用知识点。

1. 私有属性是"君子协定"

封装（encapsulation）是面向对象编程里的一个重要概念，为了更好地体现类的封装性，许多编程语言支持将属性设置为公开或私有，只是方式略有不同。比如在 Java 里，我们可以用 `public` 和 `private` 关键字来表达是否私有；而在 Go 语言中，公有 / 私有则是用首字母大小写来区分的。

在 Python 里，所有的类属性和方法默认都是公开的，不过你可以通过添加双下划线前缀 `__` 的方式把它们标示为私有。举个例子：

```python
class Foo:
    def __init__(self):
        self.__bar = 'baz'
```

上面代码中 Foo 类的 `__bar` 就是一个私有属性，如果你尝试从外部访问它，程序就会抛出异常：

```python
>>> foo = Foo()
>>> foo.__bar
AttributeError: 'Foo' object has no attribute '__bar'
```

虽然上面是设置私有属性的标准做法，但 Python 里的私有只是一个"君子协议"。"君子协议"是指，虽然用属性的本名访问不了私有属性，但只要稍微调整一下名字，就可以继续操作 `__bar` 了：

```
>>> foo._Foo__bar
'baz'
```

这是因为当你使用 __{var} 的方式定义一个私有属性时，Python 解释器只是重新给了它一个包含当前类名的别名 _{class}__{var}，因此你仍然可以在外部用这个别名来访问和修改它。

因为私有属性依靠这套别名机制工作，所以私有属性的最大用途，其实是在父类中定义一个不容易被子类重写的受保护属性。

而在日常编程中，我们极少使用双下划线来标示一个私有属性。如果你认为某个属性是私有的，直接给它加上单下划线 _ 前缀就够了。而"标准"的双下划线前缀，反而可能会在子类想要重写父类私有属性时带来不必要的麻烦。

 在 Python 圈，有一句常被提到的老话："大家都是成年人了。"（We are all consenting adults here.）这句话代表了 Python 的一部分设计哲学，那就是期望程序员做正确的事，而不是在语言上增加太多条条框框。Python 没有严格意义上的私有属性，应该就是遵循了这条哲学的结果。

2. 实例内容都在字典里

在第 3 章的开篇，我提到 Python 语言内部大量使用了**字典**类型，比如一个类实例的所有成员，其实都保存在了一个名为 __dict__ 的字典属性中。

而且，不光实例有这个字典，类其实也有这个字典：

```
class Person:
    def __init__(self, name, age):
        self.name = name
        self.age = age

    def say(self):
        print(f"Hi, My name is {self.name}, I'm {self.age}")
```

查看 __dict__：

```
>>> p = Person('raymond', 30)
>>> p.__dict__ ❶
{'name': 'raymond', 'age': 30}
>>> Person.__dict__ ❷
mappingproxy({'__module__': '__main__', '__init__': <function Person.__init__ at
0x109611ca0>, 'say': <function Person.say at 0x109611d30>, '__dict__': <attribute '__
dict__' of 'Person' objects>, '__weakref__': <attribute '__weakref__' of 'Person'
objects>, '__doc__': None})
```

❶ 实例的 `__dict__` 里，保存着当前实例的所有数据

❷ 类的 `__dict__` 里，保存着类的文档、方法等所有数据

在绝大多数情况下，`__dict__` 字典对于我们来说是内部实现细节，并不需要手动操作它。但在有些场景下，使用 `__dict__` 可以帮我们巧妙地完成一些特定任务。

比如，你有一份包含 Person 类数据的字典 `{'name': ..., 'age': ...}`。现在你想把这份字典里的数据直接赋值到某个 Person 实例上。最简单的做法是通过遍历字典来设置属性：

```
>>> d = {'name': 'andrew', 'age': 20}
>>> for key, value in d.items():
...     setattr(p, key, value)
```

但除此之外，其实也可以直接修改实例的 `__dict__` 属性来快速达到目的：`p.__dict__.update(d)`。

不过需要注意的是，修改实例的 `__dict__` 与循环调用 `setattr()` 方法这两个操作并不完全等价，因为类的属性设置行为可以通过定义 `__setattr__` 魔法方法修改。

举个例子：

```
class Person:
    ...

    def __setattr__(self, name, value):
        # 不允许设置年龄小于 0
        if name == 'age' and value < 0:
            raise ValueError(f'Invalid age value: {value}')
        super().__setattr__(name, value)
```

在上面的代码里，Person 类增加了 `__setattr__` 方法，实现了对 age 值的校验逻辑。执行效果如下：

```
>>> p = Person('raymond', 30)
>>> p.age = -3
ValueError: Invalid age value: -3
```

虽然普通的属性赋值会被 `__setattr__` 限制，但如果你直接操作实例的 `__dict__` 字典，就可以无视这个限制：

```
>>> p.__dict__['age'] = -3
>>> p.say()
Hi, My name is raymond, I'm -3
```

在某些特殊场景下，合理利用 __dict__ 属性的这个特性，可以帮你完成常规做法难以做到的一些事情。

9.1.2 内置类方法装饰器

在编写类时，除了普通方法以外，我们还常常会用到一些特殊对象，比如类方法、静态方法等。要定义这些对象，得用到特殊的装饰器。下面简单介绍这些装饰器。

1. 类方法

当你用 def 在类里定义一个函数时，这个函数通常称作方法。调用方法需要先创建一个类实例。

举个例子，下面的 Duck 是一个简单的鸭子类：

```python
class Duck:
    def __init__(self, color):
        self.color = color

    def quack(self):
        print(f"Hi, I'm a {self.color} duck!")
```

创建一只鸭子，并调用它的 quack() 方法：

```python
>>> d = Duck('yellow')
>>> d.quack()
Hi, I'm a yellow duck!
```

如果你不使用实例，而是直接用类来调用 quack()，程序就会因为找不到类实例而报错：

```python
>>> Duck.quack()
TypeError: quack() missing 1 required positional argument: 'self'
```

不过，虽然普通方法无法通过类来调用，但你可以用 @classmethod 装饰器定义一种特殊的方法：**类方法**（class method），它属于类但是无须实例化也可调用。

下面给 Duck 类加上一个 create_random() 类方法：

```python
class Duck:
    ...

    @classmethod
    def create_random(cls):  ❶
        """ 创建一只随机颜色的鸭子 """
```

```
        color = random.choice(['yellow', 'white', 'gray'])
        return cls(color=color)
```

❶ 普通方法接收类实例（self）作为参数，但类方法的第一个参数是类本身，通常使用名字 cls

调用效果如下：

```
>>> d = Duck.create_random()
>>> d.quack()
Hi, I'm a white duck!
>>> d.create_random() ❶
<__main__.Duck object at 0x10f8f2f40>
```

❶ 虽然类方法通常是用类来调用，但你也可以通过实例来调用类方法，效果一样

作为一种特殊方法，类方法最常见的使用场景，就是像上面一样定义工厂方法来生成新实例。类方法的主角是类型本身，当你发现某个行为不属于实例，而是属于整个类型时，可以考虑使用类方法。

2. 静态方法

如果你发现某个方法不需要使用当前实例里的任何内容，那可以使用 @staticmethod 来定义一个静态方法。

下面的 Cat 类定义了 get_sound() 静态方法：

```
class Cat:
    def __init__(self, name):
        self.name = name

    def say(self):
        sound = self.get_sound()
        print(f'{self.name}: {sound}...')

    @staticmethod
    def get_sound():  ❶
        repeats = random.randrange(1, 10)
        return ' '.join(['Meow'] * repeats)
```

❶ 静态方法不接收当前实例作为第一个位置参数

代码运行效果如下：

```
>>> c = Cat('Jack')
>>> c.say()
Jack: Meow Meow Meow...
```

除了实例外，你也可以用类来调用静态方法：

```
>>> Cat.get_sound()
'Meow Meow Meow Meow Meow Meow'
```

和普通方法相比，静态方法不需要访问实例的任何状态，是一种与状态无关的方法，因此静态方法其实可以改写成脱离于类的外部普通函数。

选择静态方法还是普通函数，可以从以下几点来考虑：

□ 如果静态方法特别通用，与类关系不大，那么把它改成普通函数可能会更好；
□ 如果静态方法与类关系密切，那么用静态方法更好；
□ 相比函数，静态方法有一些先天优势，比如能被子类继承和重写等。

3. 属性装饰器

在一个类里，属性和方法有着不同的职责：属性代表状态，方法代表行为。二者对外的访问接口也不一样，属性可以通过 inst.attr 的方式直接访问，而方法需要通过 inst.method() 来调用。

不过，@property 装饰器模糊了属性和方法间的界限，使用它，你可以把方法通过属性的方式暴露出来。举个例子，下面的 FilePath 类定义了 get_basename() 方法：

```python
import os

class FilePath:
    def __init__(self, path):
        self.path = path

    def get_basename(self):
        """ 获取文件名 """
        return self.path.split(os.sep)[-1]
```

使用 @property 装饰器，你可以把上面的 get_basename() 方法变成一个虚拟属性，然后像使用普通属性一样使用它：

```python
class FilePath:
    ...

    @property
    def basename(self):
        """ 获取文件名 """
        return self.path.rsplit(os.sep, 1)[-1]
```

调用效果如下：

```
>>> p = FilePath('/tmp/foo.py')
>>> p.basename
'foo.py'
```

@property 除了可以定义属性的读取逻辑外，还支持自定义写入和删除逻辑：

```
class FilePath:
    ...

    @property
    def basename(self):
        """ 获取文件名 """
        return self.path.rsplit(os.sep, 1)[-1]

    @basename.setter ❶
    def basename(self, name): ❷
        """ 修改当前路径里的文件名部分 """
        new_path = self.path.rsplit(os.sep, 1)[:-1] + [name]
        self.path = os.sep.join(new_path)

    @basename.deleter
    def basename(self): ❸
        raise RuntimeError('Can not delete basename!')
```

❶ 经过 @property 的装饰以后，basename 已经从一个普通方法变成了 property 对象，因此这里可以使用 basename.setter

❷ 定义 setter 方法，该方法会在对属性赋值时被调用

❸ 定义 deleter 方法，该方法会在删除属性时被调用

调用效果如下：

```
>>> p = FilePath('/tmp/foo.py')
>>> p.basename = 'bar.txt' ❶
>>> p.path
'/tmp/bar.txt'

>>> del p.basename ❷
RuntimeError: Can not delete basename!
```

❶ 触发 setter 方法

❷ 触发 deleter 方法

@property 是个非常有用的装饰器，它让我们可以基于方法定义类属性，精确地控制属性的读取、赋值和删除行为，灵活地实现动态属性等功能。

除了 @property 以外，描述符也能做到同样的事情，并且功能更多、更强大。在 12.1.3 节中，我会介绍如何用描述符来实现复杂属性。

当你决定把某个方法改成属性后，它的使用接口就会发生很大的变化。你需要学会判断，方法和属性分别适合什么样的场景。

举个例子，假如你的类有个方法叫 get_latest_items()，调用它会请求外部服务的数十个接口，耗费 5 ~ 10 秒钟。那么这时，盲目把这个方法改成 .latest_items 属性就不太恰当。

人们在读取属性时，总是期望能迅速拿到结果，调用方法则不一样——快点儿慢点儿都无所谓。让自己设计的接口符合他人的使用预期，也是写代码时很重要的一环。

9.1.3　鸭子类型及其局限性

每当我们谈论 Python 的类型系统时，总有一句话被大家反复提起："Python 是一门鸭子类型的编程语言。"

虽然这个定义被广泛接受，但是和"静态类型""动态类型"这些名词不一样，"鸭子类型"（duck-typing）不是什么真正的类型系统，而只是一种特殊的**编程风格**。

在鸭子类型编程风格下，如果想操作某个对象，你不会去判断它是否属于某种类型，而会直接判断它是不是有你需要的方法（或属性）。或者更激进一些，你甚至会直接尝试调用需要的方法，假如失败了，那就让它报错好了（参考 5.1.1 节）。

> 当看到一只鸟走起来像鸭子、游泳起来像鸭子、叫起来也像鸭子，那么这只鸟就可以称为鸭子。
>
> ——来自"鸭子类型"的维基百科词条

也就是说，虽然 Python 提供了检查类型的函数：isinstance()，但是鸭子类型并不推荐你使用它。你想调用 items 对象的 append() 方法？别拿 isinstance(items, list) 判断 items 究竟是不是列表，想调就直接调吧！

举个更具体的例子，假如某人要编写一个函数，来统计某个文件对象里有多少个元音字母，那么遵循鸭子类型的指示，应该直接把代码写成代码清单 9-1。

代码清单 9-1　统计文件中元音数量

```python
def count_vowels(fp):
    """统计某个文件中元音字母（aeiou）的数量"""
```

```
    VOWELS_LETTERS = {'a', 'e', 'i', 'o', 'u'}
    count = 0
    for line in fp: ❶
        for char in line:
            if char.lower() in VOWELS_LETTERS:
                count += 1
    return count

# 合法的调用方式：传入一个可读的文件对象
with open('small_file.txt') as fp:
    print(count_vowels_v2(fp))
```

❶ 不做任何类型判断，直接开始遍历 fp 对象

在超过 90% 的情况下，你能找到的合理的 Python 代码就如上所示：没有任何类型检查，想做什么就直接做。你肯定想问，假如调用方提供的 fp 参数不是文件对象怎么办？答案是：不怎么办，直接报错就好。示例如下。

```
>>> count_vowels(100)
Traceback (most recent call last):
  File "<stdin>", line 1, in <module>
  File "duck_typing.py", line 8, in count_vowels
    for line in fp:
TypeError: 'int' object is not iterable
```

如果编码者觉得："这实在是太随意了，我非得给它加上一点儿类型校验不可。"那么他也可以选择补充一些符合鸭子类型的校验语句，比如通过判断 fp 对象有没有 read 方法来决定是否继续执行，如代码清单 9-2 所示。

代码清单 9-2 统计文件中元音数量（增加校验）

```
def count_vowels(fp):
    """统计某个文件中元音字母（aeiou）的数量"""
    if not hasattr(fp, 'read'): ❶
        raise TypeError('must provide a valid file object')

    VOWELS_LETTERS = {'a', 'e', 'i', 'o', 'u'}
    count = 0
    for line in fp:
        for char in line:
            if char.lower() in VOWELS_LETTERS:
                count += 1
    return count
```

❶ 新增的校验语句

但不管怎样，在纯粹的鸭子类型编程风格下，不应该出现任何的 isinstance 类型判断语句。

假如你用其他静态类型的编程语言写过代码，肯定会觉得，这么搞真是太乱来了，这样的代码看上去就很不靠谱。但实话实说，鸭子类型编程风格确实有许多实打实的优点。

首先，鸭子类型不推荐做类型检查，因此编码者可以省去大量与之相关的烦琐工作。其次，鸭子类型只关注对象是否能完成某件事，而不对类型做强制要求，这大大提高了代码的灵活性。

举个例子，假如你把一个 StringIO 对象———一种实现了 read 操作的**类文件**（file-like）对象———传入上面的 count_vowels() 函数，会发现该函数仍然可以正常工作：

```
>>> from io import StringIO
>>> count_vowels(StringIO('Hello, world!'))
3
```

你甚至可以从零开始自己实现一个新类型：

```
class StringList:
    """ 用于保存多个字符串的数据类，实现了 read() 和可迭代接口 """

    def __init__(self, strings):
        self.strings = strings

    def read(self):
        return ''.join(self.strings)

    def __iter__(self):
        for s in self.strings:
            yield s
```

虽然上面的 StringList 类和文件类型八竿子打不着，但是因为 count_vowels() 函数遵循了鸭子类型编程风格，而 StringList 恰好实现了它所需要的接口，因此 StringList 对象也可以完美适用于 count_vowels 函数：

```
>>> sl = StringList(['Hello', 'World'])
>>> count_vowels(sl)
3
```

不过，即便鸭子类型有以上种种好处，我们还是无法对它的缺点视而不见。

鸭子类型的局限性

鸭子类型的第一个缺点是：**缺乏标准**。在编写鸭子类型代码时，虽然我们不需要做严格的类型校验，但是仍然需要频繁判断对象是否支持某个行为，而这方面并没有统一的标准。

拿前面的文件类型校验来说，你可以选择调用 hasattr(fp, "read")，也可以选择调用

hasattr(fp, "readlines")，还可以直接写 try ... except 的 EAFP 风格代码来直接进行操作。

看上去怎么做都行，但究竟哪种最好呢？

鸭子类型的另一个问题是：**过于隐式**。在鸭子类型编程风格下，对象的真实类型变得不再重要，取而代之的是对象所提供的接口（或者叫协议）变得非常重要。但问题是，鸭子类型里的所有接口和协议都是隐式的，它们全藏在代码和函数的注释中。

举个例子，通过阅读 count_vowels() 函数的代码，你可以知道：fp 文件对象需要提供 read 方法，也需要可迭代。但这些规则都是隐式的、片面的。这意味着你虽然通过读代码了解了大概，但是仍然无法回答这个问题："究竟是哪些接口定义了文件对象？"。

在鸭子类型里，所有的接口和协议零碎地分布在代码的各个角落，最终虚拟地活在编码者的大脑中。

综合考虑了鸭子类型的种种特点后，你会发现，虽然这非常有效和实用，但有时也会让人觉得过于灵活、缺少规范。尤其是在规模较大的 Python 项目中，如果代码大量使用了鸭子类型，编码者就需要理解很多隐式的接口与规则，很容易不堪重负。

幸运的是，除了鸭子类型以外，Python 还为类型系统提供了许多有效的补充，比如类型注解与静态检查（mypy）、**抽象类**（abstract class）等。

在下一节，我们会看看抽象类为鸭子类型带来了什么改变。

9.1.4　抽象类

我在前一节提到，在鸭子类型编程风格中，编码者不应该关心对象的类型，只应该关心对象是否支持某些操作。这意味着，用于判断对象类型的 isinstance() 函数在鸭子世界里完全没有用武之地。

但是，自从**抽象类**出现以后，isinstance() 函数的地位发生了一些微妙的变化。在解释这个变化前，我们先看看 isinstance() 的典型工作模式是什么样的。

1. isinstance() 函数

假如有以下两个类：

```python
class Validator:
    """校验器基类，校验不同种类的数据是否符合要求"""

    def validate(self, value):
```

```
            raise NotImplementedError
class NumberValidator(Validator):
    """ 校验输入值是否是合法数字 """

    def validate(self, value):
        ...
```

Validator 是校验器基类，NumberValidator 是继承了 Valdiator 的校验器子类，如图 9-2 所示。

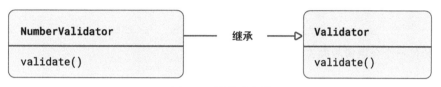

图 9-2　继承示意图

利用 isinstance() 函数，我们可以判断对象是否属于特定类型：

```
>>> isinstance(NumberValidator(), NumberValidator)
True
>>> isinstance('foo', Validator)
False
```

isinstance() 函数能理解类之间的继承关系，因此子类的实例同样可以通过基类的校验：

```
>>> isinstance(NumberValidator(), Validator)
True
```

使用 isinstance() 函数，我们可以严格校验对象是否属于某个类型。但问题是：鸭子类型只关心行为，不关心类型，所以 isinstance() 函数天生和鸭子类型的理念相背。不过，在 Python 2.6 版本推出了抽象类以后，事情出现了一些转折。

2. 校验对象是否是 Iterable 类型

在解释抽象类对类型机制的影响前，我们先看看下面这个类：

```
class ThreeFactory:
    """ 在被迭代时不断返回 3

    :param repeat: 重复次数
    """

    def __init__(self, repeat):
        self.repeat = repeat
```

```
    def __iter__(self):
        for _ in range(self.repeat):
            yield 3
```

ThreeFactory 是个非常简单的类，它所做的，就是迭代时不断返回数字 3：

```
>>> obj = ThreeFactory(2) ❶
>>> for i in obj:
...     print(i)
...
3
3
```

❶ *初始化一个会返回两次 3 的新对象*

在 collections.abc 模块中，有许多和容器相关的抽象类，比如代表集合的 Set、代表序列的 Sequence 等，其中有一个最简单的抽象类：Iterable，它表示的是可迭代类型。假如你用 isinstance() 函数对上面的 ThreeFactory 实例做类型检查，会得到一个有趣的结果：

```
>>> from collections.abc import Iterable
>>> isinstance(ThreeFactory(2), Iterable)
True
```

虽然 ThreeFactory 没有继承 Iterable 类，但当我们用 isinstance() 检查它是否属于 Iterable 类型时，结果却是 True，这正是受了抽象类的特殊子类化机制的影响。

3. 抽象类的子类化机制

在 Python 中，最常见的子类化方式是通过继承基类来创建子类，比如前面的 NumberValidator 就继承了 Validator 类。但抽象类作为一种特殊的基类，为我们提供了另一种更灵活的子类化机制。

为了演示这个机制，我把前面的 Validator 改造成了一个抽象类：

```
from abc import ABC

class Validator(ABC): ❶
    """校验器抽象类"""

    @classmethod
    def __subclasshook__(cls, C):
        """任何提供了 validate 方法的类，都被当作 Validator 的子类"""
        if any("validate" in B.__dict__ for B in C.__mro__): ❷
            return True
        return NotImplemented
```

```
        def validate(self, value):
            raise NotImplementedError
```

❶ 要定义一个抽象类，你需要继承 ABC 类或使用 abc.ABCMeta 元类

❷ C.__mro__ 代表 C 的类派生路线上的所有类（见 9.1.5 节）

上面代码的重点是 __subclasshook__ 类方法。__subclasshook__ 是抽象类的一个特殊方法，当你使用 isinstance 检查对象是否属于某个抽象类时，如果后者定义了这个方法，那么该方法就会被触发，然后：

□ 实例所属类型会作为参数传入该方法（上面代码中的 C 参数）；
□ 如果方法返回了布尔值，该值表示实例类型是否属于抽象类的子类；
□ 如果方法返回 NotImplemented，本次调用会被忽略，继续进行正常的子类判断逻辑。

在我编写的 Validator 类中，__subclasshook__ 方法的逻辑是：所有实现了 validate 方法的类都是我的子类。

这意味着，下面这个和 Validator 没有继承关系的类，也被视作 Validator 的子类：

```
class StringValidator:
    def validate(self, value):
        ...

print(isinstance(StringValidator(), Validator))
# 输出：True
```

图 9-3 展示了两者的关系。

图 9-3　StringValidator 实现了抽象类 Validator

通过 __subclasshook__ 类方法，我们可以定制抽象类的子类判断逻辑。这种子类化形式只关心结构，不关心真实继承关系，所以常被称为"结构化子类"。

这也是之前的 ThreeFactory 类能通过 Iterable 类型校验的原因，因为 Iterable 抽象类对子类只有一个要求：实现了 __iter__ 方法即可。

除了通过 `__subclasshook__` 类方法来定义动态的子类检查逻辑外，你还可以为抽象类手动注册新的子类。

比如，下面的 Foo 是一个没有实现任何方法的空类，但假如通过调用抽象类 Validator 的 register 方法，我们可以马上将它变成 Validator 的"子类"：

```
>>> class Foo:
...     pass
...
>>> isinstance(Foo(), Validator) ❶
False

>>> Validator.register(Foo) ❷
False

>>> isinstance(Foo(), Validator) ❸
True
>>> issubclass(Foo, Validator)
True
```

❶ 默认情况下，Foo 类和 Validator 类没有任何关系
❷ 调用 .register() 把 Foo 注册为 Validator 的子类
❸ 完成注册后，Foo 类的实例就能通过 Validator 的类型校验了

总结一下，抽象类通过 `__subclasshook__` 钩子和 .register() 方法，实现了一种比继承更灵活、更松散的子类化机制，并以此改变了 isinstance() 的行为。

有了抽象类以后，我们便可以使用 isinstance(obj, type) 来进行鸭子类型编程风格的类型校验了。只要待匹配类型 type 是抽象类，类型检查就符合鸭子类型编程风格——只校验行为，不校验类型。

4. 抽象类的其他功能

除了更灵活的子类化机制外，抽象类还提供了一些其他功能。比如，利用 abc 模块的 @abstractmethod 装饰器，你可以把某个方法标记为抽象方法。假如抽象类的子类在继承时，没有重写所有抽象方法，那么它就无法被正常实例化。

举个例子：

```
class Validator(ABC):
    """校验器抽象类"""

    ...
```

```
    @abstractmethod ❶
    def validate(self, value):
        raise NotImplementedError

class InvalidValidator(Validator): ❷
    ...
```

❶ 把 validate 定义为抽象方法

❷ InvalidValidator 虽然继承了 Validator 抽象类，但没有重写 validate 方法

如果你尝试实例化 InvalidValidator，就会遇到下面的错误：

```
>>> obj = InvalidValidator()
Traceback (most recent call last):
  File "<stdin>", line 1, in <module>
TypeError: Can't instantiate abstract class InvalidValidator with abstract methods
validate
```

这个机制可以帮我们更好地控制子类的继承行为，强制要求其重写某些方法。

此外，虽然抽象类名为抽象，但它也可以像任何普通类一样提供已实现好的非抽象方法。比如 collections.abc 模块里的许多抽象类（如 Set、Mapping 等）像普通基类一样实现了一些公用方法，降低了子类的实现成本。

最后，我们总结一下鸭子类型和抽象类：

- 鸭子类型是一种编程风格，在这种风格下，代码只关心对象的行为，不关心对象的类型；
- 鸭子类型降低了类型校验的成本，让代码变得更灵活；
- 传统的鸭子类型里，各种对象接口和协议都是隐式的，没有统一的显式标准；
- 普通的 isinstance() 类型检查和鸭子类型的理念是相违背的；
- 抽象类是一种特殊的类，它可以通过钩子方法来定制动态的子类检查行为；
- 因为抽象类的定制子类化特性，isinstance() 也变得更灵活、更契合鸭子类型了；
- 使用 @abstractmethod 装饰器，抽象类可以强制要求子类在继承时重写特定方法；
- 除了抽象方法以外，抽象类也可以实现普通的基础方法，供子类继承使用；
- 在 collections.abc 模块中，有许多与容器相关的抽象类。

 在第 10 章与第 11 章，你会看到更多有关鸭子类型和抽象类的代码示例。

9.1.5 多重继承与 MRO

许多编程语言在处理继承关系时，只允许子类继承一个父类，而 Python 里的一个类可以同时继承多个父类。这让我们的模型设计变得更灵活，但同时也带来一个新问题："在复杂的继承关系下，如何确认子类的某个方法会用到哪个父类？"

以下面的代码为例：

```python
class A:
    def say(self):
        print("I'm A")

class B(A):
    pass

class C(A):
    def say(self):
        print("I'm C")

class D(B, C):
    pass
```

D 同时继承 B 和 C 两个父类，而 B 和 C 都是 A 的子类。此时，如果你调用 D 实例的 say() 方法，究竟会输出 A 还是 C 的结果呢？答案是：

```python
>>> D().say()
I'm C
```

在解决多重继承的方法优先级问题时，Python 使用了一种名为 MRO（method resolution order）的算法。该算法会遍历类的所有基类，并将它们按优先级从高到低排好序。

调用类的 mro() 方法，你可以看到按 MRO 算法排好序的基类列表：

```python
>>> D.mro()
[<class '__main__.D'>, <class '__main__.B'>, <class '__main__.C'>, <class '__main__.A'>,
<class 'object'>] ❶
```

❶ 这里面的 <class 'object'> 是每个 Python 类的默认基类

图 9-4 展示了类的关系。

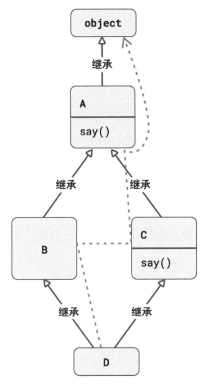

图 9-4 类关系示意图，带箭头的虚线代表 MRO 的解析顺序

当你调用子类的某个方法时，Python 会按照上面的 MRO 列表从前往后寻找这个方法，假如某个类实现了这个方法，就直接返回。这就是前面的 D().say() 定位到了 C 类的原因，因为在 D 的 MRO 列表中，C 排在 A 的前面。

MRO 与 super()

基于 MRO 算法的基类优先级列表，不光定义了类方法的找寻顺序，还影响了另一个常见的内置函数：super()。

在许多人的印象中，super() 是一个用来调用父类方法的工具函数。但这么说并不准确，super() 使用的其实不是当前类的父类，而是它在 MRO 链条里的上一个类。

举个例子：

```python
class A:
    def __init__(self):
        print("I'm A")
        super().__init__()
```

```python
class B(A):
    def __init__(self):
        print("I'm B")
        super().__init__()

class D1(B):
    pass
```

在上面的单一继承关系下，实例化 D1 类的输出结果很直观：

```
>>> D1()
I'm B
I'm A
```

此时，super() 看上去就像是在调用父类的方法。但是，如果稍微调整一下继承关系，把 C 类加入继承关系链里：

```
    ...
class C(A):
    def __init__(self):
        print("I'm C")
        super().__init__()

class D2(B, C):  ❶
    pass
```

❶ 让 D2 同时继承两个类

实例化 D2 类就会输出下面的结果：

```
>>> D2()
I'm B
I'm C  ❶
I'm A
```

❶ C 类的 __init__ 方法调用插在了 B 和 A 之间

当我在继承关系里加入 C 类后，B.__init__() 里的 super() 不会再直接找到 B 的父类 A，而是会定位到当前 MRO 链条里的下一个类，一个看上去和 B 毫不相关的类：C。

正如例子所示，当你在方法中调用 super() 时，其实无法确定它会定位到哪一个类。这是因为你永远不知道使用类的人，会把它加入什么样的 MRO 继承链条里。

总而言之，Python 里的多重继承是一个相当复杂的特性，尤其在配合 super() 时。

在实际项目里,你应该非常谨慎地对待多重继承,因为它很容易催生出一些复杂的继承关系,进而导致代码难以维护。假如你发现自己在实现某个功能时,必须使用多重继承,而且必须用 MRO 算法来精心设计方法间的覆盖关系,此时你应该停下来,喝口水,深吸一口气,重新思考一遍自己想要解决的问题。

以我的经验来看,许多所谓"精心设计"的多重继承代码,也许在写出来的当天编码者会觉得:自己用相当高明的手段解决了一个十分困难的问题。但在一个月后,当其他人需要修改这段代码时,很容易被复杂的继承关系绕晕。

大多数情况下,你需要的并不是多重继承,而也许只是一个更准确的抽象模型,在该模型下,最普通的继承关系就能完美解决问题。

9.1.6 其他知识

面向对象编程所涉及的内容相当多,这意味着,一章很难涵盖所有知识点。

在本节中,我挑选了两个平常较少用到的知识点进行简单介绍。如果你对其中的某个知识点感兴趣,可自行搜索更多资料。

1. Mixin 模式

顾名思义,Mixin 是一种把额外功能"混入"某个类的技术。有些编程语言(比如 Ruby)为 Mixin 模式提供了原生支持,而在 Python 中,我们可以用多重继承来实现 Mixin 模式。

要实现 Mixin 模式,你需要先定义一个 Mixin 类:

```
class InfoDumperMixin: ❶
    """Mixin: 输出当前实例信息"""

    def dump_info(self):
        d = self.__dict__
        print("Number of members: {}".format(len(d)))
        print("Details:")
        for key, value in d.items():
            print(f'  - {key}: {value}')
```

❶ Mixin 类名常以"Mixin"结尾,这算是一种不成文的约定

相比普通类,Mixin 类有一些鲜明的特征。

Mixin 类通常很简单,只实现一两个功能,所以很多时候为了实现某个复杂功能,一个类常常会同时混入多个 Mixin 类。另外,大多数 Mixin 类不能单独使用,它们只有在被混入其他

类时才能发挥最大作用。

下面是一个使用 `InfoDumperMixin` 的例子：

```
class Person(InfoDumperMixin):
    def __init__(self, name, age):
        self.name = name
        self.age = age
```

调用结果如下：

```
>>> p = Person('jack', 20)
>>> p.dump_info()
Number of members: 2
Details:
  - name: jack
  - age: 20
```

虽然 Python 中的 Mixin 模式基于多重继承实现，但令 Mixin 区别于普通多重继承的最大原因在于：Mixin 是一种有约束的多重继承。在 Mixin 模式下，虽然某个类会同时继承多个基类，但里面最多只会有一个基类表示真实的继承关系，剩下的都是用于混入功能的 Mixin 类。这条约束大大降低了多重继承的潜在危害性。

许多流行的 Web 开发框架使用了 Mixin 模式，比如 Django、DRF[①] 等。

不过，虽然 Mixin 是一种行之有效的编程模式，但不假思索地使用它仍然可能会带来麻烦。有时，人们使用 Mixin 模式的初衷，只是想对糟糕的模型设计做一些廉价的弥补，而这只会把原本糟糕的设计变得更糟。

假如你想使用 Mixin 模式，需要精心设计 Mixin 类的职责，让它们和普通类有所区分，这样才能让 Mixin 模式发挥最大的潜力。

2. 元类

元类是 Python 中的一种特殊对象。元类控制着类的创建行为，就像普通类控制着实例的创建行为一样。

`type` 是 Python 中最基本的元类，利用 `type`，你根本不需要手动编写 `class ... :` 代码来创建一个类——直接调用 `type()` 就行：

```
>>> Foo = type('Foo', (), {'bar': 3}) ❶
>>> Foo
```

---

① DRF 的全称为 Django REST Framework，是一个流行的 REST API 服务开发框架。

```
<class '__main__.Foo'>
>>> Foo().bar
3
```

❶ 参数分别为 type(name, bases, attrs)

在调用 type() 创建类时,需要提供三个参数,它们的含义如下。

(1) name:str,需要创建的类名。

(2) bases:Tuple[Type],包含其他类的元组,代表类的所有基类。

(3) attrs:Dict[str, Any],包含所有类成员(属性、方法)的字典。

虽然 type 是最基本的元类,但在实际编程中使用它的场景其实比较少。更多情况下,我们会创建一个继承 type 的新元类,然后在里面定制一些与创建类有关的行为。

为了演示元类能做什么,代码清单 9-3 实现了一个简单的元类,它的主要功能是将类方法自动转换成属性对象。另外,该元类还会在创建实例时,为其增加一个代表创建时间的 created_at 属性。

代码清单 9-3 示例元类 AutoPropertyMeta

```python
import time
import types

class AutoPropertyMeta(type):  ❶
    """ 元类:

    - 把所有类方法变成动态属性
    - 为所有实例增加创建时间属性
    """

    def __new__(cls, name, bases, attrs):  ❷
        for key, value in attrs.items():
            if isinstance(value, types.FunctionType) and not key.startswith('_'):
                attrs[key] = property(value)  ❸
        return super().__new__(cls, name, bases, attrs)  ❹

    def __call__(cls, *args, **kwargs):  ❺
        inst = super().__call__(*args, **kwargs)
        inst.created_at = time.time()
        return inst
```

❶ 元类通常会继承基础元类 type 对象

❷ 元类的 __new__ 方法会在创建类时被调用

❸ 将非私有方法转换为属性对象

❹ 调用 type() 完成真正的类创建

❺ 元类的 `__call__` 方法，负责创建与初始化类实例

下面的 Cat 类使用了 AutoPropertyMeta 元类：

```python
import random

class Cat(metaclass=AutoPropertyMeta):
    def __init__(self, name):
        self.name = name

    def sound(self):
        repeats = random.randrange(1, 10)
        return ' '.join(['Meow'] * repeats)
```

效果如下：

```python
>>> milo = Cat('milo')
>>> milo.sound ❶
'Meow Meow Meow Meow Meow Meow Meow'
>>> milo.created_at ❷
1615000104.0704262
```

❶ sound 原本是方法，但是被元类自动转换成了属性对象
❷ 读取由元类定义的创建时间

通过上面这个例子，你会发现元类的功能相当强大，它不光可以修改类，还能修改类的实例。同时它也相当复杂，比如在例子中，我只简单演示了元类的 `__new__` 和 `__call__` 方法，除此之外，元类其实还有用来准备类命名空间的 `__prepare__` 方法。

和 Python 里的其他功能相比，元类是个相当高级的语言特性。通常来说，除非要开发一些框架类工具，否则你在日常工作中根本不需要用到元类。

> 元类是一种深奥的"魔法"，99% 的用户不必为之操心。如果你在琢磨是否需要元类，那你肯定不需要（那些真正要使用元类的人确信自己的需求，而无须解释缘由）。

> Metaclasses are deeper magic than 99% of users should ever worry about. If you wonder whether you need them, you don't (the people who actually need them know with certainty that they need them, and don't need an explanation about why).

> ——Tim Peters

但鲜有使用场景，不代表学习元类就没有意义。我认为了解元类的工作原理，对理解 Python 的面向对象模型大有裨益。

元类很少被使用的原因，除了应用场景少以外，还在于它其实有许多"替代品"，它们是：

(1) 类装饰器（见 8.2.2 节）；

(2) __init_subclass__ 钩子方法（见 9.3.1 节）；

(3) 描述符（见 12.1.3 节）。

这些工具的功能虽然不如元类那么强大，但它们都比元类简单，更容易理解。日常编码时，它们可以覆盖元类的大部分使用场景。

9.2　案例故事

我第一次接触面向对象概念，是在十几年前的大学 Java 课上。虽然现在我已经完全忘记了那堂课的内容，但我清楚记得当时用的教科书第一页里的一句话："面向对象有三大基本特征：**封装**（encapsulation）、**继承**（inheritance）与**多态**（polymorphism）。"

虽然我在课堂上学到的"继承"，作为一个"基本特征"，似乎显得"人畜无害"、很好掌握，不过在之后的十几年编程生涯里，在写过和看过太多糟糕的代码后，我发现"继承"虽然是一个基本概念，但它同时也是面向对象设计中最容易做错的事情之一。有时候，继承带来的问题甚至远比好处多。

为什么这么说呢？假如你用 Google 搜索"inheritance is bad"（继承不好），会发现有多达6400 万条搜索结果。许多新编程语言甚至完全取缔了继承。比如 2009 年发布的 Go 语言，虽然有一些面向对象语言的特征，但完全不支持继承。

作为曾经的三大面向对象基本特征，继承是怎么慢慢走到今天这一步的呢？我认为这和人们大量误用继承脱不了干系。

众所周知，继承为我们提供了一种强大的代码复用手段——只要继承某个父类，你就能使用它的所有属性和方法，获得它的所有能力。但强大同样也容易招致混乱，错误的继承关系很容易催生出一堆烂代码。

下面我们来看一个关于继承的故事。

继承是把双刃剑

小 R 是一名 Python 后端程序员，三个月前加入了一家移动互联网创业公司。公司的主要产品是一款手机游戏新闻 App——GameNews。在这款 App 里，用户可以浏览最新的游戏资讯，也可以通过评论和其他用户交流。

一个普通的工作日上午，小 R 在工位前坐下，拿出笔记本电脑，准备开始修复昨天没调完的 bug。这时，公司的运营组同事小 Y 走到他的桌前。

"R 哥，有件事儿你能不能帮一下忙？"小 Y 问道。

"什么事儿？"

"是这样的，GameNews 上线都好几个星期了，虽然能查到下载量还不错，但不知道有多少人在用。你能不能在后台加个功能，让我们能查到 GameNews 每天的活跃用户数啊？"

听完小 Y 的描述，小 R 心想，统计 UV [①] 数本身不是什么难事儿，但公司现在刚起步，各种数据统计基建都没有，而且新功能需求又排得那么紧，怎么做这个统计最合适呢？

看到小 R 眉头微皱，半天不说话，小 Y 怯生生地开口了。

"这个统计是不是特别麻烦？要是麻烦就——"

没等小 Y 说完，小 R 突然就想到了办法。GameNews 几周前刚上线时，小 R 将所有的 API 调用都记录了日志，全部按天保存在了服务器上。通过解析这些日志，他可以很轻松地计算出每天的 UV 数。

"不麻烦，包在我身上，明天上线！"小 R 打断了小 Y。

小 Y 走后，小 R 开始写起了代码。要基于日志来统计每天的 UV 数，程序至少需要做到这几件事：获取日志内容、解析日志、完成统计。

所幸这几件事都不算太难，没过多久，小 R 就写好了下面这个类，如代码清单 9-4 所示。

代码清单 9-4　统计某日 UV 数的类 UniqueVisitorAnalyzer

```python
class UniqueVisitorAnalyzer:
    """统计某日 UV 数

    :param date: 需要统计的日期
    """

    def __init__(self, date):
        self.date = date

    def analyze(self):
        """通过解析与分析 API 访问日志，返回 UV 数

        :return: UV 数
        """
```

[①] Unique Visitor 的首字母缩写，表示访问网站的独立访客。对于如何统计独立访客，常见的算法是把每个注册用户算作一个独立访客，或者把每个 IP 地址算作一个独立访客。

```
    for entry in self.get_log_entries():
        ...  # 省略：根据 entry.user_id 统计 UV 数并返回结果

def get_log_entries(self):
    """ 获取当天所有日志记录 """
    for line in self.read_log_lines():
        yield self.parse_log(line)

def read_log_lines(self):
    """ 逐行获取访问日志 """
    ...  # 省略：根据日志 self.date 读取日志文件并返回结果

def parse_log(self, line):
    """ 将纯文本格式的日志解析为结构化对象

    :param line: 纯文本格式日志
    :return: 结构化的日志条目 LogEntry 对象
    """
    ...  # 省略：复杂的日志解析过程
    return LogEntry(
        time=...,
        ip=...,
        path=...,
        user_agent=...,
        user_id=...,
    )
```

在代码中，UniqueVisitorAnalyzer 类接收日期作为唯一的实例化参数，然后通过 analyze() 方法完成统计。为了统计 UV 数，analyze() 方法需要先读取日志文件，然后解析日志文本，最终基于日志对象 LogEntry 里的 user_id 来计算结果。

经过简单的测试后，小 R 的代码在第二天准时上线，赢得了运营同事的好评。

1. 新需求：统计最热门的 10 条评论

时间过去了一个月，其间 GameNews 的注册用户数增长了不少。

一天上午，小 Y 又来到小 R 的桌前，说道："R 哥，最近用户发表的评论越来越多，你能不能搞个统计功能，把每天点赞数最多的 10 条评论找出来？这样可以方便我们搞点儿运营活动。"

小 R 接下这个需求后，心想：一个月前不是刚写了那个 UV 统计吗？新需求好像刚好能复用那些代码。于是他打开 IDE，找到自己一个月前写的 UniqueVisitorAnalyzer 类，只花了半分钟就确定了编码思路。

在 GameNews 提供的所有 API 中，评论点赞的 API 路径是有规律的：/comments/<COMMENT_ID>/up_votes/。要统计热门评论，小 R 只需要从每天的 API 访问日志里，把所有的评论和点赞请求找出来，然后通过统计路径里的 COMMENT_ID 就能达到目的。

所以，小 R 决定通过**继承**来复用 UniqueVisitorAnalyzer 类里的日志读取和解析逻辑，这样他只要写很少的代码就能完成需求。

只花了不到 10 分钟，小 R 就写出了下面的代码：

```python
class Top10CommentsAnalyzer(UniqueVisitorAnalyzer):
    """ 获取某日点赞量最高的 10 条评论

    :param date: 需要统计的日期
    """

    limit = 10

    def analyze(self):
        """ 通过解析与统计 API 访问日志，返回点赞量最高的评论

        :return: 评论 ID 列表
        """
        for entry in self.get_log_entries():  ❶
            comment_id = self.extract_comment_id(entry.path)
            ...  # 省略：统计过程与返回结果

    def extract_comment_id(self, path):
        """
        根据日志访问路径，获取评论 ID。
        有效的评论点赞 API 路径格式：/comments/<ID>/up_votes/

        :return: 仅当路径是评论点赞 API 时，返回 ID, 否则返回 None
        """
        matched_obj = re.match('/comments/(.*)/up_votes/', path)
        return matched_obj and matched_obj.group(1)
```

❶ 此处的 get_log_entries() 是由父类提供的方法

基于继承提供的强大复用能力，Top10CommentsAnalyzer 自然而然地获得了父类的日志读取与解析能力，如图 9-5 所示。小 R 只写了不到 20 行代码，就实现了需求，自我感觉相当良好。

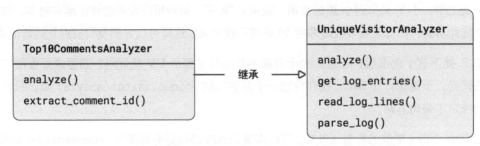

图 9-5 Top10CommentsAnalyzer 继承了 UniqueVisitorAnalyzer

上面的代码看似简单，一个月后却给小 R 带来了不小的麻烦。

2. 修改 UV 逻辑

又过了一个月，小 R 的公司发展得越来越好，有许多新同事入职。一天，运营同事小 Y 又来找小 R。

"R 哥，还记得你两个月前写的那个 UV 统计吗？我们最近觉得，把所有用过 GameNew App 的人都当作活跃用户，其实挺不准的。"小 Y 手里端着一杯咖啡，慢慢说道："你能不能改一下逻辑，只统计那些真正点开过新闻的用户？"

接到新需求后，小 R 心想：这个需求挺简单的，不如让两周前入职的同事小 V 负责。于是小 R 走到小 V 旁边，和他描述了一遍需求，并详细讲了一遍 UV 统计的代码。

小 V 是一名有经验的开发人员，他很快便明白了应该怎么下手。因为所有访问新闻的 API 路径都是同一种格式：/news/<ID>/，所以他只要调整一下代码，过滤一遍日志，就能挑选出所有真正看过新闻的用户。

于是，小 V 在 UniqueVisitorAnalyzer 类上做了一点儿调整：

```python
import re

class UniqueVisitorAnalyzer:

    ...

    def get_log_entries(self):
        """ 获取当天所有日志记录 """
        for line in self.read_log_lines():
            entry = self.parse_log(line)
            if not self.match_news_pattern(entry.path):  ❶
                continue
            yield entry

    def match_news_pattern(self, path):
        """ 判断 API 路径是不是在访问新闻

        :param path: API 访问路径
        :return: bool
        """
        return re.match(r'^/news/[^/]*?/$', path)
```

❶ 新增日志过滤语句

小 V 在 UniqueVisitorAnalyzer 类上增加了一个方法：match_news_pattern，它负责判断 API 路径是不是访问新闻的路径格式。同时，小 V 在 get_log_entries 里也增加了条件判断——如果当前日志不是访问新闻，就跳过它。

通过上面的修改，小 V 很快实现了只统计"新闻阅读者"的需求。

把代码提交上去以后，小 V 邀请小 R 审查这段改动。小 R 检查后没发现什么问题，于是新代码很快就部署到了线上。

但是，很快就发生了一件所有人都意想不到的事情。

3. 意料之外的 bug

第二天一上班，运营同事小 Y 一路小跑到小 R 身边，一边喘气一边说道："R 哥，为啥今天 Top 10 评论数据是空的啊？一条评论都没有，赶紧帮看看是咋回事吧！"

小 R 一听觉得奇怪，说："最近没人调整过那部分逻辑啊，怎么会出问题呢？"

"会不会和我们昨天上线的 UV 统计调整有关？"坐在旁边听到两人对话的小 V 突然插了一句。

听到这句话，小 R 愣了几秒钟，然后一拍大腿。

"对对对，热门评论统计继承了 UV 统计的类，肯定是昨天的改动影响到了。我审查代码时完全忘记了这回事！"小 R 连忙说道。

于是小 R 打开统计热门评论的代码，很快就找到了问题的原因：

```python
class Top10CommentsAnalyzer(UniqueVisitorAnalyzer):

    def analyze(self):
        # 当小 V 修改了父类 UniqueVisitorAnalyzer 的
        # get_log_entries() 方法后，子类的 get_log_entries()
        # 方法调用从此只能拿到路径属于 " 查看新闻 " 的日志条目
        for entry in self.get_log_entries():
            comment_id = self.extract_comment_id(entry.path)
            ...

    def extract_comment_id(self, path):
        # 因为输入源发生了变化，所以 extract_comment_id() 永远匹配不到
        # 任何点赞评论的路径了
        matched_obj = re.match('/comments/(.*)/up_votes/', path)
        return matched_obj and matched_obj.group(1)
```

问题产生的整个过程如图 9-6 所示。

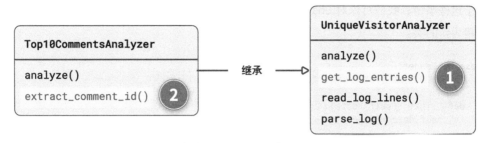

图 9-6 ① 修改父类函数, ② 子类受到影响

从表面上看, 这个 bug 似乎是由于两人的粗心大意造成的。小 Y 在写代码时, 没有厘清继承关系就随意修改了父类逻辑。而小 R 在审查代码时, 也没有仔细推演修改基类可能带来的后果。

但粗心大意只是表面原因。在开发软件时, 我们不能指望程序员能够事事考虑得十全十美, 永远记得自己写过的每一段代码逻辑, 这根本就不现实。错误地使用了继承, 才是导致这个 bug 的根本原因。

4. 回顾继承, 使用组合

我们回溯到一个月前 小 R 接到"统计热门评论"需求的时候。当他发现新需求可以复用 UniqueVisitorAnalyzer 类里的部分方法时, 几乎是马上就决定创建一个子类来实现新需求。

但继承是一种类与类之间紧密的耦合关系。让子类继承父类, 虽然看上去毫无成本地获取了父类的全部能力, 但同时也意味着, 从此以后父类的所有改动都可能影响子类。继承关系越复杂, 这种影响就越容易超出人们的控制范围。

正是因为继承的这种不可控性, 才有了后面小 Y 调整 UV 统计逻辑却影响了热门评论统计的事情。

小 R 使用继承的初衷, 是为了复用父类中的方法。但如果只是为了复用代码, 其实没有必要使用继承。当小 R 发现新需求要用到 UniqueVisitorAnalyzer 类的"读取日志""解析日志"行为时, 他完全可以用**组合**(composition) 的方式来解决复用问题。

要用组合来复用 UniqueVisitorAnalyzer 类, 我们需要先分析这个类的职责与行为。在我看来, UniqueVisitorAnalyzer 类主要负责以下几件事。

❑ 读取日志: 根据日期找到并读取日志文件。
❑ 解析日志: 把文本日志信息解析并转换成 LogEntry。
❑ 统计日志: 统计日志, 计算 UV 数。

基于这些事情，我们可以对 UniqueVisitorAnalyzer 类进行拆分，把其中需要复用的两个行为创建为新的类：

```python
class LogReader:
    """ 根据日期读取特定日志文件 """

    def __init__(self, date):
        self.date = date

    def read_lines(self):
        """ 逐行获取访问日志 """
        ...  # 省略：根据日志 self.date 读取日志文件并返回结果


class LogParser:
    """ 将文本日志解析为结构化对象 """

    def parse(self, line):
        """ 将纯文本格式的日志解析为结构化对象

        :param line: 纯文本格式的日志
        :return: 结构化的日志条目 LogEntry 对象
        """
        ...  # 省略：复杂的日志解析过程
        return LogEntry(
            time=...,
            ip=...,
            path=...,
            user_agent=...,
            user_id=...,
        )
```

LogReader 和 LogParser 两个新类，分别对应 UniqueVisitorAnalyzer 类里的 "读取日志" 和 "解析日志" 行为。

相比之前把所有行为都放在 UniqueVisitorAnalyzer 类里的做法，新的代码其实体现了另一种面向对象建模方式——**针对事物的行为建模，而不是对事物本身建模**。

针对事物本身建模，代表你倾向于用类来重现真实世界里的模型，比如 UniqueVisitorAnalyzer 类就代表 "UV 统计" 这个需求，如果它要完成 "读取日志" "解析日志" 这些事情，那就把这些事情作为类方法来实现。而针对事物的行为建模，代表你倾向于用类来重现真实事物的行为与特征，比如用 LogReader 来代表日志读取行为，用 LogParser 来代表日志解析行为。

在多数情况下，基于事物的行为来建模，可以孵化出更好、更灵活的模型设计。

基于新的类和模型，UniqueVisitorAnalyzer 类可以修改为下面这样：

```python
class UniqueVisitorAnalyzer:
    """ 统计某日的 UV 数 """

    def __init__(self, date):
        self.date = date
        self.log_reader = LogReader(self.date)
        self.log_parser = LogParser()

    def analyze(self):
        """ 通过解析与分析 API 访问日志，返回 UV 数

        :return: UV 数
        """
        for entry in self.get_log_entries():
            ...  # 省略：根据 entry.user_id 统计 UV 数并返回结果

    def get_log_entries(self):
        """ 获取当天所有日志记录 """
        for line in self.log_reader.read_lines():
            entry = self.log_parser.parse(line)
            if not self.match_news_pattern(entry.path):
                continue
            yield entry

    ...
```

虽然这份代码看上去和旧代码相差不大，但如果小 R 拿着这份代码，接到统计热门评论的
需求后，他会发现，根本不需要继承 UniqueVisitorAnalyzer 类来实现新需求，只需要利用组
合实现下面这样的类就行：

```python
class Top10CommentsAnalyzer:
    """ 获取某日点赞量最高的 10 条评论 """

    limit = 10

    def __init__(self, date):
        self.log_reader = LogReader(self.date)
        self.log_parser = LogParser()

    ...

    def get_log_entries(self):
        for line in self.log_reader.read_lines():
            entry = self.log_parser.parse(line)
            yield entry
```

使用组合之后的类关系如图 9-7 所示。

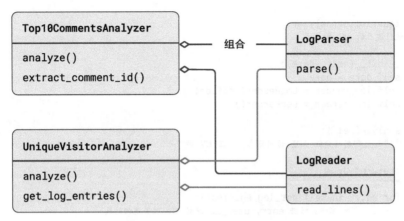

图 9-7　使用组合后的类关系图

新类同样复用了旧代码，但继承关系不见了。没有了继承，后续的 bug 也就根本不会出现。

5. 总结

故事的最后，小 R 与小 V 在一番讨论后，最终选择用上面的结构重构 "UV 统计" 与 "热门评论统计" 两个类，用组合替代了继承，解除了它们之间的继承关系。

那么，这个故事告诉了我们什么道理呢？

在编写面向对象代码时，许多人常常把继承当成一种廉价的代码复用手段，当他们看到新需求可以复用某个类的方法时，就会直接创建一个继承该类的子类，快速达到复用目的。但这种简单粗暴的做法忽视了继承的复杂性，容易在未来惹来麻烦。

继承是一种极为紧密的耦合关系。为了避免继承惹来麻烦，每当你想创建新的继承关系时，应该试着问自己几个问题。

- ❑ 我要让 B 类继承 A 类，但 B 和 A 真的代表同一种东西吗？如果它俩不是同类，为什么要继承？
- ❑ 即使 B 和 A 是同类，那它们真的需要用继承来表明类型关系吗？要知道，Python 是鸭子类型的，你不用继承也能实现多态。
- ❑ 如果继承只是为了让 B 类复用 A 类的几个方法，那么用组合来替代继承会不会更好？

假如小 R 在编写代码时，问了自己上面这些问题，那么他就会发现 "UV 统计" 和 "热门评论统计" 根本就不是同类，因为它俩连产出的结果类型都不一样，一个返回用户数（int），一个返回评论列表（List[int]）。它俩只是碰巧需要共享几个行为而已。

同样是复用代码，组合产生的耦合关系比继承松散得多。如果组合可以达到复用目的，并且能够很好表达事物间的联系，那么常常是更好的选择。这也是人们常说"多用组合，少用继承"的原因。

但这并不代表我们应该完全弃用继承。继承所提供的强大复用能力，仍然是组合所无法替代的。许多设计模式（比如模板方法模式——template method pattern）都是依托继承来实现的。

对待继承，我们应当十分谨慎。每当你想使用继承时，请一定多多对比其他方案、权衡各方利弊，只有当继承能精准契合你的需求时，它才不容易在未来带来麻烦。

> **从另一种角度看这个故事**
>
> 在小 R 的这个故事里，我主要以"继承可能导致 bug"作为论据，分析了继承的优缺点。
>
> 在下一章里，你会了解到一些重要的面向对象设计原则，当你理解了"单一职责""里式替换"原则后，可以重新读一遍这个故事，也许会有不一样的体会。

9.3 编程建议

9.3.1 使用 __init_subclass__ 替代元类

在前面介绍元类时，我提到强大的元类有许多替代工具，它们比元类更简单，可以涵盖元类的部分使用场景。__init_subclass__ 方法就是其中一员。

__init_subclass__ 是类的一个特殊钩子方法，它的主要功能是在类派生出子类时，触发额外的操作。假如某个类实现了这个钩子方法，那么当其他类继承该类时，钩子方法就会被触发。

我用 8.2.2 节中的例子来演示如何使用 __init_subclass__。在那个例子中，我通过类装饰器实现了自动注册 Validator 子类的功能。其实，这个需求完全可以用 __init_subclass__ 钩子方法来实现。

在下面的代码里，我定义了一个有子类化钩子方法的 Validator 类：

```python
class Validator:
    """ 校验器基类：统一注册所有校验器类，方便后续使用 """

    _validators = {}

    def __init_subclass__(cls, **kwargs):
        print('{} registered, extra kwargs: {}'.format(cls.__name__, kwargs))
        Validator._validators[cls.__name__] = cls
```

接下来，再定义一些继承了 Validator 的子类：

```
class StringValidator(Validator, foo='bar'): ❶
    name = 'string'

class IntegerValidator(Validator):
    name = 'int'

print(Validator._validators)
```

❶ 子类化时可以提供额外的参数

执行结果如下：

```
StringValidator registered, extra kwargs: {'foo': 'bar'} ❶
IntegerValidator registered, extra kwargs: {}
{'StringValidator': <class '__main__.StringValidator'>, 'IntegerValidator': <class '__main__.IntegerValidator'>} ❷
```

❶ 父类的钩子方法被触发，完成子类注册并打印参数

❷ 完成注册

通过上面的例子，你会发现 __init_subclass__ 非常适合在这种需要触达所有子类的场景中使用。而且同元类相比，钩子方法只要求使用者了解继承，不用掌握更高深的元类相关知识，门槛低了不少。它和类装饰器一样，都可以有效替代元类。

9.3.2　在分支中寻找多态的应用时机

多态（polymorphism）是面向对象编程的基本概念之一。它表示同一个方法调用，在运行时会因为对象类型的不同，产生不同效果。比如 animal.bark() 这段代码，在 animal 是 Cat 类型时会发出 "喵喵" 叫，在 animal 是 Dog 类型时则发出 "汪汪" 叫。

多态很好理解，当我们看到设计合理的多态代码时，很轻松就能明白代码的意图。但面向对象编程的新手有时会处在一种状态：理解多态，却不知道何时该创建多态。

举个例子，下面的 FancyLogger 是一个记录日志的类：

```
class FancyLogger:
    """ 日志类：支持向文件、Redis、ES 等服务输出日志 """

    _redis_max_length = 1024

    def __init__(self, output_type=OutputType.FILE):
        self.output_type = output_type
        ...
```

```python
    def log(self, message):
        """打印日志"""
        if self.output_type == OutputType.FILE:
            ...
        elif self.output_type == OutputType.REDIS:
            ...
        elif self.output_type == OutputType.ES:
            ...
        else:
            raise TypeError('output type invalid')

    def pre_process(self, message):
        """预处理日志"""
        # Redis 对日志最大长度有限制, 需要进行裁剪
        if self.output_type == OutputType.REDIS:
            return message[: self._redis_max_length]
```

FancyLogger 类接收一个实例化参数：output_type，代表当前的日志输出类型。当输出类型不同时，log() 和 pre_process() 方法会做不同的事情。

上面这段代码就是一个典型的应该使用多态的例子。

FancyLogger 类在日志输出类型不同时，需要有不同的行为。因此，我们完全可以为"输出日志"行为建模一个新的类型：LogWriter，然后把每个类型的不同逻辑封装到各自的 Writer 类中。

对于现有的三种类型，我们可以创建下面的 Writer 类：

```python
class FileWriter:
    def write(self, message):
        ...


class RedisWriter:
    max_length = 1024

    def write(self, message):
        message = self._pre_process(message)
        ...

    def _pre_process(self, message):
        # Redis 对日志最大长度有限制, 需要进行裁剪
        return message[: self.max_length]


class EsWriter: ❶
    def write(self, message):
        ...
```

❶ 注意：这些 Writer 类都没有继承任何基类，这是因为在 Python 中多态并不需要使用继承。如果你觉得这样不好，也可以选择创建一个 LogWriter 抽象基类

基于这些不同的 Writer 类，FancyLogger 可以简化成下面这样：

```python
class FancyLogger:
    """ 日志类：支持向文件、Redis、ES 等服务输出日志 """

    def __init__(self, output_writer=None):
        self._writer = output_writer or FileWriter()
        ...

    def log(self, message):
        self._writer.write(message)
```

新代码利用多态特性，完全消除了原来的条件判断语句。另外你会发现，新代码的扩展性也远比旧代码好。

假如你想增加一种新的输出类型。在旧代码中，你需要分别修改 FancyLogger 类的 log()、pre_process() 等多个方法，在里面增加新的类型判断逻辑。而在新代码中，你只要增加一个新的 Writer 类即可，多态会帮你搞定剩下的事情。

当你深入思考多态时，会发现它是一种思维的杠杆，是一种"以少胜多"的过程。

比起把所有的分支和可能性，一股脑儿地塞进程序员的脑子里，多态思想驱使我们更积极地寻找有效的抽象，以此隔离各个模块，让它们之间通过规范的接口来通信。模块因此变得更容易扩展，代码也变得更好理解了。

找到使用多态的时机

当你发现自己的代码出现以下特征时：

❑ 有许多 if/else 判断，并且这些判断语句的条件都非常类似；
❑ 有许多针对类型的 isinstance() 判断逻辑。

你应该问自己一个问题：代码是不是缺少了某种抽象？如果增加这个抽象，这些分布在各处的条件分支，是不是可以用多态来表现？如果答案是肯定的，那就去找到那个抽象吧！

9.3.3　有序组织你的类方法

在编写类时，有一个常被忽略的细节：类方法的组织顺序。这个细节很小，并不影响代码的正确性，和程序的执行效率也没有任何关系。但如果你在写代码时忽视了它，就会让整个类变得十分难懂。

举个例子，下面这个类的方法组织顺序就很糟糕：

```python
class UserServiceClient:
    """ 请求用户服务的 Client 模块 """

    def __init__(self, service_host, user_token): ...

    def __str__(self):
        return f'UserServiceClient: {self.service_host}'

    def get_user_profile(self, user_id):
        """ 获取用户资料 """

    def request(self, params, headers, response_type):
        """ 发送请求 """

    @staticmethod
    def _parse_username(username):
        """ 解析用户名 """

    def _filter_posts(self, posts):
        """ 过滤无效的用户文章 """

    def get_user_posts(self, user_id):
        """ 获取用户所有文章 """

    @classmethod
    def initialize_from_request(self, request):
        """ 从当前请求初始化一个 UserServiceClient 对象 """
```

当从上而下阅读 UserServiceClient 类时，你的思维会不断地来回跳跃，很难搞明白它所提供的主要接口究竟是什么。

在组织类方法时，我们应该关注使用者的诉求，把他们最想知道的内容放在前面，把他们不那么关心的内容放在后面。下面是一些关于组织方法顺序的建议。

作为惯例，__init__ 实例化方法应该总是放在类的最前面，__new__ 方法同理。

公有方法应该放在类的前面，因为它们是其他模块调用类的入口，是类的门面，也是所有人最关心的内容。以 _ 开头的私有方法，大部分是类自身的实现细节，应该放在靠后的位置。

至于类方法、静态方法和属性对象，你不必将它们区分对待，直接参考公有/私有的思路即可。比如，大部分类方法是公有的，所有它们通常会比较靠前。而静态方法常常是内部使用的私有方法，所以常放在靠后的位置。

以 __ 开头的魔法方法比较特殊，我通常会按照方法的重要程度来决定它们的位置。比如一个迭代器类的 __iter__ 方法应该放在非常靠前的位置，因为它是构成类接口的重要方法。

最后一点，当你从上往下阅读类时，所有方法的抽象级别应该是不断降低的，就好像阅读一篇新闻一样，第一段是新闻的概要，之后才会描述细节。

基于上面这些原则，我重新组织了 UserServiceClient 类：

```python
class UserServiceClient:
    """ 请求用户服务的 Client 模块 """

    def __init__(self, service_host, user_token): ...

    @classmethod
    def initialize_from_request(self, request):  ❶
        """ 从当前请求初始化一个 UserServiceClient 对象 """

    def get_user_profile(self, user_id):
        """ 获取用户资料 """

    def get_user_posts(self, user_id):
        """ 获取用户所有文章 """

    def request(self, params, headers, response_type):  ❷
        """ 发送请求 """

    def _filter_posts(self, posts):  ❸
        """ 过滤无效的用户文章 """

    @staticmethod
    def _parse_username(username):
        """ 解析用户名 """

    def __str__(self):  ❹
        return f'UserServiceClient: {self.service_host}'
```

❶ initialize_from_request 是类对外提供的 API，所以放在靠前的位置

❷ request 方法比其他两个公开方法的抽象级别要低，所以放在它们后面

❸ 私有方法靠后放置

❹ __str__ 魔法方法对于当前类来说不是很重要，可以放在靠后的位置

如何组织类方法，其实是件很主观的事情，你完全可以不理会我说的这套原则，而使用自己的方式。但是，无论你选择哪种原则来组织类方法，请一定保证该原则应用到了所有类上，不然代码看上去会很不统一，非常奇怪。

9.3.4　函数搭配，干活不累

和那些严格的面向对象语言不同，在 Python 中，"面向对象"不必特别纯粹，你不必严格套用经典的 23 种设计模式，开口"抽象工厂"，闭口"命令模式"，只通过类来实现所有功能。

在写代码时，如果你在原有的面向对象代码上，撒上一点儿函数作为调味品，就会发生奇妙的化学反应。

比如在 8.1.5 节中，我们就试过用函数搭配装饰器类，来实现有参数装饰器。

除此之外，用函数搭配面向对象代码还能实现许多其他功能。

1. 用函数降低 API 使用成本

在 Python 社区中，有一个非常著名的第三方 HTTP 工具包：requests，它简单易用、功能强大，是开发者最爱的工具之一。requests 成功的原因有很多，但我认为其中最重要的一个，就是它提供了一套非常简洁易用的 API。

使用 requests 请求某个网址，只要写两行代码即可：

```
import requests

r = requests.get('https://example.com', auth=('user', 'pass'))
```

显而易见，这套让 requests 引以为傲的简洁 API 是基于函数来实现的。在 requests 包的 __init__ 模块中，定义了许多常用的 API 函数，比如 get()、post()、request() 等。

但重点在于，虽然这些 API 都是普通函数，但 requests 内部完全是基于面向对象思想编写的。拿 requests.request() 函数来说，它的内部实现其实是这样的：

```
# 来自 requests.api 模块
from request import sessions

def request(method, url, **kwargs):
    with sessions.Session() as session:  ❶
        return session.request(method=method, url=url, **kwargs)
```

❶ 实例化一个 Session 上下文对象，完成请求

假如 requests 包的作者删掉这个函数，让用户直接使用 sessions.Session() 对象，行不行？当然可以。但在使用者看来，显然调用函数比实例化 Session() 对象要讨喜得多。

在 Python 中，像上面这种用函数搭配面向对象的代码非常多见，它有点儿像设计模式中的**外观模式**（facade pattern）。在该模式中，函数作为一种简化 API 的工具，封装了复杂的面向对象功能，大大降低了使用成本。

2. 实现"预绑定方法模式"

假设你在开发一个程序，它的所有配置项都保存在一个特定文件中。在项目启动时，程序

需要从配置文件中读取所有配置项，然后将其加载进内存供其他模块使用。

由于程序执行时只需要一个全局的配置对象，因此你觉得这个场景非常适合使用经典设计模式：**单例模式**（singleton pattern）。

下面的代码就应用了单例模式的配置类 AppConfig：

```python
class AppConfig:
    """ 程序配置类，使用单例模式 """

    _instance = None

    def __new__(cls):
        if cls._instance is None:
            inst = super().__new__(cls)
            # 省略：从外部配置文件读取配置
            ...
            cls._instance = inst
        return cls._instance

    def get_database(self):
        """ 读取数据库配置 """
        ...

    def reload(self):
        """ 重新读取配置文件，刷新配置 """
        ...
```

在 Python 中，实现单例模式的方式有很多，而上面这种最为常见，它通过重写类的 __new__ 方法来接管实例创建行为。当 __new__ 方法被重写后，类的每次实例化返回的不再是新实例，而是同一个已经初始化的旧实例 cls._instance：

```python
>>> c1 = AppConfig()
>>> c2 = AppConfig()
>>> c1 is c2  ❶
True
```

❶ 测试单例模式，调用 AppConfig() 总是会产生同一个对象

基于上面的设计，如果其他人想读取数据库配置，代码需要这样写：

```python
from project.config import AppConfig

db_conf = AppConfig().get_database()
# 重新加载配置
AppConfig().reload()
```

虽然在处理这种全局配置对象时，单例模式是一种行之有效的解决方案，但在 Python 中，其实有一种更简单的做法——预绑定方法模式。

预绑定方法模式（prebound method pattern）是一种将对象方法绑定为函数的模式。要实现该模式，第一步就是完全删掉 AppConfig 里的单例设计模式。因为在 Python 里，实现单例压根儿不用这么麻烦，我们有一个随手可得的单例对象——**模块**（module）。

当你在 Python 中执行 import 语句导入模块时，无论 import 执行了多少次，每个被导入的模块在内存中只会存在一份（保存在 sys.modules 中）。因此，要实现单例模式，只需在模块里创建一个全局对象即可：

```python
class AppConfig:
    """ 程序配置类，使用单例模式 """

    def __init__(self): ❶
        # 省略：从外部配置文件读取配置
        ...

_config = AppConfig() ❷
```

❶ 完全删掉单例模式的相关代码，只实现 __init__ 方法

❷ _config 就是我们的“单例 AppConfig 对象”，它以下划线开头命名，表明自己是一个私有全局变量，以免其他人直接操作

下一步，为了给其他模块提供好用的 API，我们需要将单例对象 _config 的公有方法绑定到 config 模块上：

```python
# file: project/config.py
_config = AppConfig()

get_database_conf = _config.get_database
reload_config = _config.reload
```

之后，其他模块就可以像调用普通函数一样操作应用配置对象了：

```python
from project.config import get_database_conf

db_conf = get_database_conf(), reload_config
reload_config()
```

通过“预绑定方法模式”，我们既避免了复杂的单例设计模式，又有了更易使用的函数 API，可谓一举两得。

9.4　总结

在本章中，我们学习了许多与面向对象编程有关的知识。

Python 是一门面向对象的编程语言，它为面向对象编程提供了非常全面的支持。但和其他编程语言相比，Python 中的面向对象有许多细微区别。比如，Python 并没有严格的私有成员，大多数时候，我们只要给变量加上下划线 _ 前缀，意思意思就够了。

和许多静态类型语言不同，在 Python 中，我们遵循"鸭子类型"编程风格，极少对变量进行严格的类型检查。"鸭子类型"是一种非常实用的编程风格，但也有缺乏标准、过于隐式的缺点。为了部分弥补这些缺点，我们可以用抽象类来实现更灵活的子类化检查。

在创建类时，你除了可以定义普通方法外，还可以通过 @classmethod、@property 等装饰器定义许多特殊对象，这些对象在各自的适宜场景下可以发挥重要作用。

在 Python 中，一个类可以同时继承多个基类，Mixin 模式正是依赖这种技术实现的。但多重继承非常复杂、容易搞砸，使用时请务必当心。

本章讲述了一个和继承有关的案例故事。虽然继承是面向对象的基本特征之一，但它也很容易被误用。你应该学会判断何时该使用继承，何时该用组合代替继承。

在下一章里，我们会通过一些实际案例，继续深入探索一些经典的面向对象设计原则。

以下是本章要点知识总结。

(1) 语言基础知识

- [ ] 类与实例的数据，都保存在一个名为 __dict__ 的字典属性中
- [ ] 灵活利用 __dict__ 属性，能帮你做到常规做法难以完成的一些事情
- [ ] 使用 @classmethod 可以定义类方法，类方法常用作工厂方法
- [ ] 使用 @staticmethod 可以定义静态方法，静态方法不依赖实例状态，是一种无状态方法
- [ ] 使用 @property 可以定义动态属性对象，该属性对象的获取、设置和删除行为都支持自定义

(2) 面向对象高级特性

- [ ] Python 使用 MRO 算法来确定多重继承时的方法优先级
- [ ] super() 函数获取的并不是当前类的父类，而是当前 MRO 链条里的下一个类
- [ ] Mixin 是一种基于多重继承的有效编程模式，用好 Mixin 需要精心的设计

> □ 元类的功能相当强大，但同时也相当复杂，除非开发一些框架类工具，否则你极少
>   需要使用元类
> □ 元类有许多更简单的替代品，比如类装饰器、子类化钩子方法等
> □ 通过定义 __init_subclass__ 钩子方法，你可以在某个类被继承时执行自定义逻辑

(3) 鸭子类型与抽象类

> □ "鸭子类型"是 Python 语言最为鲜明的特点之一，在该风格下，一般不做任何严格的
>   类型检查
> □ 虽然"鸭子类型"非常实用，但是它有两个明显的缺点——缺乏标准和过于隐式
> □ 抽象类提供了一种更灵活的子类化机制，我们可以通过定义抽象类来改变 isinstance()
>   的行为
> □ 通过 @abstractmethod 装饰器，你可以要求抽象类的子类必须实现某个方法

(4) 面向对象设计

> □ 继承提供了相当强大的代码复用机制，但同时也带来了非常紧密的耦合关系
> □ 错误使用继承容易导致代码失控
> □ 对事物的行为而不是事物本身建模，更容易孵化出好的面向对象设计
> □ 在创建继承关系时应当谨慎。用组合来替代继承有时是更好的做法

(5) 函数与面向对象的配合

> □ Python 里的面向对象不必特别纯粹，假如用函数打一点儿配合，你可以设计出更好
>   的代码
> □ 可以像 requests 模块一样，用函数为自己的面向对象模块实现一些更易用的 API
> □ 在 Python 中，我们极少会应用真正的"单例模式"，大多数情况下，一个简单的模块
>   级全局对象就够了
> □ 使用"预绑定方法模式"，你可以快速为普通实例包装出类似普通函数的 API

(6) 代码编写细节

> □ Python 的成员私有协议并不严格，如果你想标示某个属性为私有，使用单下划线前
>   缀就够了
> □ 编写类时，类方法排序应该遵循某种特殊规则，把读者最关心的内容摆在最前面
> □ 多态是面向对象编程里的基本概念，同时也是最强大的思维工具之一
> □ 多态可能的介入时机：许多类似的条件分支判断、许多针对类型的 isinstance() 判断

第 10 章
面向对象设计原则（上）

面向对象作为一种流行的编程模式，功能强大，但同时也很难掌握。一位面向对象的初学者，从能写一些简单的类，到能独自完成优秀的面向对象设计，往往要花费数月乃至数年的时间。

为了让面向对象编程变得更容易，许多前辈将自己的宝贵经验整理成了图书等资料。其中最有名的一本，当属 1994 年出版的《设计模式：可复用面向对象软件的基础》。

在《设计模式》一书中，4 位作者从各自的经验出发，总结了 23 种经典设计模式，涵盖面向对象编程的各个环节，比如对象创建、行为包装等，具有极高的参考价值和实用性。

但奇怪的是，虽然这 23 种设计模式非常经典，我们却很少听到 Python 开发者讨论它们，也很少在项目代码里见到它们的身影。为什么会这样呢？这和 Python 语言的动态特性有关。

《设计模式》中的大部分设计模式是作者用静态编程语言，在一个有着诸多限制的面向对象环境里创造出来的。而 Python 是一门动态到骨子里的编程语言，它有着一等函数对象、"鸭子类型"、可自定义的数据模型等各种灵活特性。因此，我们极少会用 Python 来一比一还原经典设计模式，而几乎总是会为每种设计模式找到更适合 Python 的表现形式。

比如，9.3.4 节就有一个与"单例模式"有关的例子。在示例代码里，我先是用 `__new__` 方法实现了经典的单例设计模式。但随后，一个模块级全局对象用更少的代码满足了同样的需求。

```python
# 1：单例模式

class AppConfig:

    _instance = None

    def __new__(cls):
        if cls._instance is None:
            inst = super().__new__(cls)
            cls._instance = inst
```

```
        return cls._instance

# 2：全局对象

class AppConfig:
    ...

_config = AppConfig()
```

既然 Python 里的设计模式无法像在其他编程语言里一样带给我们太多实用价值，那我们还能如何学习面向对象设计？当我们编写面向对象代码时，怎样判断不同方案的优劣？怎样打磨出更好的设计？

SOLID 设计原则可以回答上面的问题。

在面向对象领域，除了 23 种经典的设计模式外，还有许多经典的设计原则。同具体的设计模式相比，原则通常更抽象、适用性更广，更适合融入 Python 编程中。而在所有的设计原则中，SOLID 最为有名。

SOLID 原则的雏形来自 Robert C. Martin（Bob 大叔）于 2000 年发表的一篇文章[①]，其中他创造与整理了多条面向对象设计原则。在随后出版的《敏捷软件开发：原则、模式与实践》一书中，Bob 大叔提取了这些原则的首字母，组成了单词 SOLID 来帮助记忆。

SOLID 单词里的 5 个字母，分别代表 5 条设计原则。

- ❑ S：single responsibility principle（单一职责原则，SRP）。
- ❑ O：open-closed principle（开放 – 关闭原则，OCP）。
- ❑ L：Liskov substitution principle（里式替换原则，LSP）。
- ❑ I：interface segregation principle（接口隔离原则，ISP）。
- ❑ D：dependency inversion principle（依赖倒置原则，DIP）。

在编写面向对象代码时，遵循这些设计原则可以帮你避开常见的设计陷阱，以便写出易于扩展的好代码。反之，如果你的代码违反了其中某几条原则，那么你的设计可能有相当大的改进空间。

接下来，我们将学习这 5 条设计原则的具体内容，并通过一些真实案例将原则应用到 Python 代码中。

鉴于 SOLID 原则内容较多，我将其拆分成了两章。在本章中，我们将学习这 5 条原则中的前两条。

---

① 参见 "Design Principles and Design Patterns"。

❑ SRP：单一职责原则
❑ OCP：开放 – 关闭原则。

我们开始吧!

10.1 类型注解基础

为了让代码更具说明性，更好地描述这些原则的特点，本章及下一章的所有代码将会使用 Python 的类型注解特性。

在第 1 章中，我简单介绍过 Python 的**类型提示**（type hint）功能。简而言之，类型注解是一种给函数参数、返回值以及任何变量增加类型描述的技术，规范的注解可以大大提升代码可读性。

举个例子，下面的代码没有任何类型注解：

```python
class Duck:
    """ 鸭子类

    :param color: 鸭子颜色
    """

    def __init__(self, color):
        self.color = color

    def quack(self):
        print(f"Hi, I'm a {self.color} duck!")


def create_random_ducks(number):
    """ 创建一批随机颜色的鸭子

    :param number: 需要创建的鸭子数量
    """
    ducks = []
    for _ in number:
        color = random.choice(['yellow', 'white', 'gray'])
        ducks.append(Duck(color=color))
    return ducks
```

下面是添加了类型注解后的代码：

```python
from typing import List


class Duck:
    def __init__(self, color: str):  ❶
```

```
        self.color = color

    def quack(self) -> None: ❷
        print(f"Hi, I'm a {self.color} duck!")


def create_random_ducks(number: int) -> List[Duck]: ❸
    ducks: List[Duck] = [] ❹
    for _ in number:
        color = random.choice(['yellow', 'white', 'gray']) ❺
        ducks.append(Duck(color=color))
    return ducks
```

❶ 给函数参数加上类型注解

❷ 通过 -> 给返回值加上类型注解

❸ 你可以用 typing 模块的特殊对象 List 来标注列表成员的具体类型，注意，这里用的是 [] 符号，而不是 ()

❹ 声明变量时，也可以为其加上类型注解

❺ 类型注解是可选的，非常自由，比如这里的 color 变量就没加类型注解

typing 是类型注解用到的主要模块，除了 List 以外，该模块内还有许多与类型有关的特殊对象，举例如下。

☐ Dict：字典类型，例如 Dict[str, int] 代表键为字符串，值为整型的字典。

☐ Callable：可调用对象，例如 Callable[[str, str], List[str]] 表示接收两个字符串作为参数，返回字符串列表的可调用对象。

☐ TextIO：使用文本协议的类文件类型，相应地，还有二进制类型 BinaryIO。

☐ Any：代表任何类型。

默认情况下，你可以把 Python 里的类型注解当成一种用于提升代码可读性的特殊注释，因为它就像注释一样，只提升代码的说明性，不会对程序的执行过程产生任何实际影响。

但是，如果引入静态类型检查工具，类型注解就不再仅仅是注解了。它在提升可读性之余，还能对程序正确性产生积极的影响。在 13.1.5 节中，我会介绍如何用 mypy 来做到这一点。

对类型注解的简介就到这里，如果你想了解更多内容，可以查看 Python 官方文档的"类型注解"部分，里面的内容相当详细。

10.2 SRP：单一职责原则

本章将通过一个具体案例来说明 SOLID 原则的前两条：SRP 和 OCP。

10.2.1　案例：一个简单的 Hacker News 爬虫

Hacker News 是一个知名的国外科技类资讯站点，在程序员圈子内很受欢迎。在 Hacker News 首页，你可以阅读当前热门的文章，参与讨论。同时，你也可以向首页提交新的文章链接，系统会根据评分算法对文章进行排序，最受关注的热门文章会排在最前面。Hacker News 首页如图 10-1 所示。

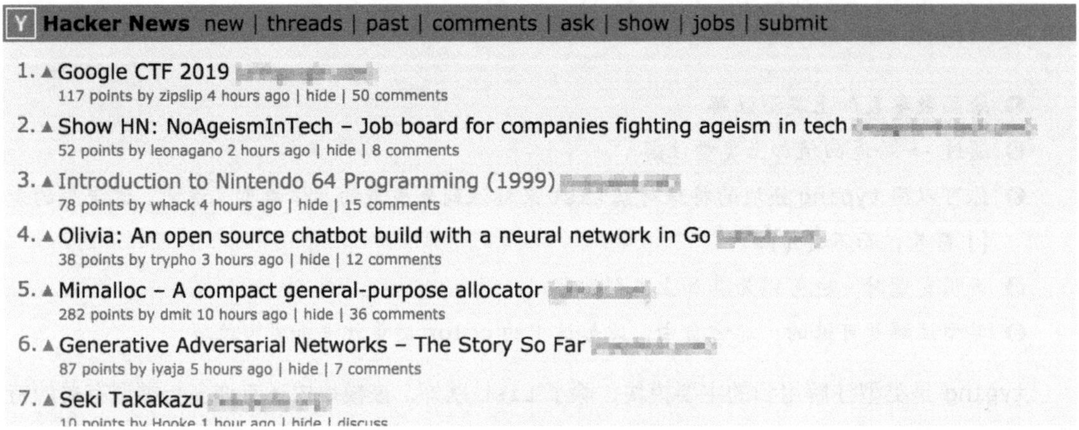

图 10-1　Hacker News 首页截图

我平时挺爱逛 Hacker News 的，常会去上面找一些热门文章看。但每次都需要打开浏览器，在收藏夹找到网站书签，步骤比较烦琐——程序员嘛，都"懒"！

为了让浏览 Hacker News 变得更方便，我想写个程序，它能自动获取 Hacker News 首页最热门的条目标题和链接，把它们保存到普通文件里。这样我就能直接在命令行里浏览热门文章了，岂不美哉？

作为 Python 程序员，写个小脚本自然不在话下。利用 requests、lxml 等模块提供的强大功能，不到半小时，我就把程序写好了，如代码清单 10-1 所示。

代码清单 10-1　Hacker News 新闻抓取脚本 news_digester.py

```
import io
import sys
from typing import Iterable, TextIO

import requests
from lxml import etree


class Post:
```

```
    """ Hacker News 上的条目

    :param title: 标题
    :param link: 链接
    :param points: 当前得分
    :param comments_cnt: 评论数
    """

    def __init__(self, title: str, link: str, points: str, comments_cnt: str):
        self.title = title
        self.link = link
        self.points = int(points)
        self.comments_cnt = int(comments_cnt)


class HNTopPostsSpider:
    """ 抓取 Hacker News Top 内容条目

    :param fp: 存储抓取结果的目标文件对象
    :param limit: 限制条目数，默认为 5
    """

    items_url = 'https://news.ycombinator.com/'
    file_title = 'Top news on HN'

    def __init__(self, fp: TextIO, limit: int = 5):
        self.fp = fp
        self.limit = limit

    def write_to_file(self):
        """ 以纯文本格式将 Hacker News Top 内容写入文件 """
        self.fp.write(f'# {self.file_title}\n\n')
        for i, post in enumerate(self.fetch(), 1):  ❶
            self.fp.write(f'> TOP {i}: {post.title}\n')
            self.fp.write(f'> 分数: {post.points} 评论数: {post.comments_cnt}\n')
            self.fp.write(f'> 地址: {post.link}\n')
            self.fp.write('------\n')

    def fetch(self) -> Iterable[Post]:
        """ 从 Hacker News 抓取 Top 内容

        :return: 可迭代的 Post 对象
        """
        resp = requests.get(self.items_url)

        # 使用 XPath 可以方便地从页面解析出需要的内容，以下均为页面解析代码
        # 如果你对 XPath 不熟悉，可以忽略这些代码，直接跳到 yield Post() 部分
        html = etree.HTML(resp.text)
        items = html.xpath('//table[@class="itemlist"]/tr[@class="athing"]')
        for item in items[: self.limit]:
            node_title = item.xpath('./td[@class="title"]/a')[0]
            node_detail = item.getnext()
            points_text = node_detail.xpath('.//span[@class="score"]/text()')
            comments_text = node_detail.xpath('.//td/a[last()]/text()')[0]
```

```
            yield Post(
                title=node_title.text,
                link=node_title.get('href'),
                # 条目可能会没有评分
                points=points_text[0].split()[0] if points_text else '0',
                comments_cnt=comments_text.split()[0],
            )


def main():
    # with open('/tmp/hn_top5.txt') as fp:
    #     crawler = HNTopPostsSpider(fp)
    #     crawler.write_to_file()

    # 因为 HNTopPostsSpider 接收任何 file-like 对象，所以我们可以把 sys.stdout 传进去
    # 实现向控制台标准输出打印的功能
    crawler = HNTopPostsSpider(sys.stdout)
    crawler.write_to_file()


if __name__ == '__main__':
    main()
```

❶ enumerate() 接收第二个参数，表示从这个数开始计数（默认为 0）

执行这个脚本，我就能在命令行里看到 Hacker News 站点上的 Top 5 条目：

```
$ python news_digester.py
# Top news on HN

> TOP 1: The auction that set off the race for AI supremacy
> 分数：72 评论数：10
> 地址：https://www.wired.com/story/secret-auction-race-ai-supremacy-google-microsoft-baidu/
------
> TOP 2: Introducing the Wikimedia Enterprise API
> 分数：47 评论数：12
> 地址：https://diff.wikimedia.org/2021/03/16/introducing-the-wikimedia-enterprise-api/
------
...
```

显然，上面的代码是面向对象风格的。这是因为我在代码里定义了如下两个类。

(1) Post：代表一个 Hacker News 内容条目，包含标题、链接等字段，是一个典型的"数据类"，主要用来衔接程序的"数据抓取"与"文件写入"行为。

(2) HNTopPostsSpider：抓取 Hacker News 内容的爬虫类，包含抓取页面、解析、写入结果等行为，是完成主要工作的类。

虽然这个脚本遵循面向对象风格（也就是定义了几个类而已），可以满足我的需求，但从设

计的角度看，它违反了 SOLID 原则中的第一条：SRP，我们来看看这是为什么。

SRP 认为：**一个类应该仅有一个被修改的理由**。换句话说，每个类都应该只承担一种职责。

要理解 SRP，最重要的是理解原则里所说的"修改的理由"代表什么。显而易见，程序本身是没有生命的，修改的理由不会来自程序自身。你的程序不会突然跳起来说"我觉得我执行起来有点儿慢，需要优化一下"这种话。

所有修改程序的理由，都来自与程序相关的人，人是导致程序被修改的"罪魁祸首"。

举个例子，在上面的爬虫脚本里，你可以轻易找到两个需要修改 HNTopPostsSpider 类的理由。

❑ 理由 1：Hacker News 网站的程序员突然更新了页面样式，旧 XPath 解析算法无法正常解析新页面，因此需要修改 fetch() 方法里的解析逻辑。

❑ 理由 2：程序的用户（也就是我）觉得纯文本格式不好看，想要改成 Markdown 样式，因此需要修改 write_to_file() 方法里的输出逻辑。

从这两个理由看，HNTopPostsSpider 明显违反了 SRP，它同时承担了"抓取帖子列表"和"将帖子列表写入文件"两种职责。

10.2.2 违反 SRP 的坏处

假如某个类违反了 SRP，我们就会经常出于某种原因去修改它，而这很可能会导致不同功能之间互相影响。比如，某天我为了适配 Hacker News 站点的新样式，调整了页面的解析逻辑，却发现输出的文件内容全被破坏了。

另外，单个类承担的职责越多，就意味着这个类越复杂，越难维护。在面向对象领域，有一种"臭名昭著"的类：God Class，专指那些包含了太多职责、代码特别多、什么事情都能做的类。God Class 是所有程序员的噩梦，每个理智尚存的程序员在碰到 God Class 后，第一个想法总是逃跑，逃得越远越好。

最后，违反 SRP 的类也很难复用。假如我现在要写另一个和 Hacker News 有关的脚本，需要复用 HNTopPostsSpider 类的抓取和解析逻辑，会发现这件事根本做不到，因为我必须提供一个莫名其妙的文件对象给 HNTopPostsSpider 类才行。

违反 SRP 的坏处说了一箩筐，那么，究竟怎么修改脚本才能让它符合 SRP 呢？办法有很多，其中最传统的就是把大类拆分为小类。

10.2.3 大类拆小类

为了让 HNTopPostsSpider 类的职责变得更纯粹，我把其中与"写入文件"相关的内容拆了出去，形成了一个新的类 PostsWriter，如下所示：

```python
class PostsWriter:
    """ 负责将帖子列表写入文件中 """

    def __init__(self, fp: io.TextIOBase, title: str):
        self.fp = fp
        self.title = title

    def write(self, posts: List[Post]):
        self.fp.write(f'# {self.title}\n\n')
        for i, post in enumerate(posts, 1):
            self.fp.write(f'> TOP {i}: {post.title}\n')
            self.fp.write(f'> 分数：{post.points} 评论数：{post.comments_cnt}\n')
            self.fp.write(f'> 地址：{post.link}\n')
            self.fp.write('------\n')
```

然后，对于 HNTopPostsSpider 类，我直接删掉 write_to_file() 方法，让它只保留 fetch() 方法：

```python
class HNTopPostsSpider:
    """ 抓取 Hacker News Top 内容条目 """

    def __init__(self, limit: int = 5):
        ...

    def fetch(self) -> Iterable[Post]:
        ...
```

这样修改以后，HNTopPostsSpider 和 PostsWriter 类都符合了 SRP。只有当解析逻辑变化时，我才会修改 HNTopPostsSpider 类。同样，修改 PostsWriter 类的理由也只有调整输出格式一种。

这两个类各自的修改可以单独进行而不会相互影响。

最后，由于现在两个类各自只负责一件事，需要一个新角色把它们的工作串联起来，因此我实现了一个新的函数 get_hn_top_posts()：

```python
def get_hn_top_posts(fp: Optional[TextIO] = None):
    """ 获取 Hacker News Top 内容，并将其写入文件中

    :param fp: 需要写入的文件，如未提供，将向标准输出打印
    """
```

```
dest_fp = fp or sys.stdout
crawler = HNTopPostsSpider()
writer = PostsWriter(dest_fp, title='Top news on HN')
writer.write(list(crawler.fetch()))
```

新函数通过组合 HNTopPostsSpider 与 PostsWriter 类，完成了主要工作。

函数同样可以做到"单一职责"

单一职责是面向对象领域的设计原则，通常用来形容类。而在 Python 中，单一职责的适用范围不限于类——通过定义函数，我们同样能让上面的代码符合单一职责原则。

在下面的代码里，"写入文件"的逻辑就被拆分成了一个函数，它专门负责将帖子列表写入文件里：

```
def write_posts_to_file(posts: List[Post], fp: TextIO, title: str):
    """负责将帖子列表写入文件"""
    fp.write(f'# {title}\n\n')
    for i, post in enumerate(posts, 1):
        fp.write(f'> TOP {i}: {post.title}\n')
        fp.write(f'> 分数: {post.points} 评论数: {post.comments_cnt}\n')
        fp.write(f'> 地址: {post.link}\n')
        fp.write('------\n')
```

这个函数只做一件事，同样符合 SRP。

将某个职责拆分为新函数是一个具有 Python 特色的解决方案。它虽然没有那么"面向对象"，却非常实用，甚至在许多场景下比编写类更简单、更高效。

10.3　OCP：开放－关闭原则

SOLID 原则的第二条是 OCP（开放－关闭原则）。该原则认为：**类应该对扩展开放，对修改封闭**。换句话说，你可以在不修改某个类的前提下，扩展它的行为。

这是一个看上去自相矛盾、让人一头雾水的设计原则。不修改代码的话，怎么改变行为呢？难道用超能力吗？

其实，OCP 没你想得那么神秘，你身边就有一个符合 OCP 的例子：内置排序函数 sorted()。这是一个对可迭代对象进行排序的内置函数，它的使用方法如下：

```
>>> l = [5, 3, 2, 4, 1]
>>> sorted(l)
[1, 2, 3, 4, 5]
```

默认情况下，`sorted()` 的排序策略是递增的，小的在前，大的在后。

现在，假如我想改变 `sorted()` 的排序逻辑，比如，让它使用所有元素对 3 取模后的结果排序。我是不是得去修改 `sorted()` 函数的源码呢？当然不用，我只要在调用函数时，传入自定义的 key 参数就行了：

```
>>> l = [8, 1, 9]
>>> sorted(l, key=lambda i: i % 3) ❶
[9, 1, 8]
```

❶ 按照元素对 3 取模的结果排序，能被 3 整除的 9 排在了最前面，随后是 1 和 8

通过上面的例子可以发现，`sorted()` 函数是一个符合 OCP 的绝佳例子，原因如下。

❑ 对扩展开放：可以通过传入自定义 key 参数来扩展它的行为。
❑ 对修改关闭：无须修改 `sort()` 函数本身[①]。

接下来，我们回到我的 Hacker News 爬虫脚本，看看 OCP 会对它产生什么影响。

10.3.1　接受 OCP 的考验

距上次用"单一职责"改造完 Hacker News 爬虫脚本已经过去了三天。其间我发现虽然脚本可以快速抓取内容，用起来很方便，但在多数情况下，抓取的内容不是我想看的。

当前版本的脚本会不分来源地把热门条目都抓取回来，但其实我只对那些来自特定站点（比如 GitHub）的内容感兴趣。

因此，我需要对脚本做一点儿改动——修改 `HNTopPostsSpider` 类的代码来对结果进行过滤。

很快，代码就修改完毕了：

```
from urllib import parse


class HNTopPostsSpider:
    ...

    def fetch(self) -> Iterable[Post]:
        """从 Hacker News 抓取 Top 内容"""
        # ...
        counter = 0
```

---

① 即使你想修改也做不到，因为它是编译在 Python 里的内置函数。

```
for item in items:
    if counter >= self.limit:
        break
    # ...
    link = node_title.get('href')

    # 只关注来自 GitHub 的内容
    parsed_link = parse.urlparse(link) ❶
    if parsed_link.netloc == 'github.com':
        counter += 1
        yield Post(...)
```

❶ 调用 urlparse() 会返回某个 URL 地址的解析结果——一个 ParsedResult 对象，该结果对象包含多个属性，其中 netloc 代表主机地址（域名）

接下来，简单测试一下修改后的效果：

```
$ python news_digester_O_before.py
# Top news on HN

> TOP 1: Mimalloc — A compact general-purpose allocator
> 分数: 291 评论数: 40
> 地址: https://github.com/microsoft/mimalloc
------
...
```

看起来，新写的过滤代码起了作用，现在只有当内容条目来自 GitHub 网站时，才会写入结果中。

不过，正如古希腊哲学家赫拉克利特所言：这世间唯一不变的，只有变化本身。没过几天，我的兴趣就发生了变化，我突然觉得，除了 GitHub 以外，来自 Bloomberg[①] 的内容也很有意思。因此，我得给脚本的筛选逻辑加一个新域名：bloomberg.com。

这时我发现，为了增加 bloomberg.com，我必须修改现有的 HNTopPostsSpider 类代码，调整那行 if parsed_link.netloc == 'github.com' 判断语句，才能达到目的。

还记得 OCP 说的什么吗？"类应该对扩展开放，对修改关闭"。按照这个定义，现在的代码明显违反了 OCP，因为我必须修改类代码，才能调整域名过滤条件。

那么，怎样才能让类符合 OCP，达到不改代码就能调整行为的状态呢？第一个办法是使用继承。

---

① 一个英文财经资讯网站。

10.3.2 通过继承改造代码

继承是面向对象编程里的一个重要概念，它提供了强大的代码复用能力。

继承与 OCP 之间有着重要的联系。继承允许我们用一种新增子类而不是修改原有类的方式来扩展程序的行为，这恰好符合 OCP。而要做到有效地扩展，关键点在于先找到父类中不稳定、会变动的内容。只有将这部分变化封装成方法（或属性），子类才能通过继承重写这部分行为。

话题回到我的爬虫脚本。在目前的需求场景下，HNTopPostsSpider 类里会变动的不稳定逻辑，其实就是"用户对条目是否感兴趣"部分（谁让我一天一个想法呢）。

因此，我可以将这部分逻辑抽出来，提炼成一个新方法：

```python
class HNTopPostsSpider:
    ...

    def fetch(self) -> Iterable[Post]:
        # ...
        for item in items:
            # ...
            post = Post(...)
            # 使用测试方法来判断是否返回该帖子
            if self.interested_in_post(post):
                counter += 1
                yield post

    def interested_in_post(self, post: Post) -> bool:
        """判断是否应该将帖子加入结果中"""
        return True
```

有了这样的结构后，假如我只关心来自 GitHub 网站的帖子，那么只要定义一个继承 HNTopPostsSpider 的子类，然后重写父类的 interested_in_post() 方法即可：

```python
class GithubOnlyHNTopPostsSpider(HNTopPostsSpider):
    """只关心来自 GitHub 的内容"""

    def interested_in_post(self, post: Post) -> bool:
        parsed_link = parse.urlparse(post.link)
        return parsed_link.netloc == 'github.com'


def get_hn_top_posts(fp: Optional[TextIO] = None):
    # crawler = HNTopPostsSpider()
    # 使用新的子类
    crawler = GithubOnlyHNTopPostsSpider()
    ...
```

假如某天我的兴趣发生了变化，也没关系，不用修改旧代码，只要增加新子类就行：

```python
class GithubNBloomBergHNTopPostsSpider(HNTopPostsSpider):
    """只关心来自 GitHub/Bloomberg 的内容"""

    def interested_in_post(self, post: Post) -> bool:
        parsed_link = parse.urlparse(post.link)
        return parsed_link.netloc in ('github.com', 'bloomberg.com')
```

在这个框架下，只要需求变化和"用户对条目是否感兴趣"有关，我都不需要修改原本的 HNTopPostsSpider 父类，而只要不断地在其基础上创建新的子类即可。通过继承，我最终实现了 OCP 所说的"对扩展开放，对改变关闭"，如图 10-2 所示。

图 10-2　通过继承践行 OCP

10.3.3　使用组合与依赖注入

虽然继承功能强大，但它并非通往 OCP 的唯一途径。除了继承外，我们还可以采用另一种思路：组合（composition）。更具体地说，使用基于组合思想的依赖注入（dependency injection）技术。

与继承不同，依赖注入允许我们在创建对象时，将业务逻辑中易变的部分（常被称为"算法"）通过初始化参数注入对象里，最终利用多态特性达到"不改代码来扩展类"的效果。

如之前所分析的，在这个脚本里，"条目过滤算法"是业务逻辑里的易变部分。要实现依赖注入，我们需要先对过滤算法建模。

首先定义一个名为 PostFilter 的抽象类：

```python
from abc import ABC, abstractmethod

class PostFilter(ABC):
    """抽象类：定义如何过滤帖子结果"""
```

```
@abstractmethod
def validate(self, post: Post) -> bool:
    """判断帖子是否应该保留"""
```

随后，为了实现脚本的原始逻辑：不过滤任何条目，我们创建一个继承该抽象类的默认算法类 DefaultPostFilter，它的过滤逻辑是保留所有结果。

要实现依赖注入，HNTopPostsSpider 类也需要做一些调整，它必须在初始化时接收一个名为 post_filter 的结果过滤器对象：

```
class DefaultPostFilter(PostFilter):
    """保留所有帖子"""

    def validate(self, post: Post) -> bool:
        return True


class HNTopPostsSpider:
    """抓取 Hacker News Top 内容条目

    :param limit: 限制条目数，默认为 5
    :param post_filter: 过滤结果条目的算法，默认保留所有
    """

    items_url = 'https://news.ycombinator.com/'

    def __init__(self, limit: int = 5, post_filter: Optional[PostFilter] = None):
        self.limit = limit
        self.post_filter = post_filter or DefaultPostFilter()  ❶

    def fetch(self) -> Iterable[Post]:
        # ...
        counter = 0
        for item in items:
            # ...
            post = Post(...)
            # 使用测试方法来判断是否返回该帖子
            if self.post_filter.validate(post):
                counter += 1
                yield post
```

❶ 因为 HNTopPostsSpider 类所依赖的过滤器是通过初始化参数注入的，所以这个技术被称为 "依赖注入"

如代码所示，当我不提供 post_filter 参数时，HNTopPostsSpider.fetch() 会保留所有结果，不进行任何过滤。假如需求发生了变化，需要修改当前的过滤逻辑，那么我只要创建一个新的 PostFilter 类即可。

下面就是分别过滤 GitHub 与 Bloomberg 的两个 PostFilter 类：

```python
class GithubPostFilter(PostFilter):
    def validate(self, post: Post) -> bool:
        parsed_link = parse.urlparse(post.link)
        return parsed_link.netloc == 'github.com'


class GithubNBloomPostFilter(PostFilter):
    def validate(self, post: Post) -> bool:
        parsed_link = parse.urlparse(post.link)
        return parsed_link.netloc in ('github.com', 'bloomberg.com')
```

在创建 HNTopPostsSpider 对象时，我可以选择传入不同的过滤器对象，以满足不同的过滤需求：

```python
crawler = HNTopPostsSpider() ❶
crawler = HNTopPostsSpider(post_filter=GithubPostFilter()) ❷
crawler = HNTopPostsSpider(post_filter=GithubNBloomPostFilter()) ❸
```

❶ 不过滤任何内容

❷ 仅过滤 GitHub 站点

❸ 过滤 GitHub 与 Bloomberg 站点

类之间的关系如图 10-3 所示。

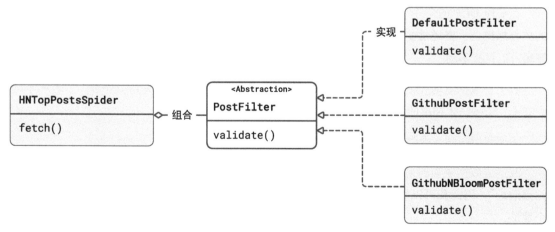

图 10-3 通过依赖注入实现 OCP

通过抽象与提炼过滤器算法，并结合多态与依赖注入技术，我同样让代码符合了 OCP。

抽象类不是必需的

你应该发现了，我编写的过滤器算法类其实没有共享抽象类里的任何代码，也没有任何通过继承来复用代码的需求。因此，我其实可以完全不定义 PostFilter 抽象类，而直接编写后面的过滤器类。

这样做对于程序的运行效果不会有任何影响，因为 Python 是一门"鸭子类型"的编程语言，它在调用不同算法类的 .validate()（也就是"多态"）前，不会做任何类型检查工作。

但是，如果少了 PostFilter 抽象类，当编写 HNTopPostsSpider 类的 __init__ 方式时，我就无法给 post_filter 增加类型注解了——post_filter: Optional[这里写什么？]，因为我根本找不到一个具体的类型。

所以我必须编写一个抽象类，以此满足类型注解的需求。

这件事情告诉我们：类型注解会让 Python 更接近静态语言。启用类型注解，你就必须时刻寻找那些能作为注解的实体类型。类型注解会强制我们把大脑里的隐式"接口"和"协议"显式地表达出来。

10.3.4　使用数据驱动

在实现 OCP 的众多手法中，除了继承与依赖注入外，还有另一种常用方式：数据驱动。它的核心思想是：将经常变动的部分以数据的方式抽离出来，当需求变化时，只改动数据，代码逻辑可以保持不动。

听上去数据驱动和依赖注入有点儿像，它们都是把变化的东西抽离到类外部。二者的不同点在于：依赖注入抽离的通常是类，而数据驱动抽离的是纯粹的数据。

下面我们在脚本中尝试一下数据驱动方案。

改造成数据驱动的第一步是定义数据的格式。在这个需求中，变动的部分是"我感兴趣的站点地址"，因此我可以简单地用一个字符串列表 filter_by_hosts: [List[str]] 来指代这个地址。

下面是修改过的 HNTopPostsSpider 类代码：

```
class HNTopPostsSpider:
    """抓取 Hacker News Top 内容条目
```

```
    :param limit: 限制条目数，默认为 5
    :param filter_by_hosts: 过滤结果的站点列表，默认为 None，代表不过滤
    """

    def __init__(self, limit: int = 5, filter_by_hosts: Optional[List[str]] = None):
        self.limit = limit
        self.filter_by_hosts = filter_by_hosts

    def fetch(self) -> Iterable[Post]:
        counter = 0
        for item in items:
            # ...
            post = Post(...)
            # 判断链接是否符合过滤条件
            if self._check_link_from_hosts(post.link):
                counter += 1
                yield post

    def _check_link_from_hosts(self, link: str) -> True:
        """检查某链接是否属于所定义的站点"""
        if self.filter_by_hosts is None:
            return True
        parsed_link = parse.urlparse(link)
        return parsed_link.netloc in self.filter_by_hosts
```

修改完 HNTopPostsSpider 类后，它的调用方也要进行调整。在创建 HNTopPostsSpider 实例时，需要传入想要过滤的站点列表：

```
hosts = None ❶
hosts = ['github.com', 'bloomberg.com'] ❷
crawler = HNTopPostsSpider(filter_by_hosts=hosts)
```

❶ 不过滤任何内容

❷ 过滤来自 GitHub 和 Bloomberg 的内容

之后，每当我要调整过滤站点时，只要修改 hosts 列表即可，无须调整 HNTopPostsSpider 类的任何一行代码。这种数据驱动的方式，同样满足了 OCP 的要求。

同前面的继承与依赖注入相比，使用数据驱动的代码明显更简洁，因为它不需要定义任何额外的类。

但数据驱动也有一个缺点：它的可定制性不如其他两种方式。举个例子，假如我想以"链接是否以某个字符串结尾"来进行过滤，现在的数据驱动代码就做不到。

影响每种方案可定制性的根本原因在于，各方案所处的抽象级别不一样。比如，在依赖注入方案下，我选择抽象的内容是"条目过滤行为"；而在数据驱动方案下，抽象内容则是"条

294 | 第 10 章　面向对象设计原则（上）

目过滤行为的**有效站点地址**"。很明显，后者的抽象级别更低，关注的内容更具体，所以灵活性不如前者。

在日常工作中，如果你想写出符合 OCP 的代码，除了使用这里演示的继承、依赖注入和数据驱动外，还有许多处理方式。每种方式各有优劣，你需要深入分析具体的需求场景，才能判断出哪种最为适合。这个过程无法一蹴而就，需要大量练习才能掌握。

10.4　总结

在本章中，我通过一个具体的案例介绍了 SOLID 设计原则中的前两条：SRP 与 OCP。

这两条原则看似简单，背后其实蕴藏了许多从好代码中提炼而来的智慧，它们的适用范围也不局限于面向对象编程。一旦你深入理解这两条原则后，就会在许多设计模式与框架中发现它们的影子。

在下一章中，我将介绍 SOLID 原则的后三条。在此之前，我们先回顾一下前两条原则的要点。

(1) SRP

　　❑ 一个类只应该有一种被修改的原因
　　❑ 编写更小的类通常更不容易违反 SRP
　　❑ SRP 同样适用于函数，你可以让函数和类协同工作

(2) OCP

　　❑ 类应该对修改关闭，对扩展开放
　　❑ 通过分析需求，找到代码中易变的部分，是让类符合 OCP 的关键
　　❑ 使用子类继承的方式可以让类符合 OCP
　　❑ 通过算法类与依赖注入，也可以让类符合 OCP
　　❑ 将数据与逻辑分离，使用数据驱动的方式也是实践 OCP 的好办法

第 11 章
面向对象设计原则（下）

在上一章中，我通过一个具体的爬虫案例介绍了 SOLID 设计原则的前两条：SRP 与 OCP。相信你可以感受到，它们都比较抽象，代表面向对象设计的某种理想状态，而不与具体的技术名词直接挂钩。这意味着，"开放–关闭""单一职责"这些名词，既可以形容类，也可以形容函数。

而余下的三条原则稍微不同，它们都和具体的面向对象技术有关。

SOLID 原则剩下的 LID 如下。

❏ L：Liskov substitution principle（里式替换原则，LSP）。

❏ I：interface segregation principle（接口隔离原则，ISP）。

❏ D：dependency inversion principle（依赖倒置原则，DIP）。

LSP 是一条用来约束继承的设计原则。我在第 9 章中说过，继承是一种既强大又危险的技术，要设计出合理的继承关系绝非易事。在这方面，LSP 为我们提供了很好的指导。遵循该原则，有助于我们设计出合理的继承关系。

ISP 与 DIP 都与面向对象体系里的接口对象有关，前者可以驱动我们设计出更好的接口，后者则会指导我们如何利用接口让代码变得更易扩展。

但如前所述，Python 语言不像 Java，并没有内置任何接口对象。因此，我的诠释可能会与这两条原则的原始定义略有出入。

关于 LID 就先介绍到这里，接下来我会通过具体的代码案例逐条诠释它们的详细含义。

11.1　LSP：里式替换原则

在 SOLID 所代表的 5 条设计原则里，LSP 的名称最为特别。不像其他 4 条原则，名称就概括了具体内容，LSP 是以它的发明者——计算机科学家 Barbara Liskov——来命名的。

LSP 的原文稍微有点儿晦涩，看起来像复杂的数学公式：

Let q(x) be a property provable about objects of x of type T. Then q(y) should be provable for objects y of type S where S is a subtype of T.

给定一个属于类型 T 的对象 x，假如 q(x) 成立，那么对于 T 的子类型 S 来说，S 类型的任意对象 y 也都能让 q(y) 成立。

这里用一种更通俗的方式来描述 LSP：LSP 认为，所有子类（派生类）对象应该可以任意替代父类（基类）对象使用，且不会破坏程序原本的功能。

单看这些文字描述，LSP 显得比较抽象难懂。下面我们通过具体的 Python 代码，来看看一些常见的违反 LSP 的例子。

11.1.1　子类随意抛出异常

假设我正在开发一个简单的网站，网站支持用户注册与登录功能，因此我在项目中定义了一个用户类 User：

```python
class User(Model):
    """ 用户类，包含普通用户的相关操作 """

    ...

    def deactivate(self):
        """ 停用当前用户 """
        self.is_active = False
        self.save()
```

User 类支持许多操作，其中包括停用当前用户的方法：deactivate()。

网站上线一周后，我发现有几个恶意用户批量注册了许多违反运营规定的账号，我需要把这些账号全部停用。为了方便处理，我写了一个批量停用用户的函数：

```python
def deactivate_users(users: Iterable[User]):
    """ 批量停用多个用户

    :param users: 可迭代的用户对象 User
    """
```

```
    for user in users:
        user.deactivate()
```

停用这些违规账号后，站点风平浪静地运行了一段时间。

1. 增加管理员用户

随着网站的功能变得越来越丰富，我需要给系统增加一种新的用户类型：站点管理员。这是一类特殊的用户，比普通用户多了一些额外的管理类属性。

下面是站点管理员类 Admin 的代码：

```
class Admin(User):
    """ 管理员用户类 """

    ...

    def deactivate(self):
        # 管理员用户不允许被停用
        raise RuntimeError('admin can not be deactivated!')
```

因为普通用户的绝大多数操作在管理员上适用，所以我让 Admin 类直接继承了 User 类，避免了许多重复代码。

但是，管理员和普通用户其实有一些差别。比如，出于安全考虑，管理员不允许被直接停用。因此我重写了 Admin 的 deactivate() 方法，让它直接抛出 RuntimeError 异常。

子类重写父类的少量行为，看上去正是继承的典型用法。但可能会让你有些意外的是，上面的代码明显违反了 LSP。

2. 违反 LSP

还记得网站刚上线时，我写的那个批量停用用户的函数 deactivate_users() 吗？它的代码如下所示：

```
def deactivate_users(users: Iterable[User]):
    for user in users:
        user.deactivate()
```

当系统里只有一种普通用户类 User 时，上面的函数完全可以正常工作，但当我增加了管理员类 Admin 后，一个新问题就会浮出水面。

在 LSP 看来，新增的管理员类 Admin 是 User 的子类，因此 Admin 对象理应可以随意替代 User 对象。

但是，假如我真的把 [User("foo"), Admin("bar_admin")] 这样的用户列表传到 deactivate_users() 函数里，程序马上就会抛出 RuntimeError 异常。因为在编写 Admin 时，我重写了父类的 deactivate() 函数——管理员压根儿就不支持停用操作。

所以，现在的代码并不满足 LSP，因为在 deactivate_users 函数看来，子类 Admin 对象根本无法替代父类 User 对象。

3. 一个常见但错误的解决办法

要修复上面的问题，最直接的做法是在函数内增加类型判断：

```python
def deactivate_users(users: Iterable[User]):
    """ 批量停用多个用户 """
    for user in users:
        # 管理员用户不支持 deactivate 方法，跳过
        if isinstance(user, Admin):
            logger.info(f'skip deactivating admin user {user.username}')
            continue

        user.deactivate()
```

当 deactivate_users() 函数遍历用户时，如果发现用户对象恰好属于 Admin 类，就跳过该用户，不执行停用。这样函数就能正确处理那些包含管理员的用户列表了。

但这种做法有个显而易见的问题。虽然到目前为止，只有 Admin 类型不支持停用操作，但是谁能保证未来不会出现更多这种用户类型呢？

假如以后网站有了更多继承 User 类的新用户类型（比如 VIP 用户、员工用户等），而它们也都不支持停用操作，那在现在的代码结构下，我就得不断调整 deactivate_users() 函数，来适配这些新的用户类型：

```python
# 在类型判断语句中不断追加新用户类型
# if isinstance(user, Admin):
# if isinstance(user, (Admin, VIPUser)):
if isinstance(user, (Admin, VIPUser, Staff)):
```

看到这些，你想起上一章的 OCP 了吗？该原则认为：好设计应该对扩展开放，对修改关闭。而上面的代码在每次新增用户类型时，都要被同步修改，与 OCP 的要求相去甚远。

此外，LSP 说："子类对象可以替换父类。"这里的"子类"指的并不是某个具体的子类（比如 Admin），而是未来可能出现的任意一个子类。因此，通过增加一些针对性的类型判断，试图让程序符合 LSP 的做法完全行不通。

既然增加类型判断不可行，我们来试试别的办法。

你可以发现，SOLID 的每条原则其实互有关联。比如在这个例子里，违反 LSP 的代码同样无法满足 OCP 的要求。

4. 按 LSP 协议要求改造代码

在日常编码时，子类重写父类方法，让其抛出异常的做法其实并不少见。但之前代码的主要问题在于，Admin 类的 deactivate() 方法所抛出的异常过于随意，并不属于父类 User 协议的一部分。

要让子类符合 LSP，我们必须让用户类 User 的"不支持停用"特性变得更显式，最好将其设计到父类协议里去，而不是让子类随心所欲地抛出异常。

虽然在 Python 里，根本没有"父类的异常协议"这种东西，但我们至少可以做两件事。

第一件事是创建自定义异常类。我们可以为"用户不支持停用"这件事创建一个专用的异常类：

```python
class DeactivationNotSupported(Exception):
    """ 当用户不支持停用时抛出 """
```

第二件事是在父类 User 和子类 Admin 的方法文档里，增加与抛出异常相关的说明：

```python
class User(Model):
    ...

    def deactivate(self):
        """ 停用当前用户

        :raises: 当用户不支持停用时，抛出 DeactivationNotSupported 异常 ❶
        """
        ...

class Admin(User):
    ...

    def deactivate(self):
        raise DeactivationNotSupported('admin can not be deactivated')
```

❶ 虽然 User 类的 deactivate 方法暂时不会真正抛出 DeactivationNotSupported 异常，但我仍然需要把它写入文档中，作为父类规范予以声明

这样调整后，DeactivationNotSupported 异常便显式成为了 User 类的 deactivate() 方法协议的一部分。当其他人要编写任何使用 User 的代码时，都可以针对这个异常进行恰当的处理。

比如，我可以调整 deactivate_users() 方法，让它在每次调用 deactivate() 时都显式地捕获异常：

```python
def deactivate_users(users: Iterable[User]):
    """ 批量停用多个用户 """
    for user in users:
        try:
            user.deactivate()
        except DeactivationNotSupported:
            logger.info(
                f'user {user.username} does not allow deactivating, skip.'
            )
```

只要遵循父类的异常规范，当前的子类 Admin 对象以及未来可能出现的其他子类对象，都可以替代 User 对象。通过对异常做了一些微调，我们最终让代码满足了 LSP 的要求。

11.1.2　子类随意调整方法参数与返回值

通过上一节内容我们了解到，当子类方法随意抛出父类不认识的异常时，代码就会违反 LSP。除此之外，还有两种常见的违反 LSP 的情况，分别和子类方法的返回值与参数有关。

1. 方法返回值违反 LSP

同样是前面的 User 类与 Admin 类，这次，我在类上添加了一个新的操作：

```python
class User(Model):
    """ 普通用户类 """

    ...

    def list_related_posts(self) -> List[int]:
        """ 查询所有与之相关的帖子 ID """
        return [
            post.id
            for post in session.query(Post).filter(username=self.username)
        ]


class Admin(User):
    """ 管理员用户类 """

    ...

    def list_related_posts(self) -> Iterable[int]:
        # 管理员与所有帖子都有关，为了节约内存，使用生成器返回结果
        for post in session.query(Post).all():
            yield post.id
```

在上面的代码里，我给两个用户类增加了一个新方法：`list_related_posts()`，该方法会返回所有与当前用户有关的帖子 ID。对普通用户来说，"有关的帖子"指自己发布过的所有帖子；而对于管理员来说，"有关的帖子"指网站上的所有帖子。

作为 User 的子类，Admin 的 `list_related_posts()` 方法返回值和父类并不完全一样。前者返回的是可迭代对象 Iterable[int]（通过生成器函数实现），而后者的方法返回值是列表对象：List[int]。

那这种类型不一致究竟会不会违反 LSP 呢？我们来试试看。

我写了一个函数，专门用来查询与用户相关的所有帖子标题：

```python
def list_user_post_titles(user: User) -> Iterable[str]:
    """ 获取与用户有关的所有帖子标题 """
    for post_id in user.list_related_posts():
        yield session.query(Post).get(post_id).title
```

对于这个函数来说，不论传入的 user 是 User 还是 Admin 对象，它都能正常工作。这是因为，虽然 User 和 Admin 的方法返回值类型不同，但它们都是可迭代的，都可以满足函数里循环的需求。

既然如此，那上面的代码符合 LSP 吗？答案是否定的。因为虽然子类 Admin 对象可以替代父类 User，但这只是特殊场景下的一个巧合，并没有通用性。

接下来看看第二个场景。

有一位新同事加入了项目，他需要实现一个函数，来统计与用户有关的所有帖子数量。当他读到 User 类的代码时，发现 `list_related_posts()` 方法会返回一个包含所有帖子 ID 的列表，于是他就借助此方法编写了统计帖子数量的函数：

```python
def get_user_posts_count(user: User) -> int:
    """ 获取与用户相关的帖子数量 """
    return len(user.list_related_posts())
```

在绝大多数情况下，上面的函数可以正常工作。

但有一天，我偶然用一个管理员用户（Admin）调了上面的函数，程序马上就抛出了异常：`TypeError: object of type 'generator' has no len()`。

虽然 Admin 是 User 的子类，但 Admin 类的 `list_related_posts()` 方法返回的并不是列表，而是一个不支持 `len()` 操作的生成器对象，因此程序肯定会报错。

因此我们可以认定，现在 User 类的设计并不符合 LSP。

2. 调整返回值以符合 LSP

在我的代码里，User 类和 Admin 类的 list_related_posts() 返回了不同的结果。

❑ User 类：返回列表对象 List[int]。
❑ Admin 类：返回可迭代对象 Iterable[int]。

很明显，二者之间存在共通点：它们都是可迭代的 int 对象，这也是为什么在第一个获取标题的场景里，子类对象可以替代父类。

但要符合 LSP，子类方法与父类方法所返回的结果不能只是碰巧有一些共性。LSP 要求子类方法的返回值类型与父类完全一致，或者返回父类结果类型的子类对象。

听上去有点儿绕，我来举个例子。

假如我把之前两个类的方法返回值调换一下，让父类 User 的 list_related_posts() 方法返回 Iterable[int] 对象，让子类 Admin 的方法返回 List[int] 对象，这样的设计就完全符合 LSP，因为 List 是 Iterable 类型的子类：

```
>>> from collections.abc import Iterable
>>> issubclass(list, Iterable) ❶
True
```

❶ 列表（以及所有容器类型）都是 Iterable（可迭代类型抽象类）的子类

在这种情况下，当我用 Admin 对象替换 User 对象时，虽然方法返回值类型变了，但新的返回值支持旧返回值的所有操作（List 支持 Iterable 类型的所有操作——可迭代）。因此，所有依赖旧返回值（Iterable）的代码，都能拿着新的子类返回值（List）继续正常执行。

3. 方法参数违反 LSP

前面提到，要让代码符合 LSP，子类方法的返回值类型必须满足特定要求。除此以外，LSP 对子类方法的参数设计同样有一些要求。

简单来说，要让子类符合 LSP，子类方法的参数必须与父类完全保持一致，或者，子类方法所接收的参数应该比父类更为抽象，要求更为宽松。

第一条很好理解。大多数情况下，我们的子类方法不应该随意改动父类方法签名，否则就会违背 LSP。

以下是一个错误示例：

```
class User(Model):
    def list_related_posts(self, type: int) -> List[int]: ...


class Admin(User):
    def list_related_posts(self, include_hidden: bool) -> List[int]: ... ❶
```

❶ 子类同名方法完全修改了方法参数，违反了 LSP

不过，当子类方法参数与父类不一致时，有些特殊情况其实仍然可以满足 LSP。

第一类情况是，子类方法可以接收比父类更多的参数，只要保证这些新增参数是可选的即可，比如：

```
class User(Model):
    def list_related_posts(self) -> List[int]: ...


class Admin(User):
    def list_related_posts(self, include_hidden: bool = False) -> List[int]: ... ❶
```

❶ 子类新增了可选参数 include_hidden，保证了与父类兼容。当其他人把 Admin 对象当作 User 使用时，不会破坏程序原本的功能

第二类情况是，子类与父类参数一致，但子类的参数类型比父类的更抽象：

```
class User(Model):
    def list_related_posts(self, titles=List[str]) -> List[int]: ...


class Admin(User):
    def list_related_posts(self, titles=Iterable[str]) -> List[int]: ... ❶
```

❶ 子类的同名参数 titles 比父类更抽象。当调用方把 Admin 对象当作 User 使用时，按 User 的要求，传入的列表类型的 titles 参数仍然满足子类对 titles 参数的要求（是 Iterable 就行）

简单总结一下，前面我展示了违反 LSP 的几种常见方式：

□ 子类抛出了父类所不认识的异常类型；
□ 子类的方法返回值类型与父类不同，并且该类型不是父类返回值类型的子类；
□ 子类的方法参数与父类不同，并且参数要求没有变得更宽松（可选参数）、同名参数没有更抽象。

总体来说，这些违反 LSP 的做法都比较显式，比较容易发现。下面我们来看一类更隐蔽的违反 LSP 的做法。

11.1.3　基于隐式合约违反 LSP

在设计一个类时，有许多因素会影响 LSP 。除了那些摆在明面上的、可见的方法参数和方法返回值类型以外，还有一些藏在类设计里的、不可见的东西。

举个例子，在下面这段代码里，我实现了一个表示长方形的类：

```python
class Rectangle:
    def __init__(self, width: int, height: int):
        self._width = width
        self._height = height

    @property
    def width(self):
        return self._width

    @width.setter
    def width(self, value: int):
        self._width = value

    @property
    def height(self):
        return self._height

    @height.setter
    def height(self, value: int):
        self._height = value

    def get_area(self) -> int:
        """返回当前长方形的面积"""
        return self.width * self.height
```

类的使用效果如下：

```python
>>> r = Rectangle(width=3, height=5)
>>> r.get_area()
15
>>> r.width = 4 ❶
>>> r.get_area()
20
```

❶ 修改长方形的宽度，并重新计算面积

某天，我接到一个新需求——增加一个新形状：正方形。我心想：正方形不就是一种特殊的长方形吗？于是我写了一个继承 Rectangle 的新类 Square：

```python
class Square(Rectangle):
    """正方形

    :param length: 边长
    """

    def __init__(self, length: int):  ❶
        self._width = length
        self._height = length

    @property
    def width(self):
        return super().width

    @width.setter
    def width(self, value: int):  ❷
        self._width = value
        self._height = value

    @property
    def height(self):
        return super().height

    @height.setter
    def height(self, value: int):
        self._width = value
        self._height = value
```

❶ 初始化正方形时，只需要一个边长参数

❷ 为了保证正方形形状，子类重写了 width 和 height 属性的 setter 方法，保持对象的宽与高永远一致

接下来，我试用一下 Square 类：

```python
>>> s = Square(3)
>>> s.get_area()
9
>>> s.height = 4  ①
>>> s.get_area()
16
```

❶ 修改正方形的高后，正方形的宽也会随之变化

看上去还不错，对吧？通过继承 Rectangle，我实现了新的正方形类。不过，虽然代码表面看上去没什么问题，但其实违反了 LSP。

下面是一段针对长方形 Rectangle 编写的测试代码：

```python
def test_rectangle_get_area(r: Rectangle):
    r.width = 3
    r.height = 5
    assert r.get_area() == 15
```

假如你传入一个正方形对象 Square，会发现它根本无法通过这个测试，因为 r.height = 5 会同时修改正方形的 width，让最后的面积变成 25，而不是 15。

在 Rectangle 类的设计中，有一个隐式的合约：长方形的宽和高应该总是可以单独修改，不会互相影响。上面的测试代码正是这个合约的一种表现形式。

在这个场景下，子类 Square 对象并不能替换 Rectangle 使用，因此代码违反了 LSP。在真实项目中，这种因子类打破隐式合约违反 LSP 的情况，相比其他原因来说更难察觉，尤其需要当心。

11.1.4　LSP 小结

前面我描述了 SOLID 原则的第三条：LSP。

在面向对象领域，当我们针对某个类型编写代码时，其实并不知道这个类型未来会派生出多少千奇百怪的子类型。我们只能根据当前看到的基类，尝试编写适用于未来子类的代码。

假如这些子类不符合 LSP，那么面向对象所提供给我们的最大好处之一——多态，就不再可靠，变成了一句空谈。LSP 能促使我们设计出更合理的继承关系，将多态的潜能更好地激发出来。

在编写代码时，假如你发现自己的设计违反了 LSP，就需要竭尽所能解决这个问题。有时你得在父类中引入新的异常类型，有时你得尝试用组合替代继承，有时你需要调整子类的方法参数。总之，只要深入思考类与类之间的关系，总会找到正确的解法。

接下来，我将介绍 SOLID 原则的最后两条：

❑ ISP（接口隔离原则）
❑ DIP（依赖倒置原则）

考虑到解释 DIP 的过程中，可以自然地引入 ISP 里的"接口"概念，因此先介绍 DIP，后介绍 ISP。

11.2　DIP：依赖倒置原则

不论多复杂的程序，都是由一个个模块组合而成的。当你告诉别人："我正在写一个很复杂的程序"时，你其实并不是直接在写那个程序，而是在逐个完成它的模块，最后用这些模块组成程序。

在用模块组成程序的过程中，模块间自然产生了依赖关系。举个例子，你的个人博客站点可能依赖 Flask 模块，而 Flask 依赖 Werkzeug，Werkzeug 又由多个低层模块组成。

在正常的软件架构中，模块间的依赖关系应该是单向的，一个高层模块往往会依赖多个低层模块。整个依赖图就像一条蜿蜒而下、不断分叉的河流。

DIP 是一条与依赖关系相关的原则。它认为：**高层模块不应该依赖低层模块，二者都应该依赖抽象。**

乍一看，这个原则有些违反我们的常识——高层模块不就是应该依赖低层模块吗？还记得第一堂编程课上，在我学会编写 Hello World 程序时，高层模块（main() 函数）分明依赖了低层模块（printf()）。

高层依赖低层明明是常识，为何 DIP 却说不要这样做呢？DIP 里的"倒置"具体又是什么意思？

我们先把这些问题放在一旁，进入下面的案例研究。假如一切顺利，也许我们能在这个案例里找到这些问题的答案。

11.2.1 案例：按来源统计 Hacker News 条目数量

还记得在第 10 章中，我们写了一个抓取 Hacker News 热门内容的程序吗？这次，我想继续针对 Hacker News 做一些统计工作。

在 Hacker News 上，每个由用户提交的条目后面都跟着它的来源域名。为了统计哪些站点在 Hacker News 上最受欢迎，我想编写一个脚本，用它来分组统计每个来源站点的条目数量，如图 11-1 所示。

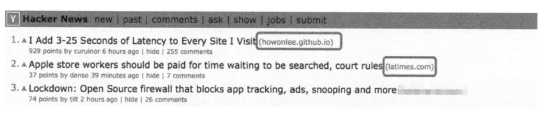

图 11-1 Hacker News 条目来源截图

这个需求并不复杂。利用 requests 和 collections 模块，我很轻松地就完成了任务，如代码清单 11-1 所示。

代码清单 11-1 统计 Hacker News 新闻来源分组脚本 hn_site_grouper.py

```python
class SiteSourceGrouper:
    """对 Hacker News 新闻来源站点进行分组统计

    :param url: Hacker News 首页地址
    """

    def __init__(self, url: str):
        self.url = url

    def get_groups(self) -> Dict[str, int]:
        """获取（域名，个数）分组"""
        resp = requests.get(self.url)
        html = etree.HTML(resp.text)
        # 通过 XPath 语法筛选新闻域名标签
        elems = html.xpath(
            '//table[@class="itemlist"]//span[@class="sitestr"]'
        )

        groups = Counter()
        for elem in elems:
            groups.update([elem.text])
        return groups


def main():
    groups = SiteSourceGrouper("https://news.ycombinator.com/").get_groups()
    # 打印最常见的 3 个域名
    for key, value in groups.most_common(3):
        print(f'Site: {key} | Count: {value}')
```

脚本执行结果如下：

```
$ python hn_site_grouper.py
Site: github.com | Count: 2
Site: howonlee.github.io | Count: 1
Site: latimes.com | Count: 1
```

脚本很短，核心代码加起来不到 20 行，但里面仍然藏着一条依赖关系链。

SiteSourceGrouper 是我们的核心类。为了完成统计任务，它需要先用 requests 模块抓取网页，再用 lxml 模块解析网页。从层级上来说，SiteSourceGrouper 是高层模块，requests 和 lxml 是低层模块，依赖关系是正向的，如图 11-2 所示。

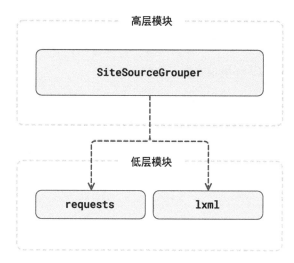

图 11-2 SiteSourceGrouper 依赖 requests、lxml

看到图 11-2，也许你会觉得特别合理——这不就是正常的依赖关系吗？别着急，接下来我们给脚本写一些单元测试。

11.2.2 为脚本编写单元测试

为了测试程序的正确性，我为脚本写了一些单元测试：

```
from hn_site_grouper import SiteSourceGrouper
from collections import Counter

def test_grouper_returning_valid_type(): ❶
    """ 测试 get_groups 是否返回了正确类型 """
    grouper = SiteSourceGrouper('https://news.ycombinator.com/')
    result = grouper.get_groups()
    assert isinstance(result, Counter), "groups should be Counter instance"
```

❶ 这个单元测试基于 pytest 风格编写，执行它需要使用 pytest 测试工具

上面的测试逻辑非常简单，我首先调用了 get_groups() 方法，然后判断它的返回值类型是否正确。

在本地开发时，这个测试用例可以正常执行，没有任何问题。但当我提交了测试代码，想在 CI[①] 服务器上自动执行测试时，却发现根本无法完成测试。

报错信息如下：

---

① CI 是 continuous integration（持续集成）的首字母缩写，是一种软件开发实践。

```
requests.exceptions.ConnectionError: HTTPSConnectionPool(host='news.ycombinator.com',
port=443): ... ... [Errno 8] nodename nor servname provided, or not known'))
```

这时我才想起来，我的 CI 环境根本就不能访问外网！

你可以发现，上面的单元测试暴露了 SiteSourceGrouper 类的一个问题：它的执行链路依赖 requests 模块和网络条件，这严格限制了单元测试的执行环境。

既然如此，怎么才能解决这个问题呢？假如你去请教有经验的 Python 开发者，他很可能会直接甩给你一句话：用 mock 啊！

使用 mock 模块

mock 是测试领域的一个专有名词，代表一类特殊的测试假对象。

假如你的代码依赖了其他模块，但你在执行单元测试时不想真正调用这些依赖的模块，那么你可以选择用一些特殊对象替换真实模块，这些用于替换的特殊对象常被统称为 mock。

在 Python 里，单元测试模块 unittest 为我们提供了一个强大的 mock 子模块，里面有许多和 mock 技术有关的工具，如下所示。

- ❑ Mock：mock 主类型，Mock() 对象被调用后不执行任何逻辑，但是会记录被调用的情况——包括次数、参数等。
- ❑ MagicMock：在 Mock 类的基础上追加了对魔法方法的支持，是 patch() 函数所使用的默认类型。
- ❑ patch()：补丁函数，使用时需要指定待替换的对象，默认使用一个 MagicMock() 替换原始对象，可当作上下文管理器或装饰器使用。

对于我的脚本来说，假如用 unittest.mock 模块来编写单元测试，我需要做以下几件事：

(1) 把一份正确的 Hacker News 页面内容保存为本地文件 static_hn.html；

(2) 用 mock 对象替换真实的网络请求行为；

(3) 让 mock 对象返回文件 static_hn.html 的内容。

使用 mock 的测试代码如下所示：

```
from unittest import mock


@mock.patch('hn_site_grouper.requests.get') ❶
def test_grouper_returning_valid_type(mocked_get): ❷
    """测试 get_groups 是否返回了正确类型"""
```

```
    with open('static_hn.html', 'r') as fp:
        mocked_get.return_value.text = fp.read()  ❸

    grouper = SiteSourceGrouperO('https://news.ycombinator.com/')
    result = grouper.get_groups()
    assert isinstance(result, Counter), "groups should be Counter instance"
```

❶ 通过 patch 装饰器将 requests.get 函数替换为一个 MagicMock 对象

❷ 该 MagicMock 对象将会作为函数参数被注入

❸ 将 get() 函数的返回结果（自动生成的另一个 MagicMock 对象）的 text 属性替换为来
自本地文件的内容

通过 mock 技术，我们最终让单元测试不再依赖网络环境，可以成功地在 CI 环境中执行。

平心而论，当你了解了 mock 模块的基本用法后，就不会觉得上面的代码有多么复杂。但问
题是，即便代码不复杂，上面的处理方式仍非常糟糕，我们一起来看看这是为什么。

当我们编写单元测试时，有一条非常重要的指导原则：**测试程序的行为，而不是测试具体
实现**。它的意思是，好的单元测试应该只关心被测试对象功能是否正常，是否能做好它所宣称
的事情，而不应该关心被测试对象内部的具体实现是什么样的。

为什么单元测试不能关心内部实现？这是有原因的。

在编写代码时，我们常会修改类的具体实现，但很少会调整类的行为。如果测试代码过分
关心类的内部实现，就会变得很脆弱。举个例子，假如有一天我发现了一个速度更快的网络请
求模块：fast_requests，我想用它替换程序里的 requests 模块。但当我完成替换后，即便
SiteSourceGrouper 的功能和替换前完全一致，我仍然需要修改上面的测试代码，替换里面的
@mock.patch('hn_site_grouper.requests.get') 部分，平添了许多工作量。

正因为如此，mock 应该总是被当作一种应急的技术，而不是一种低成本、让单元测试能快
速开展的手段。大多数情况下，假如你的单元测试代码里有太多 mock，往往代表你的程序设计
得不够合理，需要改进。

既然 mock 方案不够理想，下面我们试试从"依赖关系"入手，看看 DIP 能给我们提供什
么帮助。

11.2.3 实现 DIP

首先，我们回顾一下 DIP 的内容：高层模块不应该依赖于低层模块，二者都应该依赖于抽象。
但在上面的代码里，高层模块 SiteSourceGrouper 就直接依赖了低层模块 requests。

为了让代码符合 DIP，我们的首要任务是创造一个"抽象"。但话又说回来，DIP 里的"抽象"到底指什么？

在 7.3.2 节中，我简单介绍过"抽象"的含义。当时我说：抽象是一种选择特征、简化认知的手段，而这是对抽象的一种广义解释。DIP 里的"抽象"是一种更具体的东西。

DIP 里的"抽象"特指编程语言里的一类特殊对象，这类对象只声明一些公开的 API，并不提供任何具体实现。比如在 Java 中，接口就是一种抽象。下面是一个提供"画"动作的接口：

```java
interface Drawable {
  public void draw();
}
```

而 Python 里并没有上面这种接口对象，但有一个和接口非常类似的东西——抽象类：

```python
from abc import ABC, abstractmethod


class Drawable(ABC):
    @abstractmethod
    def draw(self):
        ...
```

搞清楚"抽象"是什么后，接着就是 DIP 里最重要的一步：设计抽象，其主要任务是确定这个抽象的职责与边界。

在上面的脚本里，高层模块主要依赖 requests 模块做了两件事：

(1) 通过 requests.get() 获取响应 response 对象；

(2) 利用 response.text 获取响应文本。

可以看出，这个依赖关系的主要目的是获取 Hacker News 的页面文本。因此，我可以创建一个名为 HNWebPage 的抽象，让它承担"提供页面文本"的职责。

下面的 HNWebPage 抽象类就是实现 DIP 的关键：

```python
from abc import ABC, abstractmethod


class HNWebPage(ABC):
    """抽象类：Hacker News 站点页面"""

    @abstractmethod
    def get_text(self) -> str:
        raise NotImplementedError()
```

　　定义好抽象后，接下来分别让高层模块和低层模块与抽象产生依赖关系。我们从低层模块开始。

　　低层模块与抽象间的依赖关系表现为它会提供抽象的具体实现。在下面的代码里，我实现了 RemoteHNWebPage 类，它的作用是通过 requests 模块请求 Hacker News 页面，返回页面内容：

```python
class RemoteHNWebPage(HNWebPage):  ❶
    """ 远程页面，通过请求 Hacker News 站点返回内容 """

    def __init__(self, url: str):
        self.url = url

    def get_text(self) -> str:
        resp = requests.get(self.url)
        return resp.text
```

❶ 此时的依赖关系表现为类与类的继承。除继承外，与抽象类的依赖关系还有许多其他表现形式，比如使用抽象类的 .register() 方法，或者定义子类化钩子方法，等等。详情可参考 9.1.4 节

　　处理完低层模块的依赖关系后，接下来我们需要调整高层模块 SiteSourceGrouper 类的代码：

```python
class SiteSourceGrouper:
    """ 对 Hacker News 页面的新闻来源站点进行分组统计 """

    def __init__(self, page: HNWebPage):  ❶
        self.page = page

    def get_groups(self) -> Dict[str, int]:
        """ 获取（域名，个数）分组 """
        html = etree.HTML(self.page.get_text())  ❷
        ...


def main():
    page = RemoteHNWebPage(url="https://news.ycombinator.com/")  ❸
    grouper = SiteSourceGrouper(page).get_groups()
```

❶ 在初始化方法里，我用类型注解表明了所依赖的是抽象的 HNWebPage 类型

❷ 调用 HNWebPage 类型的 get_text() 方法，获取页面文本内容

❸ 实例化一个符合抽象 HNWebPage 的具体实现：RemoteHNWebPage 对象

　　做完这些修改后，我们再看看现在的模块依赖关系，如图 11-3 所示。

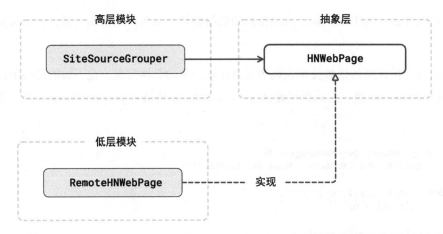

图 11-3 SiteSourceGrouper 和 RemoteHNWebPage 都依赖抽象 HNWebPage

可以看到，图 11-3 里的高层模块不再直接依赖低层模块，而是依赖处于中间的抽象：HNWebPage。低层模块也不再是被依赖的一方，而是反过来依赖处于上方的抽象层，这便是 DIP 里 inversion（倒置）一词的由来。

11.2.4　倒置后的单元测试

通过创建抽象实现 DIP 后，我们回到之前的单元测试问题。为了满足单元测试的无网络需求，基于 HNWebPage 抽象类，我可以实现一个不依赖网络的新类型 LocalHNWebPage：

```python
class LocalHNWebPage(HNWebPage):
    """本地页面，根据本地文件返回页面内容

    :param path: 本地文件路径
    """

    def __init__(self, path: str):
        self.path = path

    def get_text(self) -> str:
        with open(self.path, 'r') as fp:
            return fp.read()
```

单元测试代码也可以进行相应的调整：

```python
def test_grouper_from_local():
    page = LocalHNWebPage(path="./static_hn.html")
    grouper = SiteSourceGrouper(page)
    result = grouper.get_groups()
    assert isinstance(result, Counter), "groups should be Counter instance"
```

有了额外的抽象后，我们解耦了 SiteSourceGrouper 里的外网访问行为。现在的测试代码不需要任何 mock 技术，在无法访问外网的 CI 服务器上也能正常执行。

 为了演示，我对单元测试逻辑进行了极大的简化，其实上面的代码远算不上是一个合格的测试用例。在真实项目里，你应该准备一个虚构的 Hacker News 页面，里面刚好包含 N 个来源自 foo.com 的条目，然后判断 assert result['foo.com'] == N，这样才能真正验证 SiteSourceGrouper 的核心逻辑是否正常。

11.2.5 DIP 小结

通过前面的样例我们了解到，DIP 要求代码在互相依赖的模块间创建新的抽象概念。当高层模块依赖抽象而不是具体实现后，我们就能更方便地用其他实现替换底层模块，提高代码灵活性。

以下是有关 DIP 的两点额外思考。

1. 退后一步是“鸭子”，向前一步是“协议”

为了实现 DIP，我在上面的例子中定义了抽象类：HNWebPage。但正如我在第 10 章中所说，在这个例子里，同样可以去掉抽象类——并非只有抽象类才能让依赖关系倒过来。

如果在抽象类方案下，往后退一步，从代码里删掉抽象类，同时删掉所有的类型注解，你会发现代码仍然可以正常执行。在这种情况下，依赖关系仍然是倒过来的，但是处在中间的“抽象”变成了一个隐式概念。

没有抽象类后，代码变成了“鸭子类型”，依赖倒置也变成了一种符合“鸭子类型”的倒置。

反过来，假如你对“抽象”的要求更为严格，往前走一步，马上就会发现 Python 里的抽象类其实并非完全抽象。比如在抽象类里，你不光可以定义抽象方法，甚至可以把它当成普通基类，提供许多有具体实现的工具方法。

那么除了抽象类以外，还有没有其他更严格的抽象方案呢？答案是肯定的。

在 Python 3.8 版本里，类型注解 typing 模块增加了一个名为“协议”（Protocol）的类型。从各种意义上来说，Protocol 都比抽象类更接近传统的“接口”。

下面是用 Protocol 实现的 HNWebPage：

```
class HNWebPage(Protocol):
    """ 协议: Hacker News 站点页面 """

    def get_text(self) -> str:
        ...
```

虽然 Protocol 提供了定义协议的能力，但像类型注解一样，它并不提供运行时的协议检查，它的真正实力仍然需要搭配 mypy 才能发挥出来。

通过 Protocol 与 mypy 类型检查工具，你能实现真正的基于协议的抽象与结构化子类技术。也就是说，只要某个类实现了 get_text() 方法，并且返回了 str 类型，那么它便可以当作 HNWebPage 使用。

不过，Protocol 与 mypy 的上手门槛较高，如果不是大型项目，实在没必要使用。在多数情况下，普通的抽象类或鸭子类型已经够用了。

2. 抽象一定是好的吗

有关 DIP 的全部内容，基本都是在反复说同一件事：抽象是好东西，抽象让代码变得更灵活。但是，抽象多的代码真的就更好吗？缺少抽象的代码就一定不够灵活吗？

和所有这类问题的标准回答一样，答案是：视情况而定。

当你习惯了 DIP 以后，会发现抽象不仅仅是一种编程手法，更是一种思考问题的特殊方式。只要愿意动脑子，你可以在代码的任何角落里都硬挤出一层额外抽象。

❑ 代码依赖了 lxml 模块的 XPath 具体实现，假如 lxml 模块未来要改怎么办？我是不是得定义一层 HNTitleDigester 把它抽象进去？

❑ 代码里的字符串字面量也是具体实现，万一以后要用其他字符串类型怎么办？我是不是得定义一个 StringLike 类型把它抽象进去？

❑ ……

如果真像上面这样思考，代码里似乎不再有真正可靠的东西，我们的大脑很快就会不堪重负。

事实是，抽象的好处显而易见：它解耦了模块间的依赖关系，让代码变得更灵活。但抽象同时也带来了额外的编码与理解成本。所以，了解何时不抽象与何时抽象同样重要。只有对代码中那些容易变化的东西进行抽象，才能获得最大的收益。

下面我们学习最后一条原则：ISP。

11.3 ISP：接口隔离原则

顾名思义，这是一条与"接口"有关的原则。

在上一节中我描述过接口的定义。接口是编程语言里的一类特殊对象，它包含一些公开的抽象协议，可以用来构建模块间的依赖关系。在不同的编程语言里，接口有不同的表现形态。在 Python 中，接口可以是抽象类、Protocol，也可以是鸭子类型里的某个隐式概念。

接口是一种非常有用的设计工具，为了更好地发挥它的能力，ISP 对如何使用接口提出了要求：**客户**（client）不应该依赖任何它不使用的方法。

ISP 里的"客户"不是使用软件的客户，而是接口的使用方——客户模块，也就是依赖接口的高层模块。

拿上一节统计 Hacker News 页面条目的例子来说：

☐ 使用方（客户模块）——SiteSourceGrouper；
☐ 接口（其实是抽象类）——HNWebPage；
☐ 依赖关系——调用接口方法 get_text() 获取页面文本。

按照 ISP，一个接口所提供的方法应该刚好满足使用方的需求，一个不多，一个不少。在例子里，我设计的接口 HNWebPage 就是符合 ISP 的，因为它没有提供任何使用方不需要的方法。

看上去，ISP 似乎比较容易遵守。但违反 ISP 究竟会带来什么后果呢？我们接着上个例子，通过一个新需求来试试违反 ISP。

11.3.1 案例：处理页面归档需求

在上一节的例子中，我编写了一个代表 Hacker News 站点页面的抽象类 HNWebPage，它只提供一种行为——获取当前页面的文本内容：

```
class HNWebPage(ABC):
    """抽象类：Hacker News 站点页面"""

    @abstractmethod
    def get_text(self) -> str:
        raise NotImplementedError()
```

现在，我想开发一个新功能：定期对 Hacker News 首页内容进行归档，观察热点新闻在不同时间点的变化规律。因此，除了页面文本内容外，我还需要获取页面大小、生成时间等额外信息。

为了实现这个功能，我们可以对 **HNWebPage** 抽象类做一些扩展：

```
class HNWebPage(metaclass=ABC):

    @abstractmethod
    def get_text(self) -> str:
        """ 获取页面文本内容 """

    # 新增 get_size 与 get_generated_at

    @abstractmethod
    def get_size(self) -> int:
        """ 获取页面大小 """

    @abstractmethod
    def get_generated_at(self) -> datetime.datetime:
        """ 获取页面生成时间 """
```

我们在抽象类上增加了两个新方法：**get_size()** 和 **get_generated_at()**。通过这两个方法，程序就能获取页面大小和生成时间了。

修改完抽象类后，接下来的任务是调整抽象类的具体实现。

11.3.2　修改实体类

在调整接口前，我有两个实现了接口协议的实体类型：**RemoteHNWebPage** 和 **LocalHNWebPage**。如今 **HNWebPage** 接口增加了两个新方法，我自然需要修改这两个实体类，给它们加上这两个新方法。

修改 **RemoteHNWebPage** 类很容易，只要让 **get_size()** 返回页面长度，**get_generated_at()** 返回当前时间即可：

```
class RemoteHNWebPage(HNWebPage):
    """ 远程页面，通过请求 Hacker News 站点返回内容 """

    def __init__(self, url: str):
        self.url = url
        # 保存当前请求结果
        self._resp = None
        self._generated_at = None

    def get_text(self) -> str:
        """ 获取页面内容 """
        self._request_on_demand()
        return self._resp.text

    def get_size(self) -> int:
```

```
        """获取页面大小"""
        return len(self.get_text())

    def get_generated_at(self) -> datetime.datetime:
        """获取页面生成时间"""
        self._request_on_demand()
        return self._generated_at

    def _request_on_demand(self):  ❶
        """请求远程地址并避免重复"""
        if self._resp is None:
            self._resp = requests.get(self.url)
            self._generated_at = datetime.datetime.now()
```

❶ 因为使用方可能会反复调用 get_generated_at() 等方法，所以我给类添加了一个简单
  的结果缓存功能

完成 RemoteHNWebPage 类的修改后，接下来修改 LocalHNWebPage 类。但是，在给它添加
get_generated_at() 的过程中，我遇到了一个小问题。

LocalHNWebPage 的页面数据完全来源于本地文件，但仅仅通过一个本地文件，我根本就
无法知道它的内容是何时生成的。

这时，有两个选择摆在我们面前：

(1) 让 get_generated_at() 返回一个错误结果，比如本地文件的修改时间；

(2) 让 get_generated_at() 方法直接抛出 NotImplementedError 异常。

但不论哪种做法，都不符合接口方法的定义，都很糟糕。所以，对 HNWebPage 接口的盲目
扩展暴露出一个问题：更丰富的接口协议，意味着更高的实现成本，也更容易给实现方带来麻烦。

不过，我们暂且把这个问题放到一旁，先让 LocalHNWebPage.get_generated_at() 直接
抛出异常，继续编写 SiteAchiever 类，补完页面归档功能链条：

```
class SiteAchiever:
    """将不同时间点的 Hacker News 页面归档"""

    def save_page(self, page: HNWebPage):
        """将页面保存到后端数据库"""
        data = {
            "content": page.get_text(),
            "generated_at": page.get_generated_at(),
            "size": page.get_size(),
        }
        # 将 data 保存到数据库中
        # ...
```

11.3.3 违反 ISP

完成整个页面归档任务后，不知道你是否还记得上一节的"按 Hacker News 来源统计条目数量"程序。现在所有模块间的依赖关系如图 11-4 所示。

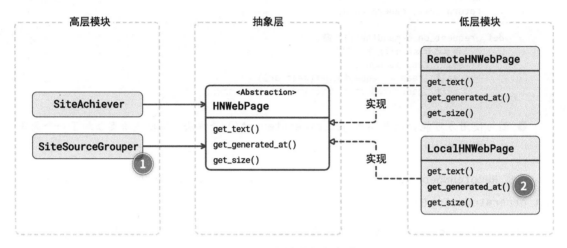

图 11-4 页面归档功能类关系图

仔细看图 11-4，有没有发现什么问题？

☐ 问题 1：SiteSourceGrouper 类依赖了 HNWebPage，但是并不使用后者的 get_size()、get_generated_at() 方法。

☐ 问题 2：LocalHNWebPage 类为了实现 HNWebPage 抽象，需要"退化"get_generated_at() 方法。

你会发现，在我扩展完 HNWebPage 抽象类后，虽然按来源分组类 SiteSourceGrouper 仍然依赖 HNWebPage，但它其实只用到了 get_text() 这一个方法而已。

上面的设计明显违反了 ISP。为了修复这个问题，我需要把大接口拆分成多个小接口。

11.3.4 分拆接口

在设计接口时有一个简单的技巧：让客户（调用方）来驱动协议设计。在现在的程序里，HNWebPage 接口共有两个客户。

(1) SiteSourceGrouper：按域名来源统计，依赖 get_text()。

(2) SiteAchiever：页面归档程序，依赖 get_text()、get_size() 和 get_generated_at()。

根据这两个客户的需求，我可以把 HNWebPage 分离成两个不同的抽象类：

```python
class ContentOnlyHNWebPage(ABC):
    """抽象类：Hacker News 站点页面（仅提供内容）"""

    @abstractmethod
    def get_text(self) -> str:
        raise NotImplementedError()


class HNWebPage(ABC):
    """抽象类：Hacker New 站点页面（含元数据）"""

    @abstractmethod
    def get_text(self) -> str:
        raise NotImplementedError()

    @abstractmethod
    def get_size(self) -> int:
        """获取页面大小"""
        raise NotImplementedError()

    @abstractmethod
    def get_generated_at(self) -> datetime.datetime:
        """获取页面生成时间"""
        raise NotImplementedError()
```

完成拆分后，SiteSourceGrouper 和 SiteAchiever 便能各自依赖不同的抽象类了。

同时，对于 LocalHNWebPage 类来说，它也不需要再纠结如何实现 get_generated_at() 方法，而只要认准那个只返回文本的 ContentOnlyHNWebPage 接口，实现其中的 get_text() 方法就行，如图 11-5 所示。

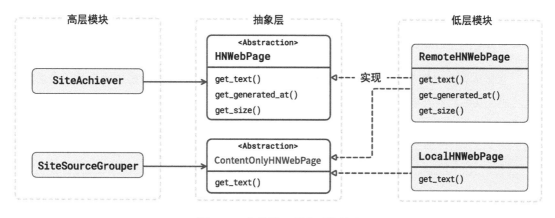

图 11-5　实施接口隔离后的结果

从图 11-5 中可以看出，相比之前，符合 ISP 的依赖关系看起来要清爽得多。

11.3.5 其他违反 ISP 的场景

虽然我花了很长的篇幅，用了好几个抽象类才把 ISP 讲明白，但其实在日常编码中，违反 ISP 的例子并不少见，它常常出现在一些容易被我们忽视的地方。

举个例子，在开发 Web 站点时，我们常常需要判断用户请求的 Cookies 或请求头（HTTP request header）里，是否包含某个标记值。为此，我们经常直接写出许多依赖整个 request 对象的函数：

```python
def is_new_visitor(request: HttpRequest) -> bool:
    """ 从 Cookies 判断是否新访客 """
    return request.COOKIES.get('is_new_visitor') == 'y'
```

但事实上，除了 COOKIES 以外，is_new_visitor() 根本不需要 request 对象里面的任何其他内容。

因此，我们完全可以把函数改成只接收 cookies 字典：

```python
def is_new_visitor(cookies: Dict) -> bool:
    """ 从 Cookies 判断是否为新访客 """
    return cookies.get('is_new_visitor') == 'y'
```

类似的情况还有许多，比如一个负责发短信的函数，本身只需要两个参数：电话号码（phone_number）和用户姓名（username），但是函数依赖了整个用户对象（User），里面包含了几十个它根本不关心的其他字段和方法。

所有这些问题，既是抽象上的一种不合理，也可以视作 ISP 的一种反例。

> **现实世界里的接口隔离**
>
> 当你认识到 ISP 带来的种种好处后，很自然地会养成写小类、小接口的习惯。在现实世界里，其实已经有很多小而精的接口设计可供参考，比如：
>
> ❏ Python 的 collections.abc 模块里面有非常多的小接口；
> ❏ Go 语言标准库里的 Reader 和 Writer 接口。

11.4 总结

在本章中，我们学习了 SOLID 原则的后三条：

❑ LSP（里式替换原则）；

❑ DIP（依赖倒置原则）；

❑ ISP（接口隔离原则）。

LSP 与继承有关。在设计继承关系时，我们常常会让子类重写父类的某些行为，但一些不假思索的随意重写，会导致子类对象无法完全替代父类对象，最终让代码的灵活性大打折扣。

DIP 要求我们在高层与底层模块之间创建出抽象概念，以此反转模块间的依赖关系，提高代码灵活性。但抽象并非没有代价，只有对最恰当的事物进行抽象，才能获得最大的收益。

DIP 鼓励我们创建抽象，ISP 指导我们如何创建出好的抽象。好的抽象应该是精准的，没有任何多余内容。

至此，SOLID 原则的所有内容就都介绍完毕了。

以下是本章要点知识总结。

(1) LSP

❑ LSP 认为子类应该可以任意替代父类使用

❑ 子类不应该抛出父类不认识的异常

❑ 子类方法应该返回与父类一致的类型，或者返回父类返回值的子类型对象

❑ 子类的方法参数应该和父类方法完全一致，或者要求更为宽松

❑ 某些类可能会存在隐式合约，违反这些合约也会导致违反 LSP

(2) DIP

❑ DIP 认为高层模块和低层模块都应该依赖于抽象

❑ 编写单元测试有一个原则：测试行为，而不是测试实现

❑ 单元测试不宜使用太多 mock，否则需要调整设计

❑ 依赖抽象的好处是，修改低层模块实现不会影响高层代码

❑ 在 Python 中，你可以用 abc 模块来定义抽象类

❑ 除 abc 以外，你也可以用 Protocol 等技术来完成依赖倒置

(3) ISP

❑ ISP 认为客户依赖的接口不应该包含任何它不需要的方法

❑ 设计接口就是设计抽象

❑ 写更小的类、更小的接口在大多数情况下是个好主意

第 12 章
数据模型与描述符

在 Python 中，**数据模型**（data model）是个非常重要的概念。我们已经知道，Python 里万物皆对象，任何数据都通过对象来表达。而在用对象建模数据时，肯定不能毫无章法，一定需要一套严格的规则。

我们常说的数据模型（或者叫对象模型）就是这套规则。假如把 Python 语言看作一个框架，数据模型就是这个框架的说明书。数据模型描述了框架如何工作，创建怎样的对象才能更好地融入 Python 这个框架。

也许你还不清楚，数据模型究竟如何影响我们的代码。为此，我们从一个最简单的问题开始：当用 print 打印某个对象时，应该输出什么？

假设我定义了一个表示人的对象 Person：

```python
class Person:
    """人

    :param name: 姓名
    :param age: 年龄
    :param favorite_color: 最喜欢的颜色
    """

    def __init__(self, name, age, favorite_color):
        self.name = name
        self.age = age
        self.favorite_color = favorite_color
```

当我用 print 打印一个 Person 对象时，输出如下：

```python
>>> p = Person('piglei', 18, 'black')
>>> print(p)
<__main__.Person object at 0x10d1e4250>
```

可以看到，打印 Person 对象会输出类名（Person）加上一长串内存地址（0x10d1e4250）。不过，这只是普通对象的默认行为。当你在 Person 类里定义 __str__ 方法后，事情就会发生变化：

```python
class Person:
    ...

    def __str__(self):
        return self.name
```

再试着打印一次对象，输出如下：

```python
>>> print(p)
piglei
>>> str(p) ❶
'piglei'
>>> "I'm {}".format(p)
"I'm piglei"
```

❶ 除了 print() 以外，str() 与 .format() 函数同样也会触发 __str__ 方法

上面展示的 __str__ 就是 Python 数据模型里最基础的一部分。当对象需要当作字符串使用时，我们可以用 __str__ 方法来定义对象的字符串化结果。

虽然从本章标题看来，数据模型似乎是一个新话题，但其实在之前的章节里，我们已经运用过非常多与数据模型有关的知识。表 12-1 整理了其中一部分。

表 12-1　本书前 11 章中出现过的数据模型有关内容

位　置	方 法 名	相关操作	说　明
第 3 章	__getitem__	obj[key]	定义按索引读取行为
第 3 章	__setitem__	obj[key] = value	定义按索引写入行为
第 3 章	__delitem__	del obj[key]	定义按索引删除行为
第 4 章	__len__	len(obj)	定义对象的长度
第 4 章	__bool__	bool(obj)	定义对象的布尔值真假
第 4 章	__eq__	obj == another_obj	定义 == 运算时的行为
第 5 章	__enter__、__exit__	with obj:	定义对象作为上下文管理器时的行为
第 6 章	__iter__、__next__	for _ in obj	定义对象被迭代时的行为
第 8 章	__call__	obj()	定义被调用时的行为
第 8 章	__new__	obj_class()	定义创建实例时的行为

从表 12-1 中可以发现，所有与数据模型有关的方法，基本都以双下划线 __ 开头和结尾，它们通常被称为**魔法方法**（magic method）。

在本章中，除了这些已经学过的魔法方法外，我将介绍一些与 Python 数据模型相关的实用知识。比如，如何用 dataclass 来快速创建一个数据类、如何通过 __get__ 与 __set__ 来定义一个描述符对象等。

在本章的案例故事里，我将介绍如何巧妙地利用数据模型来解决真实需求。

要写出 Pythonic 的代码，恰当地使用数据模型是关键之一。接下来我们进入正题。

12.1 基础知识

12.1.1 字符串魔法方法

在本章一开始，我演示了如何使用 __str__ 方法来自定义对象的字符串表示形式。但其实除了 __str__ 以外，还有两个与字符串有关的魔法方法，一起来看看吧。

1. __repr__

当你需要把一个 Python 对象用字符串表现出来时，实际上可分为两种场景。第一种场景是非正式的，比如用 print() 打印到屏幕、用 str() 转换为字符串。这种场景下的字符串注重可读性，格式应当对用户友好，由类型的 __str__ 方法所驱动。

第二种场景则更为正式，它一般发生在调试程序时。在调试程序时，你常常需要快速获知对象的详细内容，最好一下子就看到所有属性的值。该场景下的字符串注重内容的完整性，由类型的 __repr__ 方法所驱动。

要模拟第二种场景，最快的办法是在命令行里输入一个 Person 对象，然后直接按回车键：

```
>>> p = Person('piglei', 18, 'black')
>>> str(p) ❶
'piglei'
>>> p ❷
<__main__.Person object at 0x10d993250>
>>> repr(p) ❸
'<__main__.Person object at 0x10d993250>'
```

❶ 接着前面的例子，Person 类已定义了 __str__ 方法

❷ 直接输入对象后，你仍然能看到包含一长串内存地址的字符串

❸ 和 str() 类似，repr() 可以用来获取第二种场景的字符串

要让对象在调试场景提供更多有用的信息，我们需要实现 __repr__ 方法。

当你在 __repr__ 方法里组装结果时，一般会尽可能地涵盖当前对象的所有信息，假如其他人能通过复制 repr() 的字符串结果直接创建一个同样的对象，就再好不过了。

下面，我试着给 Person 加上 __repr__ 方法：

```python
class Person:
    ...

    def __str__(self):
        return self.name

    def __repr__(self):
        return '{cls_name}(name={name!r}, age={age!r}, favorite_color={color!r})'.format( ❶
            cls_name=self.__class__.__name__, ❷
            name=self.name,
            age=self.age,
            color=self.favorite_color,
        )
```

❶ 在字符串模板里，我使用了 {name!r} 这样的语法，变量名后的 !r 表示在渲染字符串模板时，程序会优先使用 repr() 而非 str() 的结果。这么做以后，self.name 这种字符串类型在渲染时会包含左右引号，省去了手动添加的麻烦

❷ 类名不直接写成 Person 以便更好地兼容子类

再来试试看效果如何：

```python
>>> p = Person('piglei', 18, 'black')
>>> print(p)
piglei
>>> p
Person(name='piglei', age=18, favorite_color='black')
```

当对象定义了 __repr__ 方法后，它便可以在任何需要的时候，快速提供一种详尽的字符串展现形式，为程度调试提供帮助。

假如一个类型没定义 __str__ 方法，只定义了 __repr__，那么 __repr__ 的结果会用于所有需要字符串的场景。

2. __format__

如前面所说，当你直接把某个对象作为 .format() 的参数，用于渲染字符串模板时，默认会使用 str() 化的字符串结果：

```
>>> p = Person('piglei', 18, 'black')
>>> "I'm {}".format(p)
"I'm piglei"
```

但是，Python 里的字符串格式化语法，其实不光只有上面这种最简单的写法。通过定义 __format__ 魔法方法，你可以为一种对象定义多种字符串表现形式。

继续拿 Person 举例：

```
class Person:
    ...

    def __format__(self, format_spec):
        """定义对象在字符串格式化时的行为

        :param format_spec: 需要的格式，默认为 ''
        """
        if format_spec == 'verbose':
            return f'{self.name}({self.age})[{self.favorite_color}]'
        elif format_spec == 'simple':
            return f'{self.name}({self.age})'
        return self.name
```

上面的代码给 Person 类增加了 __format__ 方法，并在里面实现了不同的字符串表现形式。

接下来，我们可以在字符串模板里使用 {variable:format_spec} 语法，来触发这些不同的字符串格式：

```
>>> print('{p:verbose}'.format(p=p)) ❶
piglei(18)[black]
>>> print(f'{p:verbose}') ❷
piglei(18)[black]
>>> print(f'{p:simple}') ❸
piglei(18)
>>> print(f'{p}')
piglei
```

❶ 此时传递的 format_spec 为 verbose

❷ 模板语法同样适用于 f-string

❸ 使用不同的格式

假如你的对象需要提供不同的字符串表现形式，那么可以使用 __format__ 方法。

12.1.2 比较运算符重载

比较运算符是指专门用来对比两个对象的运算符，比如 ==、!=、> 等。在 Python 中，你可以通过魔法方法来重载它们的行为，比如在第 4 章中，我们就通过 __eq__ 方法重载过 == 行为。

包含 __eq__ 在内，与比较运算符相关的魔法方法共 6 个，如表 12-2 所示。

表 12-2   所有用于重载比较运算符的魔法方法

方 法 名	相关运算	说　　明
__lt__	obj < other	小于（less than）
__le__	obj <= other	小于等于（less than or equal）
__eq__	obj == other	等于（equal）
__ne__	obj != other	不等于（not equal）
__gt__	obj > other	大于（greater than）
__ge__	obj >= other	大于等于（greater than or equal）

一般来说，我们没必要重载比较运算符。但在合适的场景下，重载运算符可以让对象变得更好用，代码变得更直观，是一种非常有用的技巧。

举个例子，假如我有一个用来表示正方形的类 Square，它的代码如下：

```python
class Square:
    """正方形

    :param length: 边长
    """

    def __init__(self, length):
        self.length = length

    def area(self):
        return self.length ** 2
```

虽然 Square 看上去挺好，但用起来特别不方便。具体来说，假如我有两个边长一样的正方形 x 和 y，在进行等于运算 x == y 时，会返回下面的结果：

```python
>>> x = Square(4)
>>> y = Square(4)
>>> x == y
False
```

看到了吗？虽然两个正方形边长相同，但在 Python 看来，它们其实是不相等的。因为在默认情况下，对两个用户定义对象进行 == 运算，其实是在对比它俩在内存里的地址（通过 id() 函数获取）。因此，两个不同对象的 == 运算结果肯定是 False。

通过在 Square 类上实现比较运算符魔法方法，我们就能解决上面的问题。我们可以给 Square 类加上一系列规则，比如边长相等的正方形就是相等，边长更长的正方形更大。这样一来，Square 类可以变得更好用。

增加魔法方法后的代码如下：

```python
class Square:
    """正方形

    :param length: 边长
    """

    def __init__(self, length):
        self.length = length

    def area(self):
        return self.length ** 2

    def __eq__(self, other):
        # 在判断两个对象是否相等时，先检验 other 是否同为当前类型
        if isinstance(other, self.__class__):
            return self.length == other.length
        return False

    def __ne__(self, other):
        # "不等"运算的结果一般会直接对"等于"取反
        return not (self == other)

    def __lt__(self, other):
        if isinstance(other, self.__class__):
            return self.length < other.length
        # 如果对象不支持某种运算，可以返回 NotImplemented 值
        return NotImplemented

    def __le__(self, other):
        return self.__lt__(other) or self.__eq__(other)

    def __gt__(self, other):
        if isinstance(other, self.__class__):
            return self.length > other.length
        return NotImplemented

    def __ge__(self, other):
        return self.__gt__(other) or self.__eq__(other)
```

代码怪长的，不过先别在意，我们看看效果：

```
# 边长相等，正方形就相等
>>> Square(4) == Square(4)
True
# 边长不同，正方形不同
>>> Square(5) == Square(4)
False
# 测试"不等"运算
>>> Square(5) != Square(4)
True
# 边长更大，正方形就更大
>>> Square(5) > Square(4)
True
...
```

通过重载这些魔法方法，Square 类确实变得更好用了。当我们有多个正方形对象时，可以任意对它们进行比较运算，运算结果全都符合预期。

但上面的代码有一个显而易见的缺点——代码量太大了，而且魔法方法之间还有冗余的嫌疑。比如，明明已经实现了"等于"运算，那为什么"不等"运算还得手动去写呢？Python 就不能自动对"等于"取反吗？

好消息是，Python 开发者早就意识到了这个问题，并提供了解决方案。利用接下来介绍的这个工具，我们可以把重载比较描述符的工作量减少一大半。

使用 @total_ordering

@total_ordering 是 functools 内置模块下的一个装饰器。它的功能是让重载比较运算符变得更简单。

如果使用 @total_ordering 装饰一个类，那么在重载类的比较运算符时，你只要先实现 __eq__ 方法，然后在 __lt__、__le__、__gt__、__ge__ 四个方法里随意挑一个实现即可，@total_ordering 会帮你自动补全剩下的所有方法。

使用 @total_ordering，前面的 Square 类可以简化成下面这样：

```python
from functools import total_ordering


@total_ordering
class Square:
    """正方形

    :param length: 边长
    """

    def __init__(self, length):
```

```
        self.length = length

    def area(self):
        return self.length ** 2

    def __eq__(self, other):
        if isinstance(other, self.__class__):
            return self.length == other.length
        return False

    def __lt__(self, other):
        if isinstance(other, self.__class__):
            return self.length < other.length
        return NotImplemented
```

虽然功能与之前一致，但在 @total_ordering 的帮助下，代码变短了一大半。

12.1.3　描述符

在所有 Python 对象协议里，描述符可能是其中应用最广却又最鲜为人知的协议之一。你也许从来没听说过描述符，但肯定早就使用过它。这是因为所有的方法、类方法、静态方法以及属性等诸多 Python 内置对象，都是基于描述符协议实现的。

在日常工作中，描述符的使用并不算频繁。但假如你要开发一些框架类工具，就会发现描述符非常有用。接下来我们通过开发一个小功能，来看看描述符究竟能如何帮助我们。

1. 无描述符时，实现属性校验功能

在下面的代码里，我实现了一个 Person 类：

```
class Person:

    def __init__(self, name, age):
        self.name = name
        self.age = age
```

Person 是个特别简单的数据类，没有任何约束，因此人们很容易创建出一些不合理的数据，比如年龄为 1000、年龄不是合法数字的 Person 对象等。为了确保对象数据的合法性，我需要给 Person 的年龄属性加上一些正确性校验。

使用 @property 把 age 定义为 property 对象后，我可以很方便地增加校验逻辑：

```
class Person:
    ...

    @property
```

```
    def age(self):
        return self._age

    @age.setter
    def age(self, value):
        """设置年龄，只允许 0 ~ 150 之间的数值"""
        try:
            value = int(value)
        except (TypeError, ValueError):
            raise ValueError('value is not a valid integer!')

        if not (0 < value < 150):
            raise ValueError('value must between 0 and 150!')
        self._age = value
```

通过在 age 属性的 setter 方法里增加校验，我最终实现了想要的效果：

```
>>> p = Person('piglei', 'invalid_age') ❶
...
ValueError: value is not a valid integer!
>>> p = Person('piglei', '200') ❷
...
ValueError: value must between 0 and 150!

>>> p = Person('piglei', 18) ❸
>>> p.age
18
```

❶ age 值不能转换为整型

❷ age 值不在合法的年龄范围内

❸ age 值符合要求，对象创建成功

粗看上去，上面使用 @property 的方案还挺不错的，但实际上有许多不如人意的地方。

使用属性对象最大的缺点是：很难复用。假如我现在开发了一个长方形类 Rectangle，想对长方形的边长做一些与 Person.age 类似的整型校验，那么我根本无法很好地复用上面的校验逻辑，只能手动为长方形的边长创建多个 @property 对象，然后在每个 setter 方法里做重复工作：

```
class Rectangle:

    @property
    def width(self): ...

    @width.setter
    def width(self): ...

    @property
```

```
    def height(self): ...

    @height.setter
    def height(self): ...
```

如果非得基于 @property 来实现复用，我也可以继续用**类装饰器**（class decorator）或**元类**（metaclass）在创建类时介入处理，把普通属性自动替换为 property 对象来达到复用目的。但是，这种方案不但实现起来复杂，使用起来也不方便。

而使用描述符，我们可以更轻松地实现这类需求。不过在用描述符实现字段校验前，我们先了解一下描述符的基本工作原理。

2. 描述符简介

描述符（descriptor）是 Python 对象模型里的一种特殊协议，它主要和 4 个魔法方法有关：__get__、__set__、__delete__ 和 __set_name__。

从定义上来说，除了最后一个方法 __set_name__ 以外，任何一个实现了 __get__、__set__ 或 __delete__ 的类，都可以称为描述符类，它的实例则叫作描述符对象。

描述符之所以叫这个名字，是因为它"描述"了 Python 获取与设置一个类（实例）成员的整个过程。我们通过简单的代码示例，来看看描述符的几个魔法方法究竟有什么用。

从最常用的 __get__ 方法开始：

```
class InfoDescriptor:
    """ 打印帮助信息的描述符 """

    def __get__(self, instance, owner=None):
        print(f'Calling __get__, instance: {instance}, owner: {owner}')
        if not instance:
            print('Calling without instance...')
            return self
        return 'informative descriptor'
```

上面的 InfoDescriptor 是一个实现了 __get__ 方法的描述符类。

要使用一个描述符，最常见的方式是把它的实例对象设置为其他类（常被称为 owner 类）的属性：

```
class Foo:
    bar = InfoDescriptor()
```

描述符的 __get__ 方法，会在访问 owner 类或 owner 类实例的对应属性时被触发。

__get__ 方法里的两个参数的含义如下。

- ❑ owner：描述符对象所绑定的类。
- ❑ instance：假如用实例来访问描述符属性，该参数值为实例对象；如果通过类来访问，该值为 None。

下面，我们试着通过 Foo 类访问 bar 属性：

```
>>> Foo.bar
Calling __get__, instance: None, owner: <class '__main__.Foo'>
Calling without instance... ❶
<__main__.InfoDescriptor object at 0x105b0adc0>
```

❶ 触发描述符的 __get__ 方法，因为 instance 为 None，所以 __get__ 返回了描述符对象本身

再试试通过 Foo 实例访问 bar 属性：

```
>>> Foo().bar
Calling __get__, instance: <__main__.Foo object at 0x105b48280>, owner: <class '__main__.Foo'>
'informative descriptor' ❶
```

❶ 同样触发了 __get__ 方法，但 instance 参数变成了当前绑定的 Foo 实例，因此最后返回了我在 __get__ 里定义的字符串

与 __get__ 方法相对应的是 __set__ 方法，它可以用来自定义设置某个实例属性时的行为。

下面的代码给 InfoDescriptor 增加了 __set__ 方法：

```
class InfoDescriptor:
    ...

    def __set__(self, instance, value):
        print(f'Calling __set__, instance: {instance}, value: {value}')
```

__set__ 方法的后两个参数的含义如下。

- ❑ instance：属性当前绑定的实例对象。
- ❑ value：待设置的属性值。

当我尝试修改 Foo 实例的 bar 属性时，描述符的 __set__ 方法就会被触发：

```
>>> f = Foo()
>>> f.bar = 42
Calling __set__, instance: <__main__.Foo object at 0x106543340>, value: 42
```

值得一提的是，描述符的 __set__ 仅对实例起作用，对类不起作用。这和 __get__ 方法不一样，__get__ 会同时影响描述符所绑定的类和类实例。当你通过类设置描述符属性值时，不会触发任何特殊逻辑，整个描述符对象会被覆盖：

```
>>> Foo.bar = None ❶
>>> f = Foo()
>>> f.bar = 42 ❷
```

❶ 使用 None 覆盖类的描述符对象
❷ 当描述符对象不存在后，设置实例属性就不会触发任何描述符逻辑了

除了 __get__ 与 __set__ 外，描述符协议还有一个 __delete__ 方法，它用来控制实例属性被删除时的行为。在下面的代码里，我给 InfoDescriptor 类增加了 __delete__ 方法：

```
class InfoDescriptor:
    ...

    def __delete__(self, instance):
        raise RuntimeError('Deletion not supported!')
```

试试看效果如何：

```
>>> f = Foo()
>>> del f.bar
...
RuntimeError: Deletion not supported!
```

除了上面的三个方法以外，描述符还有一个 __set_name__ 方法，不过我们暂先略过它。下面我们试着运用描述符来实现前面的年龄字段。

3. 用描述符实现属性校验功能

前面我用 property() 为 Person 类的 age 字段增加了校验功能，但这种方式的可复用性很差。下面我们试着用描述符来完成同样的功能。

为了提供更高的可复用性，这次我在年龄字段的基础上抽象出了一个支持校验功能的整型描述符类型：IntegerField。它的代码如下：

```python
class IntegerField:
    """ 整型字段, 只允许一定范围内的整型值

    :param min_value: 允许的最小值
    :param max_value: 允许的最大值
    """

    def __init__(self, min_value, max_value):
        self.min_value = min_value
        self.max_value = max_value

    def __get__(self, instance, owner=None):
        # 当不是通过实例访问时, 直接返回描述符对象
        if not instance:
            return self
        # 返回保存在实例字典里的值
        return instance.__dict__['_integer_field']

    def __set__(self, instance, value):
        # 校验后将值保存在实例字典里
        value = self._validate_value(value)
        instance.__dict__['_integer_field'] = value

    def _validate_value(self, value):
        """ 校验值是否为符合要求的整数 """
        try:
            value = int(value)
        except (TypeError, ValueError):
            raise ValueError('value is not a valid integer!')

        if not (self.min_value <= value <= self.max_value):
            raise ValueError(
                f'value must between {self.min_value} and {self.max_value}!'
            )
        return value
```

IntegerField 最核心的逻辑, 就是在设置属性值时先做有效性校验, 然后再保存数据。

除了我已介绍过的描述符基本方法外, 上面的代码里还有一个值得注意的细节, 那就是描述符保存数据的方式。

在 __set__ 方法里, 我使用了 instance.dict['_integer_field'] = value 这样的语句来保存整型数字的值。也许你想问: 为什么不直接写 self._integer_field = value, 把值存放在描述符对象 self 里呢?

这是因为每个描述符对象都是 owner 类的属性, 而不是类实例的属性。也就是说, 所有从 owner 类派生出的实例, 其实都共享了同一个描述符对象。假如把值存入描述符对象里, 不同实例间的值就会发生冲突, 互相覆盖。

所以，为了避免覆盖问题，我把值放在了每个实例各自的 `__dict__` 字典里。

下面是使用了描述符的 Person 类：

```
class Person:
    age = IntegerField(min_value=0, max_value=150)

    def __init__(self, name, age):
        self.name = name
        self.age = age
```

通过把 age 类属性定义为 IntegerField 描述符，我实现了与之前的 property() 方案完全一样的效果。不过，虽然 IntegerField 能满足 Person 类的需求，但它其实有一个严重的问题。

由于 IntegerField 往实例里存值时使用了固定的字段名 `_integer_field`，因此它其实只支持一个类里最多使用一个描述符对象，否则不同属性值会发生冲突，举个例子：

```
class Rectangle:
    width = IntegerField(min_value=1, max_value=10)
    height = IntegerField(min_value=1, max_value=5)
```

上面 Rectangle 类的 width 和 height 都使用了 IntegerField 描述符，但这两个字段的值会因为前面所说的原因而互相覆盖：

```
>>> r = Rectangle(1, 1)
>>> r.width = 5
>>> r.width
5
>>> r.height ❶
5
```

❶ 修改 width 后，height 也变了

要解决这个问题，最佳方案是使用 `__set_name__` 方法。

4. 使用 `__set_name__` 方法

`__set_name__(self, owner, name)` 是 Python 在 3.6 版本以后，为描述符协议增加的新方法，它所接收的两个参数的含义如下。

❑ owner：描述符对象当前绑定的类。

❑ name：描述符所绑定的属性名称。

`__set_name__` 方法的触发时机是在 owner 类被创建时。

通过给 IntegerField 类增加 __set_name__ 方法，我们可以方便地解决前面的数据冲突问题：

```python
class IntegerField:

    def __init__(self, min_value, max_value):
        self.min_value = min_value
        self.max_value = max_value

    def __set_name__(self, owner, name):
        # 将绑定属性名保存在描述符对象中
        # 对于 age = IntegerField(...) 来说，此处的 name 就是 "age"
        self._name = name

    def __get__(self, instance, owner=None):
        if not instance:
            return self
        # 在数据存取时，使用动态的 self._name
        return instance.__dict__[self._name]

    def __set__(self, instance, value):
        value = self._validate_value(value)
        instance.__dict__[self._name] = value

    def _validate_value(self, value):
        """ 校验值是否为符合要求的整数 """
        # ...
```

试试看效果如何：

```python
>>> r = Rectangle(1, 1)
>>> r.width = 3
>>> r.height ❶
1
>>> r.width = 100
...
ValueError: width must between 1 and 10!
```

❶ 不同字段间不会互相影响

使用描述符，我们最终实现了一个可复用的 IntegerField 类，它使用起来非常方便——无须继承任何父类、声明任何元类，直接将类属性定义为描述符对象即可。

数据描述符与非数据描述符

按实现方法的不同，描述符可分为两大类。

(1) 非数据描述符：只实现了 `__get__` 方法的描述符。

(2) 数据描述符：实现了 `__set__` 或 `__delete__` 其中任何一个方法的描述符。

这两类描述符的区别主要体现在所绑定实例的属性存取优先级上。

对于非数据描述符来说，你可以直接用 `instance.attr = ...` 来在实例级别重写描述符属性 `attr`，让其读取逻辑不再受描述符的 `__get__` 方法管控。

而对于数据描述符来说，你无法做到同样的事情。数据描述符所定义的属性存储逻辑拥有极高的优先级，无法轻易在实例层面被重写。

所有的 Python 实例方法、类方法、静态方法，都是非数据描述符，你可以轻易覆盖它们。而 `property()` 是数据描述符，你无法直接通过重写修改它的行为。

拿一段具体的代码举例。下面定义了两个包含 `color` 成员的鸭子类，一个使用属性对象，另一个使用静态方法：

```python
class DuckWithProperty:
    @property
    def color(self):
        return 'gray'


class DuckWithStaticMethod:
    @staticmethod
    def color(self):
        return 'gray'
```

因为属性对象是数据描述符，所以无法被随意重写：

```python
>>> d = DuckWithProperty()
>>> d.color = 'yellow'
Traceback (most recent call last):
  File "<stdin>", line 1, in <module>
AttributeError: can't set attribute
```

而静态方法属于非数据描述符，可以被任意重写：

```python
>>> d = DuckWithStaticMethod()
>>> d.color = 'yellow'   ❶
>>> d.color
'yellow'
```

❶ 直接把静态方法替换成一个普通字符串属性

12.2　案例故事

2017 年 3 月，我在任天堂的 Switch 游戏主机上，玩到了一个令我大开眼界的游戏：《塞尔达传说：荒野之息》（下面简称《荒野之息》）。

《荒野之息》是一款开放世界冒险游戏。简单来说，它讲述了一个名为林克（Link）的角色在沉睡 100 年以后突然醒来，然后拯救整个海拉尔大陆的故事。

不过，作为一本 Python 书的作者，我突然在书中提起一个电子游戏，并不是因为它是我最喜欢的游戏之一，而是因为《荒野之息》里的一个设计，与我们在讲的数据模型之间有奇妙的联系。

在《荒野之息》的新手村里，有一个难倒许多玩家的任务。在任务中，你扮演游戏主角林克，需要前往一座冰雪覆盖的高山顶峰。雪山上的温度特别低，假如你什么都不准备，直接往山顶上跑，林克马上就会进入一个"寒冷"的负面状态，生命值不断降低，直至死亡。

要完成这个任务，有多种方式。

比如，你可以在山脚下找到一口铁锅，然后烹制一些放了辣椒的食物。吃了带辣椒的食物后，林克便会进入"温暖"状态，就能无视寒冷一口气跑上雪山顶。或者，你可以去山脚下找到一座老旧的木房子，从那儿拿到一件厚棉袄穿在身上。当角色的体温升高后，在雪山上同样可以畅行无阻。

到达雪山顶端的方式，绝不止上面这两种。比如你还可以找到一些树枝，然后将它们作为火把点燃。举着火把取暖的林克，也能轻松冲上雪山。

《荒野之息》与其他游戏的不同之处在于，它不限定你完成某件事的方式，而是构造出了一个精巧的规则体系。当你熟悉了规则以后，就能用任何你能想到的方式完成同一件事。

假如我们把 Python 比作一个类似于《荒野之息》的电子游戏，**数据模型**就是我们的游戏规则。当你在 Python 世界里玩要，依据游戏规则创造出自己的类型、对象以后，这些东西会在整个 Python 世界的规则下，与其他事物发生奇妙的连锁反应，迸发出一些令人意想不到的火花。

下面的故事就是一个例子。

处理旅游数据的三种方案

一个普通的工作日，在一家经营出境旅游的公司办公室里，商务同事小 Y 兴冲冲地跑到我的工位前，一脸激动地跟我说道："R 哥，跟你说件好事儿。我昨天去 XX 公司出差，和对方谈拢了商务合作，打通了两家公司的客户数据。利用这些数据，我感觉可以做一波精准营销。"

说完，小 Y 打开笔记本电脑，从电脑桌面上的文件夹里翻出两个 Excel 表格文件。

"在这两个文件里，分别存着最近去过泰国普吉岛和新西兰旅游的旅客信息，姓名、电话号码和旅游时间都有。"小 Y 看着我，稍作停顿后继续说"看着这堆数据，我突然有个大胆的想法。我觉得，那些去过普吉岛的人，肯定对新西兰旅游也特别感兴趣。只要 R 哥你能从这两份数据里，找出那些**去过普吉岛但没去过新西兰的人**，我再让销售人员向他们推销一些新西兰精品旅游路线，肯定能卖疯！"

虽然听上去并没什么逻辑，但我看着小 Y 一脸认真的样子，一时竟找不到什么理由来反驳他，于是接下了这个任务。五分钟后，我从小 Y 那拿到了两份数据文件：新西兰旅客信息 .xlsx 和 普吉岛旅客信息 .xlsx。

将文件转换为 JSON 格式后，里面的内容大致如下：

```
# 去过普吉岛的人员数据
users_visited_phuket = [
    {
        "first_name": "Sirena",
        "last_name": "Gross",
        "phone_number": "650-568-0388",
        "date_visited": "2018-03-14",
    },
    ...
]

# 去过新西兰的人员数据
users_visited_nz = [
    {
        "first_name": "Justin",
        "last_name": "Malcom",
        "phone_number": "267-282-1964",
        "date_visited": "2011-03-13",
    },
    ...
]
```

每条旅游数据里都包含旅客的 last_name（姓）、first_name（名）、phone_number（电话号码）和 date_visited（旅游时间）四个字段。

有了规范的数据和明确的需求，接下来编写代码。

1. 第一次蛮力尝试

因为在我拿到的旅客数据里，并没有"旅客 ID"之类的唯一标识符，所以我其实无法精确地找出重复旅客，只能用"姓名 + 电话号码"来判断两位旅客是不是同一个人。

很快，我就写出了第一版代码：

```python
def find_potential_customers_v1():
    """ 找到去过普吉岛但没去过新西兰的人

    :return: 通过 Generator 返回符合条件的旅客记录
    """
    for puket_record in users_visited_puket:
        is_potential = True
        for nz_record in users_visited_nz:
            if (
                puket_record['first_name'] == nz_record['first_name']
                and puket_record['last_name'] == nz_record['last_name']
                and puket_record['phone_number'] == nz_record['phone_number']
            ):
                is_potential = False
                break

        if is_potential:
            yield puket_record
```

为了找到符合要求的旅客，`find_potential_customers_v1` 函数先遍历了所有的普吉岛旅客记录，然后在循环内逐个检索新西兰旅客记录。假如找不到任何匹配，函数就会把它当作"潜在客户"返回。

虽然这段代码能完成任务，但相信不用我说你也能发现，它有非常严重的性能问题。对于每条普吉岛旅客记录，我们都需要轮询所有的新西兰旅客记录，尝试找到匹配项。

如果从时间复杂度上来看，上面函数的时间复杂度是可怕的 O(n*m) [1]，执行耗时将随着旅客记录条数的增加呈指数型增长。

为了能更高效完成任务，我们需要提升查找匹配记录的效率。

2. 使用集合优化函数

在第 3 章中，我们了解到 Python 里的集合是基于哈希表实现的，判断一个东西是否在集合里，速度非常快，平均时间复杂度是 O(1)。

因此，对于上面的函数来说，我们其实可以先将所有的新西兰旅客记录转换成一个集合，

---

[1] 其中 n 和 m 分别代表两份旅客记录的数据量。

之后查找匹配时，程序就不需要再遍历所有记录，直接做一次集合成员判断就行。这样函数的性能可以得到极大提升，时间复杂度会直接线性下降：O(n+m)。

下面是修改后的函数代码：

```python
def find_potential_customers_v2():
    """ 找到去过普吉岛但是没去过新西兰的人，性能改进版 """
    # 首先，遍历所有新西兰旅客记录，创建查找索引
    nz_records_idx = {
        (rec['first_name'], rec['last_name'], rec['phone_number'])
        for rec in users_visited_nz
    }

    for rec in users_visited_puket:
        key = (rec['first_name'], rec['last_name'], rec['phone_number'])
        if key not in nz_records_idx:
            yield rec
```

引入集合后，新函数的性能有了突破性的增长，足够满足需求。

不过，盯着上面的集合代码看了两分钟以后，我隐隐觉得，这个需求似乎还有一种更直接、更有趣的解决方案。

3. 对问题的重新思考

我重新梳理一遍整件事情，看看能不能找到一些新点子。

首先，有两份旅客记录数据 A 和 B，A 里存放了所有普吉岛旅客记录，B 里存放着所有新西兰旅客记录。随后我定义了一个判断记录相等的规则："姓名与电话号码一致"。最后基于这个规则，我找到了在 A 里出现，但在 B 里没有的旅客记录。

有趣的地方来了，如果把 A 和 B 看作两个集合，上面的事情不就是在求 A 和 B 的差集吗？如图 12-1 所示。

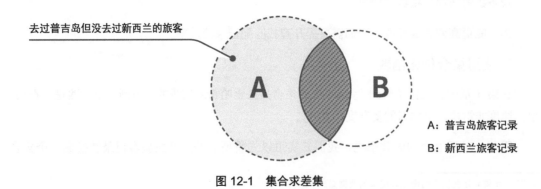

图 12-1　集合求差集

而在 Python 中，假如你有两个集合，就可以直接用 A - B 这样的数学运算来计算二者之间的差集：

```
>>> A = {1, 3, 5, 7}
>>> B = {3, 5, 8}
# 产生新集合：所有在 A 里但是不在 B 里的元素
>>> A - B
{1, 7}
```

所以，计算"去过普吉岛但没去过新西兰的人"，其实就是一次集合的差值运算。但在我们熟悉的集合运算里，成员都是简单的数据类型，比如整型、字符串等，而这次我们的数据类型明显更复杂。

究竟要怎么做，才能把问题套入集合的游戏规则里呢？

4. 利用集合的游戏规则

要用集合来解决我们的问题，第一步是建模一个用来表示旅客记录的新类型，暂且叫它 VisitRecord 吧：

```python
class VisitRecord:
    """旅客记录

    :param first_name: 名
    :param last_name: 姓
    :param phone_number: 电话号码
    :param date_visited: 旅游时间
    """

    def __init__(self, first_name, last_name, phone_number, date_visited):
        self.first_name = first_name
        self.last_name = last_name
        self.phone_number = phone_number
        self.date_visited = date_visited
```

默认情况下，Python 的用户自定义类型都是可哈希的。因此，VisitRecord 对象可以直接放进集合里，但行为可能会和你预想中的有些不同：

```python
# 初始化两个属性完全一致的 VisitRecord 对象
>>> v1 = VisitRecord('a', 'b', phone_number='100-100-1000', date_visited='2000-01-01')
>>> v2 = VisitRecord('a', 'b', phone_number='100-100-1000', date_visited='2000-01-01')

# 往集合里放入一个对象
>>> s = set()
>>> s.add(v1)
>>> s
{<__main__.VisitRecord object at 0x1076063a0>}
```

```
# 放入第二个属性完全一致的对象后，集合并没有起到去重作用
>>> s.add(v2)
>>> s
{<__main__.VisitRecord object at 0x1076063a0>, <__main__.VisitRecord object at 0x1076062e0>}

# 对比两个对象，结果并不相等
>>> v1 == v2
False
```

出现上面这样的结果其实并不奇怪。因为对于任何自定义类型来说，当你对两个对象进行相等比较时，Python 只会判断它们是不是指向内存里的同一个地址。换句话说，任何对象都只和它自身相等。

因此，为了让集合能正确处理 VisitRecord 类型，我们首先要重写类型的 __eq__ 魔法方法，让 Python 在对比两个 VisitRecord 对象时，不再关注对象 ID，只关心记录的姓名与电话号码。

在 VisitRecord 类里增加以下方法：

```
def __eq__(self, other):
    if isinstance(other, self.__class__):
        return self.comparable_fields == other.comparable_fields
    return False

@property
def comparable_fields(self):
    """ 获取用于对比对象的字段值 """
    return (self.first_name, self.last_name, self.phone_number)
```

完成这一步后，VisitRecord 的相等运算就重写成了我们所需要的逻辑：

```
>>> v1 = VisitRecord('a', 'b', phone_number='100-100-1000', date_visited='2000-01-01')
>>> v2 = VisitRecord('a', 'b', phone_number='100-100-1000', date_visited='2000-01-01')
>>> v1 == v2
True
```

但要达到计算差集的目的，仅重写 __eq__ 是不够的。如果我现在试着把一个新的 VisitRecord 对象塞进集合，程序马上会报错：

```
>>> set().add(v1)
Traceback (most recent call last):
  File "<stdin>", line 1, in <module>
TypeError: unhashable type: 'VisitRecord'
```

发生什么事了？ VisitRecord 类型突然从可哈希变成了不可哈希！要弄清楚原因，得先从哈希表的工作原理讲起。

当 Python 把一个对象放入哈希表数据结构（如集合、字典）中时，它会先使用 hash() 函数计算出对象的哈希值，然后利用该值在表里找到对象应在的位置，之后完成保存。而当 Python 需要获知哈希表里是否包含某个对象时，同样也会先计算出对象的哈希值，之后直接定位到哈希表里的对应位置，再和表里的内容进行精确比较。

也就是说，无论是往集合里存入对象，还是判断某对象是否在集合里，对象的哈希值都会作为一个重要的前置索引被使用。

在我重写 __eq__ 前，对象的哈希值其实是对象的 ID（值经过一些转换，和 id() 调用结果并非完全一样）。但当 __eq__ 方法被重写后，假如程序仍然使用对象 ID 作为哈希值，那么一个严重的悖论就会出现：**即便两个不同的 VisitRecord 对象在逻辑上相等，但它们的哈希值不一样，这在原理上和哈希表结构相冲突。**

因为对于哈希表来说，两个相等的对象，其哈希值也必须一样，否则一切算法逻辑都不再成立。所以，Python 才会在发现重写了 __eq__ 方法的类型后，直接将其变为不可哈希，以此强制要求你为其设计新的哈希值算法。

幸运的是，只要简单地重写 VisitRecord 的 __hash__ 方法，我们就能解决这个问题：

```python
def __hash__(self):
    return hash(self.comparable_fields)
```

因为 .comparable_fields 属性返回了由姓名、电话号码构成的元组，而元组本身就是可哈希类型，所以我可以直接把元组的哈希值当作 VisitRecord 的哈希值使用。

完成 VisitRecord 建模，做完所有的准备工作后，剩下的事情便顺水推舟了。基于集合差值运算的新版函数，只要一行核心代码就能完成操作：

```python
class VisitRecord:
    """旅客记录

    - 当两条旅客记录的姓名与电话号码相同时，判定二者相等。
    """

    def __init__(self, first_name, last_name, phone_number, date_visited):
        self.first_name = first_name
        self.last_name = last_name
        self.phone_number = phone_number
        self.date_visited = date_visited

    def __hash__(self):
        return hash(self.comparable_fields)
```

```python
    def __eq__(self, other):
        if isinstance(other, self.__class__):
            return self.comparable_fields == other.comparable_fields
        return False

    @property
    def comparable_fields(self):
        """ 获取用于比较对象的字段值 """
        return (self.first_name, self.last_name, self.phone_number)

def find_potential_customers_v3():
    # 转换为 VisitRecord 对象后计算集合差值
    return set(VisitRecord(**r) for r in users_visited_puket) - set(
        VisitRecord(**r) for r in users_visited_nz
    )
```

> **哈希值必须独一无二吗？**
>
> ---
>
> 看了上面的哈希值算法，也许你会有一个疑问：一个对象的哈希值必须独一无二吗？
>
> 答案是"不需要"。对于两个不同的对象，它们的哈希值最好不同，但即便哈希值一样也没关系。有个术语专门用来描述这种情况：**哈希冲突**（hash collision）。一个正常的哈希表，一定会处理好哈希冲突，同一个哈希值确实可能会指向多个对象。
>
> 因此，当 Python 通过哈希值在表里搜索时，并不会完全依赖哈希值，而一定会再做一次精准的相等比较运算 ==（使用 `__eq__`），这样才能最终保证程序的正确性。
>
> 话虽如此，一个设计优秀的哈希算法，应该尽量做到让不同对象拥有不同哈希值，减少哈希冲突的可能性，这样才能让哈希表的性能最大化，让内容存取的时间复杂度保持在 O(1)。

故事到这儿还没有结束。

如果让我评价一下上面这份代码，非让我说："它比'使用集合优化函数'阶段的简单'预计算集合＋循环检查'方案更好"，我还真开不了口。上面的代码很复杂，而且用到了许多高级方法，完全称不上是一段多么务实的好代码，它最大的用途其实是阐述了集合与哈希算法的工作原理。

基本没有人会在实际工作中写出上面这种代码来解决这么一个简单问题。但是，有了下面这个模块的帮助，事情也许会有一些变化。

5. 使用 dataclasses

dataclasses 是 Python 在 3.7 版本后新增的一个内置模块。它最主要的用途是利用类型注解语法来快速定义像上面的 VisitRecord 一样的数据类。

使用 dataclasses 可以极大地简化 VisitRecord 类，代码最终会变成下面这样：

```python
from dataclasses import dataclass, field

@dataclass(frozen=True)
class VisitRecordDC:
    first_name: str ❶
    last_name: str
    phone_number: str
    date_visited: str = field(compare=False) ❷


def find_potential_customers_v4():
    return set(VisitRecordDC(**r) for r in users_visited_puket) - set(
        VisitRecordDC(**r) for r in users_visited_nz
    )
```

❶ 要定义一个 dataclass 字段，只需提供字段名和类型注解即可

❷ 因为旅游时间 date_visited 不用于比较运算，所以需要指定 compare=False 跳过该字段

通过 @dataclass 来定义一个数据类，我完全不用再手动实现 __init__ 方法，也不用重写任何 __eq__ 与 __hash__ 方法，所有的逻辑都会由 @dataclass 自动完成。

在上面的代码里，尤其需要说明的是 @dataclass(frozen=True) 语句里的 frozen 参数。在默认情况下，由 @dataclass 创建的数据类都是可修改的，不支持任何哈希操作。因此你必须指定 frozen=True，显式地将当前类变为不可变类型，这样才能正常计算对象的哈希值。

最后，在集合运算和数据类的帮助下，不用干任何脏活累活，总共不到十行代码就能完成所有的工作。

6. 小结

问题解决后，我们简单做一下总结。在处理这个问题时，我一共使用了三种方案：

(1) 使用普通的两层循环筛选符合规则的结果集；

(2) 利用哈希表结构（set 对象）创建索引，提升处理效率；

(3) 将数据转换为自定义对象，直接使用集合进行运算。

方案 (1) 的性能问题太大，不做过多讨论。

方案 (2) 其实是个非常务实的问题解决办法，它代码不多，容易理解，并且由于不需要创建任何自定义对象，所以它在性能与内存占用上甚至略优于方案 (3)。

但我之所以继续推导出了方案 (3)，是因为我觉得它非常有趣：它有效地利用了 Python 世界的规则，创造性地达成了目的。这条规则可具体化为："Python 拥有集合类型，集合间可以通过运算符 - 进行差值运算"。

希望你可以从这个故事里体会到用数据模型与规则来解决实际问题的美妙。

12.3　编程建议

12.3.1　认识 `__hash__` 的危险性

在案例故事里，我展示了如何通过重写 `__hash__` 方法来重写对象的哈希值，并以此改变对象在存入哈希表时的行为。但是，在设计 `__hash__` 方法时，不是任何东西都适用于计算哈希值，而必须遵守一个原则。

我们通过下面这个类来看看究竟是什么原则：

```python
class HashByValue:
    """ 根据 value 属性计算哈希值 """

    def __init__(self, value):
        self.value = value

    def __hash__(self):
        return hash(self.value)
```

HashByValue 类重写了默认的对象哈希方法，总是使用 value 属性的哈希值来当作对象哈希值。但是，假如一个 HashByValue 对象的 value 属性在对象生命周期里发生变化，就会产生古怪的现象。

先看看下面这段代码：

```python
>>> h = HashByValue(3)
>>> s = set()
>>> s.add(h)
>>> s
{<__main__.HashByValue object at 0x108416dc0>}
>>> h in s
True
```

在上面这段代码里，我创建了一个 HashByValue 对象，并把它放进了一个空集合里。看上去一切都很正常，但是假如我稍微修改一下对象的 value 属性：

```
>>> h.value = 4
>>> h in s
False
```

当 h 的 value 变成 4 以后，h 从集合里消失了！

因为 value 取值变了，h 对象的哈希值也随之改变。而当哈希值改变后，Python 就无法通过新的哈希值从集合里找到原本存在的对象了。

所以，设计哈希算法的原则是：在一个对象的生命周期里，它的哈希值必须保持不变，否则就会出现各种奇怪的事情。这也是 Python 把所有可变类型（列表、字典）设置为"不可哈希"的原因。

每当你想要重写 __hash__ 方法时，一定要保证方法产生的哈希值是稳定的，不会随着对象状态而改变。要做到这点，要么你的对象不可变，不允许任何修改——就像定义 dataclass 时指定的 frozen=True；要么至少应该保证，被卷入哈希值计算的条件不会改变。

12.3.2 数据模型不是"躺赢"之道

在谈论 Python 的数据模型时，有个观点常会被我们提起：数据模型是写出 Pythonic 代码的关键，自定义数据模型的代码更地道。

在大多数情况下，这个观点是有道理的。举个例子，下面的 Events 类是个用来装事件的容器类型，我给它定义了"是否为空""按索引值获取事件"等方法：

```python
class Events:
    def __init__(self, events):
        self.events = events

    def is_empty(self):
        return not bool(self.events)

    def list_events_by_range(self, start, end):
        return self.events[start:end]
```

使用 Events 类：

```python
events = Events(
    [
        'computer started',
```

```
        'os launched',
        'docker started',
        'os stopped',
    ]
)

# 判断有内容后，打印第二个和第三个对象
if not events.is_empty():
    print(events.list_events_by_range(1, 3))
```

上面的代码散发着浓浓的传统面向对象气味。我给 Events 类型支持的操作起了一些直观的名字，然后将它们定义成普通方法，之后通过这些方法来使用对象。

不过，Events 类的这两个操作，其实可以精确匹配 Python 数据模型里的概念。假如应用一丁点儿数据模型知识，我们可以把 Events 类改造得更符合 Python 风格：

```
class Events:
    def __init__(self, events):
        self.events = events

    def __len__(self):
        """ 自定义长度，将会用来做布尔判断 """
        return len(self.events)

    def __getitem__(self, index):
        """ 自定义切片方法 """
        # 直接将 slice 切片对象透传给 events 处理
        return self.events[index]
```

使用新的 Events 类：

```
# 判断是否有内容，打印第二个和第三个对象
if events:
    print(events[1:3])
```

相比旧代码，新的 Events 类提供了更简洁的 API，也更符合 Python 对象的使用习惯。

正如 Events 类所展示的，许多基于 Python 数据模型设计出来的类型更地道，API 也更好用。但我想补充的是：不要把数据模型当成写代码时的万能药，把所有脚都塞进数据模型这双靴子里。

举个例子，假如你有一个用来处理用户对象的规则类型 UserRule，它支持唯一的公开方法 apply()。那么，你是不是应该把 apply 改成 __call__ 呢？这样一来，UserRule 对象会直接变为可调用，它的使用方式也会从 rule.apply(...) 变成 rule(...)，看上去似乎更短也更简单。

不过我倒觉得，把 UserRule 往数据模型里套未必是个好主意。显式调用 apply 方法，实际上比隐式的可调用对象更好、更清晰。

恰当地使用数据模型，确实能让我们写出更符合 Python 习惯的代码，设计出更地道的 API。但也得注意不要过度，有时，"聪明"的代码反而不如"笨"代码，平铺直叙的"笨"代码或许更能表达出设计者的意图，更容易让人理解。

12.3.3　不要依赖 __del__ 方法

我经常见到人们把 __del__ 当成一种自动化的资源回收方法来用。比如，一个请求其他服务的 Client 对象会在初始化时创建一个连接池。那么写代码的人极有可能会重写对象的 __del__ 方法，把关闭连接池的逻辑放在方法里。

但上面这种做法实际上很危险。因为 __del__ 方法其实没那么可靠，下面我来告诉你为什么。

对于 __del__ 方法，人们经常会做一种望文生义的简单化理解。那就是如果 Foo 类定义了 __del__ 方法，那么当我调用 del 语句，删除一个 Foo 类型对象时，它的 __del__ 方法就一定会被触发。

举例来说，下面的 Foo 类就定义了 __del__ 方法：

```python
class Foo:
    def __del__(self):
        print(f'cleaning up {self}...')
```

试着初始化一个 foo 对象，然后删除它：

```python
>>> foo = Foo()
>>> del foo
cleaning up <__main__.Foo object at 0x10ac288b0>...
```

foo 对象的 __del__ 方法的确被触发了。但是，假如我稍微做一些调整，情况就会发生改变：

```python
>>> foo = Foo()
>>> l = [foo, ]
>>> del foo
```

这一次，我在删除 foo 之前，先把它放进了一个列表里。这时 del foo 语句就没有产生任何效果，只有当我继续用 del l 删除列表对象时，foo 对象的 __del__ 才会被触发：

```
>>> del l
cleaning up <__main__.Foo object at 0x101cce610>...
```

现在你应该明白了，一个对象的 `__del__` 方法，并非在使用 del 语句时被触发，而是在它被作为垃圾回收时触发。del 语句无法直接回收任何东西，它只是简单地删掉了指向当前对象的一个引用（变量名）而已。

换句话说，del 让对象的引用计数减 1，但只有当引用计数降为 0 时，它才会马上被 Python 解释器回收。因此，在 foo 仍然被列表 l 引用时，删除 foo 的其中一个引用是不会触发 `__del__` 的。

总而言之，垃圾回收机制是一门编程语言的实现细节。我所说的引用计数这套逻辑，也只针对 CPython 目前的版本有效。对于未来的 CPython 版本，或者 Python 语言的其他实现来说，它们完全有可能采用一些截然不同的垃圾回收策略。因此，`__del__` 方法的触发机制实际上是一个谜，它可能在任何时机触发，也可能很长时间都不触发。

正因为如此，依赖 `__del__` 方法来做一些清理资源、释放锁、关闭连接池之类的关键工作，其实非常危险。因为你创建的任何对象，完全有可能因为某些原因一直都不被作为垃圾回收。这时，网络连接会不断增长，锁也一直无法被释放，最后整个程序会在某一刻轰然崩塌。

如果你要给对象定义资源清理逻辑，请避免使用 `__del__`。你可以要求使用方显式调用清理方法，或者实现一个上下文管理器协议——用 with 语句来自动清理（参考 Python 的文件对象），这些方式全都比 `__del__` 好得多。

12.4　总结

在本章中，我们学习了不少与 Python 数据模型有关的知识。

了解 Python 的一些数据模型知识，可以让你更容易写出符合 Python 风格的代码，设计出更好用的框架和工具。有时，数据模型甚至能助你事半功倍。

以下是本章要点知识总结。

(1) 字符串相关协议

- 使用 `__str__` 方法，可以定义对象的字符串值（被 str() 触发）
- 使用 `__repr__` 方法，可以定义对象对调试友好的详细字符串值（被 repr() 触发）
- 如果对象只定义了 `__repr__` 方法，它同时会用于替代 `__str__`

❑ 使用 `__format__` 方法，可以在对象被用于字符串模板渲染时，提供多种字符串值（被 `.format()` 触发）

(2) 比较运算符重载

❑ 通过重载与比较运算符有关的 6 个魔法方法，你可以让对象支持 `==`、`>=` 等比较运算
❑ 使用 `functools.total_ordering` 可以极大地减少重载比较运算符的工作量

(3) 描述符协议

❑ 使用描述符协议，你可以轻松实现可复用的属性对象
❑ 实现了 `__get__`、`__set__`、`__delete__` 其中任何一个方法的类都是描述符类
❑ 要在描述符里保存实例级别的数据，你需要将其存放在 `instance.dict` 里，而不是直接放在描述符对象上
❑ 使用 `__set_name__` 方法能让描述符对象知道自己被绑定了什么名字

(4) 数据类与自定义哈希运算

❑ 要让自定义类支持集合运算，你需要实现 `__eq__` 与 `__hash__` 两个方法
❑ 如果两个对象相等，它们的哈希值也必须相等，否则会破坏哈希表的正确性
❑ 不同对象的哈希值可以一样，哈希冲突并不会破坏程序正确性，但会影响效率
❑ 使用 `dataclasses` 模块，你可以快速创建一个支持哈希操作的数据类
❑ 要让数据类支持哈希操作，你必须指定 `frozen=True` 参数将其声明为不可变类型
❑ 一个对象的哈希值必须在它的生命周期里保持不变

(5) 其他建议

❑ 虽然数据模型能帮我们写出更 Pythonic 的代码，但切勿过度推崇
❑ `__del__` 方法不是在执行 `del` 语句时被触发，而是在对象被作为垃圾回收时被触发
❑ 不要使用 `__del__` 来做任何"自动化"的资源回收工作

第 13 章
开发大型项目

1991 年，在发布 Python 的第一个版本 0.9.0 时，Guido 肯定想不到，这门在当时看来有些怪异、依靠缩进来区分代码块的编程语言，会在之后一路高歌猛进，三十年后一跃成为全世界最为流行的编程语言之一[①]。

但 Python 的流行并非偶然，简洁的语法、强大的标准库以及极低的上手成本，都是 Python 赢得众人喜爱的重要原因。以我自己为例，我最初就是被 Python 的简洁语法所吸引，而后成为了一名忠实的 Python 爱好者。

但除了那些显而易见的优点外，我喜欢 Python 还有另一个原因："自由感"。

对我而言，Python 的"自由感"体现在，我既可以用它来写一些快糙猛的小脚本，同时也能用它来做一些真正的"大项目"，解决一些更为复杂的问题。

在任何时候，当遇到某个小问题时，我都可以随手打开一个文本编辑器，马上开始编写 Python 代码。代码写好后直接保存成 .py 文件，然后调用解释器执行，一杯茶的工夫就能解决问题。

而在面对更复杂的需求时，Python 仍然是一个不错的选择。在经历了多年发展后，如今的 Python 有着成熟的打包机制、强大的工具链以及繁荣的第三方生态，无数企业乐于用 Python 来开发重要项目。

在国外，许多大企业在或多或少地使用 Python，YouTube、Instagram 以及 Dropbox 的后台代码几乎完全使用 Python 编写[②]。而在国内，豆瓣、搜狐邮箱、知乎等许多产品，也大量用到了 Python。

---

① 在 2021 年 7 月发布的 TIOBE 编程语言流行榜单上，Python 名列第三，仅次于 C 语言和 Java。
② 此处的"几乎完全使用"特指这些项目的早期阶段。这是因为随着项目变得庞大，新服务不断诞生，旧的功能模块也会被持续拆分和重写。在这个过程中，原本的 Python 代码会被其他编程语言部分替换。

但是，写个几百行代码的 Python 脚本是一码事，参与一个有数万行代码的项目，用它来服务成千上万的用户则完全是另一码事。当项目规模变大，参与人数变多后，许多在写小脚本时完全不用考虑的问题会跳出来：

❑ 缩进用 Tab 还是空格？如何让所有人的代码格式保持统一？
❑ 为什么每次发布新版本都心惊胆战？如何在代码上线前发现错误？
❑ 如何在快速开发新功能的同时，对代码做安全重构？

在本章中，我会围绕上面这些问题分享一些经验。

虽然 Python 有官方的 PEP 8 规范，但在实际项目里，区区纸面规范远远不够。在 13.1 节中，我会介绍一些常用的代码格式化工具，利用这些工具，你可以在大型项目里轻松统一代码风格，提升代码质量。

在开发大型项目时，自动化测试是必不可少的一环。它能让我们可以更容易发现代码里的问题，更好地保证程序的正确性。在 13.2 节中，我会对常用的测试工具 pytest 做简单介绍，同时分享一些实用的单元测试技巧。

希望本章内容能在你参与大型项目开发时提供一些帮助。

13.1 常用工具介绍

在很多事情上，百花齐放是件好事，但在开发大型项目时，百花齐放的代码风格却会毁灭整个项目。

试想一下，在合作开发项目时，如果每个人都坚持自己的一套代码风格，最后的项目代码肯定会破碎不堪、难以入目。因此，在多人参与的大型项目里，最基本的一件事就是让所有人的代码风格保持一致，整洁得就像是出自同一人之手。

下面介绍 4 个与代码风格有关的工具。如果能让所有开发者都使用这些工具，你就可以轻松统一项目的代码风格。

 如无特殊说明，本节提到的所有工具都可以通过 pip 直接安装。

13.1.1 flake8

在 1.1.4 节中，我提到 Python 有一份官方代码风格指南：PEP 8。PEP 8 对代码风格提出了许多具体要求，比如每行代码不能超过 79 个字符、运算符两侧一定要添加空格，等等。

但正如章首所说，在开发项目时，光有一套纸面上的规范是不够的。纸面规范只适合阅读，无法用来快速检验真实代码是否符合规范。只有通过自动化代码检查工具（常被称为 Linter[①] ）才能最大地发挥 PEP 8 的作用。

flake8 就是这么一个工具。利用 flake8，你可以轻松检查代码是否遵循了 PEP 8 规范。

比如，下面这段代码：

```
class Duck:
    """ 鸭子类

    :param color: 鸭子颜色
    """

    def __init__(self,color):
      self.color= color
```

虽然语法正确，但如果用 flake8 扫描它，会报出下面的错误：

```
flake8_demo.py:3:3: E111 indentation is not a multiple of four ❶
flake8_demo.py:8:3: E111 indentation is not a multiple of four
flake8_demo.py:8:20: E231 missing whitespace after ',' ❷
flake8_demo.py:9:15: E225 missing whitespace around operator ❸
```

❶ PEP 8 规定必须缩进必须使用 4 个空格，但上面的代码只用了 2 个

❷ PEP 8 规定逗号 , 后必须有空格，应改为 def init(self, color):

❸ PEP 8 规定操作符两边必须有空格，应改为 self.color = color

值得一提的是，flake8 的 PEP 8 检查功能，并非由 flake8 自己实现，而是主要由集成在 flake8 里的另一个 Linter 工具 pycodestyle 提供。

除了 PEP 8 检查工具 pycodestyle 以外，flake8 还集成了另一个重要的 Linter，它同时也是 flake8 名字里单词 "flake" 的由来，这个 Linter 就是 pyflakes。同 pycodestyle 相比，pyflakes 更专注于检查代码的正确性，比如语法错误、变量名未定义等。

以下面这个文件为例：

```
import os
import re
```

---

① Linter 指一类特殊的代码静态分析工具，专门用来找出代码里的格式问题、语法问题等，帮助提升代码质量。

```
def find_number(input_string):
    """ 找到字符串里的第一个整数 """
    matched_obj = re.search(r'\d+', input_sstring)
    if matched_obj:
        return int(matched_obj.group())
    return None
```

假如用 flake8 扫描它，会得到下面的结果：

```
flake8_error.py:1:1: F401 'os' imported but unused ❶
flake8_error.py:7:37: F821 undefined name 'input_sstring' ❷
```

❶ os 模块被导入了，但没有使用

❷ input_sstring 变量未被定义（名字里多了一个 s）

这两个错误就是由 pyflakes 扫描出来的。

flake8 为每类错误定义了不同的错误代码，比如 F401、E111 等。这些代码的首字母代表了不同的错误来源，比如以 E 和 W 开头的都违反了 PEP 8 规范，以 F 开头的则来自于 pyflakes。

除了 PEP 8 与错误检查以外，flake8 还可以用来扫描代码的圈复杂度（见 7.3.1 小节），这部分功能由集成在工具里的 mccabe 模块提供。当 flake8 发现某个函数的圈复杂度过高时，会打印下面这种错误：

```
$ flake8 --max-complexity 8 flake8_error.py ❶
flake8_error.py:5:1: C901 'complex_func' is too complex (12)
```

❶ --max-complexity 参数可以修改允许的最大圈复杂度，建议该值不要超过 10

如之前所说，flake8 的主要检查能力是由它所集成的其他工具所提供的。而更有趣的是，flake8 其实把这种集成工具的能力完全通过插件机制开放给了我们。这意味着，当我们想定制自己的代码规范检查时，完全可以通过编写一个 flake8 插件来实现。

在 flake8 的官方文档中，你可以找到详细的插件开发教程。一个极为严格的流行代码规范检查工具：wemake-python-styleguide，就是完全基于 flake8 的插件机制开发的。

扫描结果示例：wemake-python-styleguide 对代码的要求极为严格。安装它以后，如果再用 flake8 扫描之前的 find_number() 函数，你会发现许多新错误冒了出来，其中大部分和函数文档有关：

```
$ flake8 flake8_error.py
flake8_error.py:1:1: D100 Missing docstring in public module
flake8_error.py:1:1: F401 'os' imported but unused
```

```
flake8_error.py:6:1: D400 First line should end with a period
flake8_error.py:6:1: DAR101 Missing parameter(s) in Docstring: - input_string
flake8_error.py:6:1: DAR201 Missing "Returns" in Docstring: - return
flake8_error.py:7:37: F821 undefined name 'input_sstring'
```

由此可见，`flake8` 是一个非常全能的工具，它不光可以检查代码是否符合 PEP 8 规范，还能帮你找出代码里的错误，揪出圈复杂度过高的函数。此外，`flake8` 还通过插件机制提供了强大的定制能力，可谓 Python 代码检查领域的一把"瑞士军刀"，非常值得在项目中使用。

13.1.2　`isort`

在编写模块时，我们会用 `import` 语句来导入其他依赖模块。假如依赖模块很多，这些 `import` 语句也会随之变多。此时如果缺少规范，这许许多多的 `import` 就会变得杂乱无章，难以阅读。

为了解决这个问题，PEP 8 规范提出了一些建议。PEP 8 认为，一个源码文件内的所有 `import` 语句，都应该依照以下规则分为三组：

(1) 导入 Python 标准库包的 `import` 语句；

(2) 导入相关联的第三方包的 `import` 语句；

(3) 与当前应用（或当前库）相关的 `import` 语句。

不同的 `import` 语句组之间应该用空格分开。

如果用上面的规则来组织代码，`import` 语句会变得更整齐、更有规律，阅读代码的人也能更轻松地获知每个依赖模块的来源。

但问题是，虽然上面的分组规则很有用，但要遵守它，比你想的要麻烦许多。试想一下，在编写代码时，每当你新增一个外部依赖，都得先扫一遍文件头部的所有 `import` 分组，找准新依赖属于哪个分组，然后才能继续编码，整个过程非常烦琐。

幸运的是，`isort` 工具可以帮你简化这个过程。借助 `isort`，我们不用手动进行任何分组，它会帮我们自动做好这些事。

举个例子，某个文件头部的 `import` 语句如下所示：

源码文件：isort_demo.py

```
import os
import requests
import myweb.models ❶
from myweb.views import menu
```

```
from urllib import parse
import django
```

❶ 其中 myweb 是本地应用的模块名

执行 isort isort_demo.py 命令后，这些 import 语句都会被排列整齐：

```
import os ❶
from urllib import parse

import django ❷
import requests

import myweb.models ❸
from myweb.views import menu
```

❶ 第一部分：标准库包
❷ 第二部分：第三方包
❸ 第三部分：本地包

除了能自动分组以外，isort 还有许多其他功能。比如，某个 import 语句特别长，超出了 PEP 8 规范所规定的最大长度限制，isort 就会将它自动折行，免去了手动换行的麻烦。

总之，有了 isort 以后，你在调整 import 语句时可以变得随心所欲，只需负责一些简单的编辑工作，isort 会帮你搞定剩下的所有事情——只要执行 isort，整段 import 代码就会自动变得整齐且漂亮。

13.1.3 black

在 13.1.1 节中，我介绍了 Linter 工具：flake8。使用 flake8，我们可以检验代码是否遵循 PEP 8 规范，保持项目风格统一。

不过，虽然 PEP 8 规范为许多代码风格问题提供了标准答案，但这份答案其实非常宏观，在许多细节要求上并不严格。在许多场景中，同一段代码在符合 PEP 8 规范的前提下，可以写成好几种风格。

以下面的代码为例，同一个方法调用语句可以写成三种风格。

第一种风格：在不超过单行长度限制时，把所有方法参数写在同一行。

```
User.objects.create(name='piglei', gender='M', lang='Python', status='active')
```

第二种风格：在第二个参数时折行，并让后面的参数与之对齐。

```
User.objects.create(name='piglei',
                    gender='M',
                    language='Python',
                    status='active')
```

第三种风格：统一使用一层缩进，每个参数单独占用一行。

```
User.objects.create(
    name='piglei',
    gender='M',
    language='Python',
    status='active'
)
```

假如你用 flake8 来扫描上面这三段代码，会发现它们虽然风格迥异，但全都符合 PEP 8 规范。

从各种角度来说，上面三种风格并没有绝对的优劣之分，一切都只与个人喜好有关。但问题是，不同人的喜好存在差异，而这种差异最终只会给项目带来不必要的沟通成本，影响开发效率。

举个例子，有一位开发人员是第二种编码风格的坚决拥护者。在审查代码时，他发现另一位开发者的所有函数调用代码都写成了第三种风格。这时，他俩可能会围绕这个问题展开讨论，互相争辩自己的风格才是最好的。到最后，代码审查里的大多数讨论变成了代码风格之争，消耗了大家的大部分精力。那些真正需要关注的代码问题，反而变得无人问津。

此外，通过手动编辑代码让其维持 PEP 8 风格，其实还有另一个问题。

假设你喜欢第一种编码风格：只要函数参数没超过长度限制，就坚决都放在一行里。某天你在开发新功能时，给函数调用增加了一些新参数，修改后发现新代码的长度超过了最大长度限制，于是手动对所有参数进行折行、对齐，整个过程即机械又麻烦。

因此，在多人参与的项目中，除了用 flake8 来扫描代码是否符合 PEP 8 规范外，我推荐一个更为激进的代码格式化工具：black。

black 用起来很简单，只要执行 black {filename} 命令即可。

举个例子，上面三种风格的函数调用代码被 black 自动格式化后，都会统一变成下面这样：

```
User.objects.create(name="piglei", gender="M", language="Python", status="active")  ❶
```

❶ 因为代码没有超过单行长度限制，所以 black 不会进行任何换行，已有的换行也会被压缩到同一行。与此同时，代码里字符串字面量两侧的单引号也全被替换成了双引号

当函数增加了新参数，超出单行长度限制以后，black 会根据情况自动将代码格式化成以下两种风格：

```
# 1. 代码稍微长了一点儿，black 会尝试将所有参数单独换行
User.objects.create(
    name="piglei", gender="M", language="Python", status="active", points=100
)

# 2. 代码过长，black 会让每个参数各占一行
User.objects.create(
    name="piglei",
    gender="M",
    language="Python",
    status="active",
    points=100,
    location="Shenzhen",
)
```

作为一个代码格式化工具，black 最大的特点在于它的不可配置性。正如官方介绍所言，black 是一个"毫不妥协的代码格式化工具"（The Uncompromising Code Formatter）。和许多其他格式化工具相比，black 的配置项可以用"贫瘠"两个字来形容。除了单行长度以外，你基本无法对 black 的行为做任何调整。

black 的少数几个配置项如表 13-1 所示。

表 13-1　black 配置项

配 置 项	说　明
-l / --line-length	允许的最大单行宽度，默认为 88
-S / --skip-string-normalization	是否关闭调整字符串引号

总之，black 是个非常强势的代码格式化工具，基本没有任何可定制性。在某些人看来，这种设计理念免去了配置上的许多麻烦，非常省心。而对于另一部分人来说，这种不支持任何个性化设置的设计，令他们完全无法接受。

从我个人的经验来看，虽然 black 格式化过的代码并非十全十美，肯定不能在所有细节上让大家都满意，但它确实能让我们不用在各种编码风格间纠结，能有效解决许多问题。整体来看，在大型项目中引入 black，利远大于弊。

13.1.4　pre-commit

前面我介绍了三个常用的代码检查与格式化工具。利用这些工具，你可以更好地统一项目内的代码风格，提升代码可读性。

但只是安装好工具，再偶尔手动执行那么一两次是远远不够的。要最大地发挥工具的能力，你必须让它们融入所有人的开发流程里。这意味着，对于项目的每位开发者来说，无论是谁改动了代码，都必须保证新代码一定被 black 格式化过，并且能通过 flake8 的检查。

那么，究竟如何实现这一点呢？

一个最容易想到的方式是通过 IDE 入手。大部分 IDE 支持在保存源码文件的同时执行一些额外程序，因此你可以调整 IDE 配置，让它在每次保存 .py 文件时，都自动用 black 格式化代码，执行 flake8 扫描代码里的错误。

但这个方案有个致命的缺点：在多人参与的大型项目里，你根本无法让所有人使用同一种 IDE。比如，有些人喜欢用 PyCharm 写代码，有些人则更习惯用 VS Code，还有些人常年只用 Vim 编程。

因此，要让工具融入每个人的开发流程，依靠 IDE 显然不现实。

不过，虽然我们没法统一每个人的 IDE，但至少大部分项目使用的版本控制软件是一样的——Git。而 Git 有个特殊的钩子功能，它允许你给每个仓库配置一些钩子程序（hook），之后每当你进行特定的 Git 操作时——比如 git commit、git push，这些钩子程序就会执行。

pre-commit 就是一个基于钩子功能开发的工具。从名字就能看出来，pre-commit 是一个专门用于预提交阶段的工具。要使用它，你需要先创建一个配置文件 .pre-commit-config.yaml。

举个例子，下面是一个我常用的 pre-commit 配置文件内容：

```yaml
fail_fast: true
repos:
- repo: https://github.com/timothycrosley/isort
  rev: 5.7.0
  hooks:
  - id: isort
    additional_dependencies: [toml]
- repo: https://github.com/psf/black
  rev: 20.8b1
  hooks:
  - id: black
    args: [--config=./pyproject.toml]
- repo: https://github.com/pre-commit/pre-commit-hooks
  rev: v2.4.0
```

```
    hooks:
    -   id: flake8
```

可以看到，在上面的配置文件里，我定义了 isort、black、flake8 三个插件。基于这份配置，每当我修改完代码，执行 git commit 时，这些插件就会由 pre-commit 依次触发执行：

```
$ git commit -m 'Update'
isort..................................Passed ❶
black..................................Passed
Flake8.................................Passed

[dev fac43421] Update
 1 file changed, 1 insertion(+), 1 deletion(-)
```

❶ 依次执行配置在 pre-commit 里的插件，完成代码检查与格式化工作

假如某次改动后的代码无法通过 pre-commit 检查，这次提交流程就会中断。此时作者必须修正代码使其符合规范，之后再尝试提交。

由于 pre-commit 的配置文件与项目源码存放在一起，都在代码仓库中，因此项目的所有开发者天然共享 pre-commit 的插件配置，每个人不用单独维护各自的配置，只要安装 pre-commit 工具就行。

使用 pre-commit，你可以让代码检查工具融入每位项目成员的开发流程里。所有代码改动在被提交到 Git 仓库前，都会经工具的规范化处理，从而真正实现项目内代码风格的统一。

13.1.5　mypy

Python 是一门动态类型语言。大多数情况下，我们会把动态类型当成 Python 的一个优点，因为它让我们不必声明每个变量的类型，不用关心太多类型问题，只专注于用代码实现功能就好。

但现实情况是，我们写的程序里的许多 bug 和类型系统息息相关。比如，我在 10.1.1 节介绍类型注解时，写了短短几行示例代码，其实里面就藏着一个 bug：

```
def create_random_ducks(number: int) -> List[Duck]:
    ducks: List[Duck] = []
    for _ in number: ❶
        ...
```

❶ 这一行有错误，因为整型 number 不能被迭代，range(number) 对象才行

为了在程序执行前就找出由类型导致的潜在 bug，提升代码正确性，人们为 Python 开发了

不少静态类型检查工具，其中 mypy 最为流行。

举个例子，假如你用 mypy 检查上面的代码，它会直接报错：

```
> mypy type_hints.py
type_hints.py:_: error: "int" has no attribute "__iter__"; maybe "__str__", "__int__", or
"__invert__"? (not iterable)
```

mypy 找这些类型错误又快又准，根本不用真正运行代码。

在大型项目中，类型注解与 mypy 的组合能大大提升项目代码的可读性与正确性。给代码写上类型注解后，函数参数与变量的类型会变得更明确，人们在阅读代码时更不容易感到困惑。再配合 mypy 做静态检查，可以轻松找出藏在代码里的许多类型问题。

mypy 让动态类型的 Python 拥有了部分静态类型语言才有的能力，值得在大型项目中推广使用。

 虽然相比传统 Python 代码，编写带类型注解的代码总是更麻烦一些，需要进行额外的工作，但和类型注解所带来的诸多好处相比是完全值得的。

13.2 单元测试简介

在许多年以前，大型软件项目的发布周期都很长。软件的每个新版本都要经过漫长的需求设计、功能开发、测试验证等不同阶段，经常会花费数周乃至数月的时间。

但如今，事情发生了很多变化。由于敏捷开发与快速迭代理论的流行，人们现在开始想尽办法压缩发布周期、提升发布频率，态度近乎狂热。不少百万行代码量级的互联网项目，每天要构建数十个版本，每周发布数次。由于构建和发布几乎无时无刻都在进行，大家给这类实践起了一个贴切的名字：持续集成（CI）与持续交付（CD）。

在这种高频次的发布节奏下，如何保障软件质量成了一个难题。如果依靠人力来手动测试验证每个新版本，整体工作量会非常巨大，根本不现实，只有自动化测试才能担此重任。

根据关注点的不同，自动化测试可分为不同的类型，比如 UI 测试、集成测试、单元测试等。不同类型的测试，各自关注着不同的领域，覆盖了不一样的场景。比如，UI 测试是模拟一位真实用户真正使用软件，以此验证软件的行为是否与预期一致。而单元测试通过单独执行项目代码里的每个功能单元，来验证它们的行为是否正常。

在所有测试中，单元测试数量最多、测试成本最低，是整个自动化测试的基础和重中之重，如图 13-1 所示。

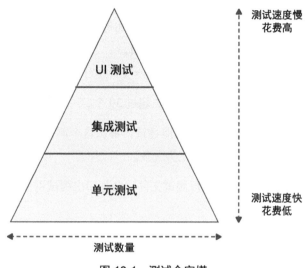

图 13-1 测试金字塔

也许你还没有意识到，作为一名程序员，编写单元测试其实是一项收益极高的工作，它不光能让你更容易发现代码里的问题，还能驱动你写出更具扩展性的好代码。

下面我们看看在 Python 中编写单元测试的几种方式。

13.2.1 unittest

在 Python 里编写单元测试，最正统的方式是使用 unittest 模块。unittest 是标准库里的单元测试模块，使用方便，无须额外安装。

我们先通过一个简单的测试文件来感受一下 unittest 的功能：

文件：test_upper.py

```python
import unittest

class TestStringUpper(unittest.TestCase):
    def test_normal(self):
        self.assertEqual('foo'.upper(), 'FOO')


if __name__ == '__main__':
    unittest.main()
```

用 unittest 编写测试用例的第一步，是创建一个继承 unittest.TestCase 的子类，然后编写许多以 test 开头的测试方法。在方法内部，通过调用一些以 assert 开头的方法来进行测试断言，如下所示。

- ❏ self.assertEqual(x, y)：断言 x 和 y 必须相等。
- ❏ self.assertTrue(x)：断言 x 必须为布尔真。
- ❏ self.assertGreaterEqual(x, y)：断言 x 必须大于等于 y。

在 unittest 包内，这样的 assert{X} 方法超过 30 个。

如果一个测试方法内的所有测试断言都能通过，那么这个测试方法就会被标记为成功；而如果有任何一个断言无法通过，就会被标记为失败。

使用 python test_upper.py 来执行测试文件，会打印出测试用例的执行结果：

```
.
-------------------------------------------------------
Ran 1 test in 0.000s

OK
```

除了定义测试方法外，你还可以在 TestCase 类里定义一些特殊方法。比如，通过定义 setUp() 和 tearDown() 方法，你可以让程序在执行每个测试方法的前后，运行额外的代码逻辑。

在看过一个简单的 unittest 测试文件后，不知道你有没有感觉到，虽然是 unittest 是标准库里的模块，但它的许多设计有些奇怪。

比如，使用 unittest 创建一个测试用例，你必须写一个继承 TestCase 的子类，而不是简单定义一个函数就行。又比如，TestCase 里的所有断言方法 self.assert{X}，全都使用了驼峰命名法——assertEqual，而非 PEP 8 所推荐的蛇形风格——assert_equal。

要搞清楚为什么 unittest 会采用这些奇怪设计，得从模块的历史出发。Python 的 unittest 模块在最初实现时，大量参考了 Java 语言的单元测试框架 JUnit。因此，它的许多"奇怪"设计其实是"Java 化"的表现，比如只能用类来定义测试用例，又比如方法都采用驼峰命名法等。

但千万别误会，我并不是在说 unitest 的 API 设计很别扭，不要用它来写单元测试。恰恰相反，我认为 unittest 是个功能非常全面的单元测试框架，当你不想引入任何复杂的东西，只想用最简单实用的方式来编写单元测试时，unittest 是最佳选择，能很好地满足需求。

但在日常工作中，我其实更偏爱另一个在 API 设计上更接近 Python 语言习惯的单元测试框架：pytest。接下来我们看看如何用 pytest 做单元测试。

13.2.2 pytest

pytest 是一个开源的第三方单元测试框架，第一个版本发布于 2009 年。同 unittest 比起来，pytest 功能更多，设计更复杂，上手难度也更高。但 pytest 的最大优势在于，它把 Python 的一些惯用写法与单元测试很好地融合了起来。因此，当你掌握了 pytest 以后，用它写出的测试代码远比用 unittest 写的简洁。

为了更好地展示 pytest 的能力，下面我试着用它来写单元测试。

假设 Python 里的字符串没有提供 upper() 方法，我得自己编写一个函数，来实现将字符串转换为大写的功能。

代码清单 13-1 就是我写的 string_upper() 函数。

代码清单 13-1 string_utils.py

```python
def string_upper(s: str) -> str:
    """将某个字符串里的所有英文字母由小写转换为大写"""
    chars = []
    for ch in s:
        # 32 是小写字母与大写字母在 ASCII 码表中的距离
        chars.append(chr(ord(ch) - 32))
    return ''.join(chars)
```

为了测试函数的功能，我用 pytest 写了一份单元测试：

文件：test_string_utils.py

```python
from string_utils import string_upper


def test_string_upper():
    assert string_upper('foo') == 'FOO'
```

相信你已经发现了，用 pytest 编写的单元测试代码与 unittest 有很大不同。

首先，TestCase 类消失了。使用 pytest 时，你不必用一个 TestCase 类来定义测试用例，用一个以 test 开头的普通函数也行。

其次，当你要进行断言判断时，不需要调用任何特殊的 assert{X}() 方法，只要写一条原生的断言语句 assert {expression} 就好。

正因为这些简化，用 pytest 来编写测试用例变得非常容易。

用 pytest 执行上面的测试文件，会输出以下结果：

```
$ pytest test_string_utils.py
==================== test session starts ====================
platform darwin -- Python 3.8.1, pytest-6.2.2
rootdir: /python_craftman/
collected 1 item

test_string_utils.py .                              [100%]

==================== 1 passed in 0.01s ====================
```

看上去一切顺利，`string_upper()` 函数可以通过测试。

但话说回来，就测试用例的覆盖率来说，我写的测试代码根本就不合格。因为我的用例只有输入字符全为小写的情况，并没有考虑到其他场景。比如，当输入字符串为空、输入字符串混合了大小写时，我们其实并不知道函数是否能返回正确结果。

为了让单元测试覆盖更多场景，最直接的办法是在 test_string_utils.py 里增加测试函数。

比如：

```
from string_utils import string_upper

def test_string_upper():
    assert string_upper('foo') == 'FOO'

def test_string_empty(): ❶
    assert string_upper('') == ''

def test_string_mixed_cases():
    assert string_upper('foo BAR') == 'FOO BAR'
```

❶ 新增两个测试函数

虽然像上面这样增加函数很简单，但 pytest 其实为我们提供了更好的工具。

1. 用 parametrize 编写参数化测试

在单元测试领域，有一种常用的编写测试代码的技术：**表驱动测试**（table-driven testing）。

当你要测试某个函数在接收到不同输入参数的行为时，最直接的做法是像上面那样，直接编写许多不同的测试用例。但这种做法其实并不好，因为它很容易催生出重复的测试代码。

表驱动测试是一种简化单元测试代码的技术。它鼓励你将不同测试用例间的差异点抽象出来，提炼成一张包含多份输入参数、期望结果的数据表，以此驱动测试执行。如果你要增加测试用例，直接往表里增加一份数据就行，不用写任何重复的测试代码。

在 pytest 中实践表驱动测试非常容易。pytest 为我们提供了一个强大的参数测试工具：pytest.mark.parametrize。利用该装饰器，你可以方便地定义表驱动测试用例。

以测试文件 test_string_utils.py 为例，使用参数化工具，我可以把测试代码改造成代码清单 13-2。

代码清单 13-2　使用 parametrize 后的测试代码

```
import pytest
from string_utils import string_upper

@pytest.mark.parametrize(
    's,expected', ❶
    [
        ('foo', 'FOO'), ❷
        ('', ''),
        ('foo BAR', 'FOO BAR'),
    ],
)
def test_string_upper(s, expected): ❸
    assert string_upper(s) == expected ❹
```

❶ 用逗号分隔的参数名列表，也可以理解为数据表每一列字段的名称

❷ 数据表的每行数据通过元组定义，元组成员与参数名一一对应

❸ 在测试函数的参数部分，按 parametrize 定义的字段名，增加对应参数

❹ 在测试函数内部，用参数替换静态测试数据

利用 parametrize 改造测试用例后，代码会变精简许多。接着，我们试着运行测试代码：

```
$ pytest test_string_utils.py
================= test session starts =================
platform darwin -- Python 3.8.1, pytest-6.2.2
rootdir: /python_craftman/
collected 1 item

test_string_utils.py ..F                    [100%]

======================= FAILURES =======================
_____ test_string_upper[foo BAR-FOO BAR] _____

s = 'foo BAR', expected = 'FOO BAR'

    @pytest.mark.parametrize(
        's,expected',
        [
            ('foo', 'FOO'),
            ('', ''),
            ('foo BAR', 'FOO BAR'),
```

```
        ],
    )
    def test_string_upper(s, expected):
>       assert string_upper(s) == expected
E       assert 'FOO\x00"!2' == 'FOO BAR'
E         - FOO BAR
E         + FOO"!2

test_string_utils.py:25: AssertionError
=============== short test summary info ================
FAILED test_string_utils.py::test_string_upper[foo BAR-FOO BAR]
============= 1 failed, 2 passed in 0.13s ==============
```

哐当！测试出错了。

可以看到，在处理字符串 'foo BAR' 时，string_upper() 并不能给出预期的结果，导致测试失败。

接下来我们尝试修复这个问题。在 string_upper() 函数的循环内部，我可以增加一条过滤逻辑：只有当字符是小写字母时，才将它转换成大写。代码如下所示：

```
def string_upper(s: str) -> str:
    """ 将某个字符串里的所有英文字母由小写转换为大写 """
    chars = []
    for ch in s:
        if ch >= 'a' and ch <= 'z':  ①
            # 32 是小写字母与大写字母在 ASCII 码表中的距离
            chars.append(chr(ord(ch) - 32))
        else:
            chars.append(ch)
    return ''.join(chars)
```

❶ 新增过滤逻辑，仅处理小写字母

再次执行单元测试：

```
=================== test session starts ===================
platform darwin -- Python 3.8.1, pytest-6.2.2
rootdir: /python_craftman/

collected 3 items

test_string_utils.py ...                         [100%]

==================== 3 passed in 0.01s ====================
```

这次，修改后的 string_upper() 函数完美通过了所有的测试用例。

在本节中，我演示了如何使用 @pytest.mark.parametrize 定义参数化测试，避免编写重复的测试代码。下面,我会介绍 pytest 的另一个重要功能:fixture (测试固定件)。

2. 使用 @pytest.fixture 创建 fixture 对象

在编写单元测试时,我们常常需要重复用到一些东西。比如,当你测试一个图片操作模块时,可能需要在每个测试用例开始时,重复创建一张临时图片用于测试。

这类被许多单元测试依赖、需要重复使用的对象,常被称为 fixture。在 pytest 框架下,你可以非常方便地用 @pytest.fixture 装饰器创建 fixture 对象。

举个例子,在为某模块编写测试代码时,我需要不断用到一个长度为 32 的随机 token 字符串。为了简化测试代码,我可以创造一个名为 random_token 的 fixture,如代码清单 13-3 所示。

代码清单 13-3 包含 fixture 的 conftest.py

```python
import pytest
import string
import random


@pytest.fixture
def random_token() -> str:
    """生成随机 token"""
    token_l = []
    char_pool = string.ascii_lowercase + string.digits
    for _ in range(32):
        token_l.append(random.choice(char_pool))
    return ''.join(token_l)
```

定义完 fixture 后,假如任何一个测试用例需要用到随机 token,不用执行 import,也不用手动调用 random_token() 函数,只要简单调整测试函数的参数列表,增加 random_token 参数即可:

```python
def test_foo(random_token):
    print(random_token)
```

之后每次执行 test_foo() 时,pytest 都会自动找到名为 random_token 的 fixutre 对象,然后将 fixture 函数的执行结果注入测试方法中。

假如你在 fixture 函数中使用 yield 关键字,把它变成一个生成器函数,那么就能为 fixture 增加额外的清理逻辑。比如,下面的 db_connection 会在作为 fixture 使用时返回一个数据库连接,并在测试结束需要销毁 fixture 前,关闭这个连接:

```python
@pytest.fixture
def db_connection():
    """创建并返回一个数据库连接"""
```

```
conn = create_db_conn()  ❶
yield conn
conn.close()  ❷
```

❶ yield 前的代码在创建 fixture 前被调用

❷ yield 后的代码在销毁 fixture 前被调用

除了作为函数参数，被主动注入测试方法中以外，pytest 的 fixture 还有另一种触发方式：自动执行。

通过在调用 @pytest.fixture 时传入 autouse=True 参数，你可以创建一个会自动执行的 fixture。举个例子，下面的 prepare_data 就是一个会自动执行的 fixture：

```
@pytest.fixture(autouse=True)
def prepare_data():
    # 在测试开始前，创建两个用户
    User.objects.create(...)
    User.objects.create(...)
    yield
    # 在测试结束时，销毁所有用户
    User.objects.all().delete()
```

无论测试函数的参数列表里是否添加了 prepare_data，prepare_data fixture 里的数据准备与销毁逻辑，都会在每个测试方法的开始与结束阶段自动执行。这类自动执行的 fixture，非常适合用来做一些测试准备与事后清理工作。

除了 autouse 以外，fixture 还有一个非常重要的概念：作用域（scope）。

在 pyetst 执行测试时，每当测试用例第一次引用某个 fixture，pytest 就会执行 fixture 函数，将结果提供给测试用例使用，同时将其缓存起来。之后，根据 scope 的不同，这个被缓存的 fixture 结果会在不同的时机被销毁。而再次引用 fixture 会重新执行 fixture 函数获得新的结果，如此周而复始。

pytest 里的 fixture 可以使用五种作用域，它们的区别如下。

(1) function（函数）：默认作用域，结果会在每个测试函数结束后销毁。

(2) class（类）：结果会在执行完类里的所有测试方法后销毁。

(3) module（模块）：结果会在执行完整个模块的所有测试后销毁。

(4) package（包）：结果会在执行完整个包的所有测试后销毁。

(5) session（测试会话）：结果会在测试会话（也就是一次完整的 pytest 执行过程）结束后销毁。

举个例子，假如你把上面 random_token fixture 的 scope 改为 session：

```
@pytest.fixture(scope='session')
def random_token() -> str:
    ...
```

那么，无论你在测试代码里引用了多少次 random_token，在一次完整的 pytest 会话里，所有地方拿到的随机 token 都是同一个值。

因为 random_token 的作用域是 session，所以当 random_token 第一次被测试代码引用，创建出第一个随机值以后，这个值会被后续的所有测试用例复用。只有等到整个测试会话结束，random_token 的结果才会被销毁。

总结一下，fixture 是 pytest 最为核心的功能之一。通过定义 fixture，你可以快速创建出一些可复用的测试固定件，并在每个测试的开始和结束阶段自动执行特定的代码逻辑。

pytest 的功能非常强大，本节只对它做了最基本的介绍。如果你想在项目里使用 pytest，可以阅读它的官方文档，里面的内容非常详细。

13.3　有关单元测试的建议

虽然好像人人都认为单元测试很有用，但在实际工作中，有完善单元测试的项目仍然是个稀罕物。大家拒绝写测试的理由总是千奇百怪："项目工期太紧，没时间写测试了，先这么用吧！""这个模块太复杂了，根本没法写测试啊！""我提交的这个模块太简单了，看上去就不可能有 bug，写单元测试干嘛？"

这些理由乍听上去都有道理，但其实都不对，它们代表了人们对单元测试的一些常见误解。

(1)"工期紧没时间写测试"：写单元测试看上去要多花费时间，但其实会在未来节约你的时间。

(2)"模块复杂没法写测试"：也许这正代表了你的代码设计有问题，需要调整。

(3)"模块简单不需要测试"：是否应该写单元测试，和模块简单或复杂没有任何关系。

在长期编写单元测试的过程中，我总结了几条相关建议，希望它们能帮你更好地理解单元测试。

13.3.1　写单元测试不是浪费时间

对于从来没写过单元测试的人来说，他们往往会这么想："写测试太浪费时间了，会降低我的开发效率。"从直觉上来看,这个说法似乎有一定道理,因为编写测试代码确实要花费额外的时间,如果不写测试,这部分时间不就省出来了吗?

但真的是这样吗?不写测试真能节省时间?我们看看下面这个场景。

假设你在为某个博客项目开发一个新功能:支持在文章里插入图片。在花了一些时间写好功能代码后,由于这个项目没有任何单元测试,因此你在本地开发环境里简单测试了一下,确认功能正常后就提交了改动。一天后,这个功能上线了。

但令人意外的是,功能发布以后,虽然文章里能正常插入图片,但系统后台开始接到大量用户反馈:所有人都没法上传用户头像了。仔细一查才发现,由于你开发新功能时调整了图像模块的某个 API,而头像处理功能恰好使用了这个 API,因此新功能妨害了八竿子打不着的头像上传功能。

如果有单元测试,上面这种事根本就不会发生。当测试覆盖了项目的大部分功能以后,每当你对代码做出任何调整,只要执行一遍所有的单元测试,绝大多数问题会自动浮出水面,许多隐蔽的 bug 根本不可能被发布出去。

因此,虽然不写单元测试看上去节约了一丁点儿时间,但有问题的代码上线后,你会花费更多的时间去定位、去处理这个 bug。缺少单元测试的帮助,你需要耐心找到改动可能会影响到的每个模块,手动验证它们是否正常工作。所有这些事所花费的时间,足够你写好几十遍单元测试。

单元测试能节约时间的另一个场景,发生在项目需要重构时。

假设你要对某个模块做大规模的重构,那么,这个模块是否有单元测试,对应的重构难度天差地别。对于没有任何单元测试的模块来说,重构是地狱难度。在这种环境下,每当你调整任何代码,都必须仔细找到模块的每一个被引用处,小心翼翼地手动测试每一个场景。稍有不慎,重构就会引入新 bug,好心办坏事。

而在有着完善单元测试的模块里,重构是件轻松惬意的事情。在重构时,可以按照任何你想要的方式随意调整和优化旧代码。每次调整后,只要重新运行一遍测试用例,几秒钟之内就能得到完善和准确的反馈。

所以,写单元测试不是浪费时间,也不会降低开发效率。你在单元测试上花费的那点儿时间,会在未来的日子里为项目的所有参与者节约不计其数的时间。

13.3.2 不要总想着"补"测试

"先帮我 review 下刚提交的这个 PR[①]，功能已经全实现好了。单元测试我等会儿补上来！"

在工作中，我常常会听到上面这句话。情况通常是，某人开发了一个或复杂或简单的功能，他在本地开发调试时，主要依靠手动测试，并没有同步编写功能的单元测试。但项目对单元测试又有要求。因此，为了让改动尽早进入代码审查阶段，他决定先提交已实现的功能代码，晚点儿再补上单元测试。

在上面的场景里，单元测试被当成了一种验证正确性的**事后工具**，对开发功能代码没有任何影响，因此，人们总是可以在完成开发后补上测试。

但事实是，单元测试不光能验证程序的正确性，还能极大地帮助你改进代码设计。但这种帮助有一个前提，那就是你必须在编写代码的同时编写单元测试。当开发功能与编写测试同步进行时，你会来回切换自己的角色，分别作为代码的设计者和使用者，不断从代码里找出问题，调整设计。经过多次调整与打磨后，你的代码会变得更好、更具扩展性。

但是，当你已经开发完功能，准备"补"单元测试时，你的心态和所处环境已经完全不同了。假如这时你在写单元测试时遇到一些障碍，就会想尽办法将其移除，比如引入大量 mock，或者只测好测的，不好测的干脆不测。在这种心态下，你最不想干的事，就是调整代码设计，让它变得更容易测试。为什么？因为功能已经实现了，再改来改去又得重新测，多麻烦呀！所以，不论最后的测试代码有多么别扭，只要能运行就好。

测试代码并不比普通代码地位低，选择事后补测试，你其实白白丢掉了用测试驱动代码设计的机会。只有在编写代码时同步编写单元测试，才能更好地发挥单元测试的能力。

> **我应该使用 TDD 吗？**
>
> TDD（test-driven development，测试驱动开发）是由 Kent Beck 提出的一种软件开发方式。在 TDD 工作流下，要对软件做一个改动，你不会直接修改代码，而会先写出这个改动所需要的测试用例。
>
> TDD 的工作流大致如下：
>
> (1) 写测试用例（哪怕测试用例引用的模块根本不存在）；

---

① PR 是 Pull Request 的首字母缩写，它由开发者创建，里面包含对项目的代码修改。PR 在经过代码审查、讨论、调整的流程后，会并入主分支。PR 是人们通过 GitHub 进行代码协作的主要工具。

(2) 执行测试用例，让其失败；

(3) 编写最简单的代码（此时只关心实现功能，不关心代码整洁度）；

(4) 执行测试用例，让测试通过；

(5) 重构代码，删除重复内容，让代码变得更整洁；

(6) 执行测试用例，验证重构；

(7) 重复整个过程。

在我看来，TDD 是一种行之有效的工作方式，它很好地发挥了单元测试驱动设计的能力，能帮助你写出更好的代码。

但在实际工作中，我其实很少宣称自己在实践 TDD。因为在开发时，我基本不会严格遵循上面的 TDD 标准流程。比如，有时我会直接跳过 TDD 的前两个步骤，不写任何会失败的测试用例，直接就开始编写功能代码。

假如你从来没试过 TDD，建议了解一下它的基本概念，试着在项目中用 TDD 流程写几天代码。也许到最后，你会像我一样，虽然不会成为 TDD 的忠实信徒，但通过 TDD 的帮助找到了最适合自己的开发流程。

13.3.3 难测试的代码就是烂代码

在为代码编写单元测试时，我们常常会遇到一些特别棘手的情况。

举个例子，当模块依赖了一个全局对象时，写单元测试就会变得很难。全局对象的基本特征决定了它在内存中永远只会存在一份。而在编写单元测试时，为了验证代码在不同场景下的行为，我们需要用到多份不同的全局对象。这时，全局对象的唯一性就会成为写测试最大的阻碍。

再举一个例子，项目中有一个负责用户帖子的类 UserPostService，它的功能非常复杂，初始化一个 UserPostService 对象，需要提供多达十几个依赖参数，比如用户对象、数据库连接对象、某外部服务的 Client 对象、Redis 缓存池对象等。

这时你会发现，很难给 UserPostService 编写单元测试，因为写测试的第一个步骤就会难倒你：创建不出一个有效的 UserPostService 对象。光是想办法搞定它所依赖的那些复杂参数，都要花费大半天的时间。

所以我的结论很简单：**难测试的代码就是烂代码。**

在不写单元测试时，烂代码就已经是烂代码了，只是我们没有很好地意识到这一点。也许在代码审查阶段，某个经验丰富的同事会在审查评论里，友善而委婉地提到："我感觉 `UserPostService` 类好像有点儿复杂？要不要考虑拆分一下？"但也许他也不能准确说出拆分的深层理由。也许经过妥协后，这堆复杂的代码最终就这么上线了。

但有了单元测试后，情况就完全不同了。每当你写出难以测试的代码时，单元测试总会无差别地大声告诉你："你写的代码太烂了！"不留半点情面。

因此，每当你发现很难为代码编写测试时，就应该意识到代码设计可能存在问题，需要努力调整设计，让代码变得更容易测试。也许你应该直接删掉全局对象，仅在它被用到的那几个地方每次手动创建一个新对象。也许你应该把 `UserPostService` 类按照不同的抽象级别，拆分为许多个不同的小类，把依赖 I/O 的功能和纯粹的数据处理完全隔离开来。

单元测试是评估代码质量的标尺。每当你写好一段代码，都能清楚地知道到底写得好还是坏，因为单元测试不会撒谎。

13.3.4　像应用代码一样对待测试代码

随着项目的不断发展，应用代码会越来越多，测试代码也会随之增长。在看过许许多多的应用代码与测试代码后，我发现，人们在对待这两类代码的态度上，常常有一些微妙的区别。

第一个区别，是对重复代码的容忍程度。举个例子，假如在应用代码里，你提交了 10 行非常相似的重复代码，那么这些代码几乎一定会在代码审查阶段，被其他同事作为烂代码指出来，最后它们非得抽象成函数不可。但在测试代码里，出现 10 行重复代码是件稀松平常的事情，人们甚至能容忍更长的重复代码段。

第二个区别，是对代码执行效率的重视程度。在编写应用代码时，我们非常关心代码的执行效率。假如某个核心 API 的耗时突然从 100 毫秒变成了 130 毫秒，会是个严重的问题，需要尽快解决。但是，假如有人在测试代码里偶然引入了一个效率低下的 fixture，导致整个测试的执行耗时突然增加了 30%，似乎也不是什么大事儿，极少会有人关心。

最后一个区别，是对"重构"的态度。在写应用代码时，我们会定期回顾一些质量糟糕的模块，在必要时做一些重构工作加以改善。但是，我们很少对测试代码做同样的事情——除非某个旧测试用例突然坏掉了，否则我们绝不去动它。

总体来说，在大部分人看来，测试代码更像是代码世界里的"二等公民"。人们很少关心测试代码的执行效率，也很少会想办法提升它的质量。

但这样其实是不对的。如果对测试代码缺少必要的重视，那么它就会慢慢"腐烂"。当它最终变得不堪入目，执行耗时以小时计时，人们就会从心理上开始排斥编写测试，也不愿意执行测试。

所以，我建议你像对待应用代码一样对待测试代码。

比如，你应该关心测试代码的质量，经常想着把如何把它写得更好。具体来说，你应该像学习项目 Web 开发框架一样，深入学习测试框架，而不只是每天重复使用测试框架最简单的功能。只有在了解工具后，你才能写出更好的测试代码。拿之前的 pytest 例子来说，假如你并不知道 @pytest.mark.parametrize 的存在，那就得重复写许多相似的测试用例代码。

测试代码的执行效率同样十分重要。只有当整个单元测试总能在足够短的时间内执行完时，大家才会更愿意频繁地执行测试。在开发项目时，所有人能更快、更频繁地从测试中获得反馈，写代码的节奏才会变得更好。

13.3.5 避免教条主义

说起来很奇怪，在单元测试领域有非常多的理论与说法。人们总是乐于发表各种对单元测试的见解，在文章、演讲以及与同事的交谈中，你常常能听到下面这些话：

- "只有 TDD 才是写单元测试的正确方式，其他都不行！"
- "TDD 已死，测试万岁！"
- "单元测试应该纯粹，任何依赖都应该被 mock 掉！"
- "mock 是一种垃圾技术，mock 越多，表示代码越烂！"
- "只有项目测试覆盖率达到 100%，才算是合格！"
- ……

这些观点各自都有许多狂热的追随者，但我有个建议：你应该了解这些理论，越多越好，但是千万不要陷入教条主义。因为在现实世界里，每个人参与的项目千差万别，别人的理论不一定适用于你，如果盲目遵从，反而会给自己增加麻烦。

拿是否应该隔离测试依赖来说，我参与过一个与 Kubernetes[①] 有关的项目，项目里有一个核心模块，其主要职责是按规则组装好 Kubernetes 资源，然后利用 Client 模块将这些资源提交到 Kubernetes 集群中。

要搭建一个完整的 Kubernetes 集群特别麻烦。因此，为了给这个模块编写单元测试，从理

---

① Kubernetes 是目前一个相当流行的容器编排框架，由 Google 设计并捐赠给 CNCF。

论上来说，我们需要实现一套假的 Kubernetes Client 对象（fake implementation）——它会提供一些接口，返回一些假数据，但并不会访问真正的 Kubernetes 集群。用假对象替换原本的 Client 后，我们就可以完全 mock 掉 Kubernetes 依赖。

但最后，项目其实并没有引入任何假 Client 对象。因为我们发现，如果使用 Docker，我们其实能在 3 秒钟之内快速启动一套全新的 Kubernetes apiserver 服务。而对于单元测试来说，一个 apiserver 服务足够完成所有的测试用例，根本不需要其他 Kubernetes 组件。

通过 Docker 来启动真正的依赖服务，我们不光节省了用来开发假对象的大量时间，并且在某种程度上，这样的测试方式其实更好，因为它会和真正的 apiserver 打交道，更接近项目运行的真实环境。

也许有人会说："你这么搞不对啊！单元测试就是要隔离依赖服务，单独测试每个函数（方法）单元！你说的这个根本不是单元测试，而是集成测试！"

好吧，我承认这个指责听上去有一些道理。但首先，单元测试里的**单元**（unit）其实并不严格地指某个方法、函数，其实指的是软件模块的一个行为单元，或者说功能单元。其次，某个测试用例应该算作集成测试或单元测试，这真的重要吗？在我看来，所有的自动化测试只要能满足几条基本特征：快、用例间互相隔离、没有副作用，这样就够了。

单元测试领域的理论确实很多，这刚好说明了一件事，那就是要做好单元测试真的很难。要更好地实践单元测试，你要做的第一件事就是抛弃教条主义，脚踏实地，不断寻求最合适当前项目的测试方案，这样才能最大地享受单元测试的好处。

13.4　总结

在本章中，我分享了一些开发大型 Python 项目的建议。简而言之，无非是使用一些 Linter 工具、编写规范的单元测试罢了。

虽然我非常希望能告诉你："用 Python 开发大项目，只要配置好 Linter，写上类型注解，然后再写点儿单元测试就够了！"但其实你我都知道，现实中的大型项目千奇百怪，许多项目的开发难度之高，远不是一些工具、几个测试就能搞定的。

要开发一个成功的大型项目（注意：这里的"成功"不是商业意义上的，而是工程意义上的），你不光需要 Linter 工具和单元测试，还需注重与团队成员间的沟通，积极推行代码审查，营造更好的合作氛围，等等。所有这些无一不需要大量的实践和长期的专注。作为作者的我能力有限，无法在一章或一本书内，把这些事情都讲清楚。

如果你正身处一个大型项目的开发团队中，抑或正准备启动一个大型项目，我希望你对本章提到的所有工具和理念不要停留于"知道就好"，而是做一些真正的落地和尝试。希望你最终发现：它们真的有用。

除了本章提到的这些内容以外，我还建议你继续学习一些敏捷编程、领域驱动设计、整洁架构方面的内容。从我的个人经历来看，这些知识对于大型项目开发有很好的启发作用。

无论如何，永远不要停止学习。

结　　语

本书的最后，我想额外啰唆几句。

虽然本书自始至终都在说"如何把 Python 代码写得更好"这件事，但我还是希望最后提醒你一句：**不要掉进完美主义的陷阱**。因为写代码不是什么纯粹的艺术创作，完美的代码是不存在的。有时，代码只要能满足当前需求，又为未来扩展留了空间就足够了。

在从事编程工作十余年后，我深知写代码这件事很难，而给大型项目写代码更是难上加难。写好代码没有捷径，无非是要多看书、多看别人的代码、多写代码而已，但这些事说起来简单，要做好并不容易。

亲爱的读者朋友，希望在未来的日子里，你能写出更多让自己和他人满意的代码，每天都能从 Python 中收获乐趣。

再见!

延伸阅读：图灵经典

流畅的 Python

作者：[巴西] 卢西亚诺·拉马略（Luciano Ramalho）

译者：安道 吴珂

PSF研究员、知名PyCon演讲者心血之作，Python核心开发人员担纲技术审校

全面深入，对Python语言关键特性剖析到位

大量详尽代码示例，并附有主题相关高质量参考文献

Python 数据科学手册

作者：[美] 杰克·万托布拉斯（Jake VanderPlas）

译者：陶俊杰 陈小莉

掌握用Scikit-Learn、NumPy等工具高效存储、处理和分析数据

大量示例+逐步讲解+举一反三，从计算环境配置到机器学习实战，切实解决工作痛点

Python 3 网络爬虫开发实战（第 2 版）

作者：崔庆才

Python之父Guido van Rossum推荐的爬虫入门书，第1版销量近100000册

微软中国大数据工程师、博客文章过百万的静觅大神力作

新增异步爬虫、JavaScript逆向、App逆向、智能网页解析、深度学习识别验证码、Kubernetes运维及部署等知识点

Python 数据结构与算法分析（第 2 版）

作者：[美] 布拉德利·米勒（Bradley N. Miller）戴维·拉努姆（David L. Ranum）

译者：吕能 刁寿钧

只有洞彻数据结构与算法，才能真正精通Python

经典计算机科学教材，华盛顿大学等多家高校采用